深圳市自然保护区生态地质资源研究

易顺民 卢 薇 龚 鹏 著

科学出版社

北 京

内 容 简 介

本书以深圳市自然保护区的基础地质、土壤、地表水、地下水、地质遗迹和矿产等生态地质资源为研究对象，采用现场综合地质调查、地质钻探、室内试验、野外现场测试及监测与高精度遥感相结合的技术手段，综合应用地质学、水文地质学、地貌学及土壤学的研究方法，系统开展了深圳市自然保护区生态地质资源的调查与研究工作，总结了深圳市自然保护区的生态地质资源种类、分布规律和发育特点，详细分析了深圳市自然保护区的不同地质单元边界、地层、岩石、构造、第四系沉积结构特征、矿产资源等基础地质背景要素，获取了高精度、高质量的地表水、地下水、土壤及成土母岩的地球化学数据及地质遗迹资料，可为深圳市自然保护区的建设管理、用途管制和生态保护修复等提供生态地质资源方面的支撑。全书系统性强，土壤与生态地质资源资料丰富，图文并茂，具有较高的参考使用价值。

本书可供从事生态环境地质、水文地质、林业生态、红树林、土壤及地球化学等方向研究的科研人员和工程技术人员以及高等院校相关专业的师生参阅。

粤 BS（2024）004 号

图书在版编目（CIP）数据

深圳市自然保护区生态地质资源研究 / 易顺民，卢薇，龚鹏著.
北京：科学出版社，2024. 6. -- ISBN 978-7-03-078826-9

Ⅰ. X141

中国国家版本馆 CIP 数据核字第 20240P1Y29 号

责任编辑：彭婧煜　程雷星 / 责任校对：樊雅琼
责任印制：徐晓晨 / 封面设计：众轩企划

斜 学 出 版 社 出版

北京东黄城根北街 16 号
邮政编码：100717
http://www.sciencep.com
北京建宏印刷有限公司印刷
科学出版社发行　各地新华书店经销

*

2024 年 6 月第 一 版　开本：720 × 1000　1/16
2024 年 6 月第一次印刷　印张：21 1/2
字数：433 000
定价：198.00 元
（如有印装质量问题，我社负责调换）

前　　言

　　生态地质是生态学、地理学、地质学、自然资源和环境保护之间的交叉学科，它的基本研究对象涵盖了岩石圈、水圈、土壤圈、大气圈和生物圈，其中，生态地质资源是生态地质的基础。生态地质资源调查和研究的工作内容是在查明基础地质、成土母岩地球化学特征、土壤环境质量、水资源环境、矿产资源等生态地质资源的基础上，分析地质资源演化过程和生态系统发展演变之间的制约关系和问题，研究生态地质资源的脆弱性程度和质量的优劣程度，从多学科系统和交叉角度提出生态环境保护与修复对策，从而更好地为生态地质环境保护和地质资源开发提供科学依据。因此，对深圳市自然保护区进行系统的生态地质资源调查研究，查明深圳市自然保护区的地形地貌、地质构造、岩石、地层与岩性、矿产资源、地质遗迹、水资源环境和土壤环境质量等生态地质资源的现状及演变趋势，分析深圳市各自然保护区生态地质资源的发育特征，无论是在生态地质的学科理论研究方面，还是在自然保护区的生态地质环境保护实践方面，都具有重要的理论价值和现实意义。

　　2000 年开始至今，广东省涉及生态地质领域，如水资源环境、土壤、水文地质与环境地质等方面的工作已经取得了较大的成效，并越来越受到各级政府领导、专家学者和人民群众的重视，特别是近十年来，广东省的水文地质、土壤与环境地质调查与经济发展紧密结合，为生态地质学科理论的发展和实际应用做出了贡献。广东省从事地质环境保护、土壤环境污染和生态地质工作的科研人员和生产技术人员，在水资源环境、土壤与生态地质的理论研究和调查实践领域取得了一批较高水平的科研成果，生态环境保护效益显著，特别是在生态地质调查方法、基本研究内容、生态环境地质问题的成因机理、生态地质环境综合评价、生态地质环境脆弱性分析和基于生态环境地质问题的生态环境保护等方面取得了一系列的成果，对广东省的经济社会高质量发展起到了极其重要的保障作用，提高了广东省的水资源环境、土壤与环境地质调查工作的成效，也为本书的编写提供了非常丰富的基础资料。深圳市及邻区的基础地质资料丰富，完成了大量的区域地质调查、水文地质调查、环境地质调查、农业地质调查、地球化学调查、土壤污染调查和生态地质方面的基础性工作，为深圳市自然保护区的生态地质资源调查和研究提供了较丰富的基础地质、土壤和环境地质、水资源环境方面的资料。

　　（1）广东省地质局水文工程地质一大队和广东省地质矿产局水文工程地质二

大队于1978～1982年完成了广东省按国际分幅设置的1：20万区域水文地质普查报告和相应图件，首次对广东省内的水文地质、工程地质、地质灾害、水土流失、地面沉降、地下水环境和土壤污染做了较为全面的调查记录，这是广东省最早涉及深圳市的土壤与各类环境地质问题的普查报告。

（2）1983年广州地理研究所完成的《深圳地貌》，对深圳市的地形地貌进行了综合研究，系统地阐述了深圳市的地形特征、地貌类型和生态环境特性等内容。

（3）1985～1987年，广东省地质矿产局水文工程地质二大队全面开展了珠江三角洲的水文地质工程地质调查研究工作，于1987年完成了1：20万《珠江三角洲水文地质工程地质综合评价报告》，对珠江三角洲的洪、涝、风暴潮、旱灾及水土流失、岩溶塌陷、软土地面沉降、港口和口门淤积等环境地质问题进行了区域性的分析评价。

（4）1985年广州地理研究所完成的《深圳市自然资源与经济开发图集》，对深圳市的自然资源与经济发展进行了综合研究，提出了系统的深圳市自然资源保护与社会经济发展建议。

（5）1986年深圳市土壤普查办公室首次系统完成了深圳市的土壤普查工作，对深圳市的土壤类型、空间分布特征和污染状况进行了全面的总结和分析评价。

（6）1988年广东省地质矿产局完成的《广东省区域地质志》，系统地论述了深圳市的区域地质背景和地质构造演化过程。

（7）1989年广东省地质矿产局区域地质调查大队完成的1：5万《中华人民共和国区域地质调查报告》（宝安幅、王母圩幅、深圳市幅和蛇口幅），对深圳市的基础地质进行了总结评价。

（8）1991年广东省地质矿产局、地质矿产部地质力学研究所和地矿部562综合大队完成的《深圳市区域稳定性评价》，采用地质力学的思路、观点和方法，从地应力场演变的角度，对深圳市全域的介质稳定性和地面稳定性进行了综合评价。

（9）1993年广东省地质矿产局水文工程地质一大队完成了1：50万《广东省环境地质调查报告》及相关图件，比较详细地总结了广东省包括深圳市的崩塌、滑坡、泥石流、岩溶塌陷、地裂缝、地面沉降、水土流失和淤积等地质灾害的发育特征。

（10）2002年广东省地质调查院完成的1：25万《中华人民共和国地质图》（香港幅），对深圳市全域内的岩石、地层、构造等地质体的特征、属性、空间分布与相互关系进行了综合研究。

（11）2004年广东省地质调查院完成了1：20万《珠江三角洲经济区生态环境地质调查报告》。基本查明了珠江三角洲经济区的生态环境地质条件、主要环境地质问题和地质灾害，全面评价了珠江三角洲的地质环境质量；建立了珠江三角洲经济区土壤、沉积物地球化学背景值和基准值，对珠江三角洲地区的区域地球化学特征进行了系统全面的调查,查明了珠江三角洲经济区的土壤环境质量状况,定量计算了镉、铅、汞等主要异常元素经河流径流、成土过程等自然来源和大气干湿沉降、施肥、灌溉、使用农药等人为来源的贡献量,阐明了其迁移转化途径及生态安全性,提出了珠江三角洲土壤污染防治和生态地质环境保护的具体措施、对策与建议。

(12)2007 年深圳地质建设工程公司等单位完成的《深圳市环境地质调查报告》及系列图件,系统地对深圳市的软土沉降、岩溶塌陷、崩塌、滑坡和泥石流等地质灾害、水环境质量、深圳侵入岩与火山岩的放射性特征、垃圾填埋场污染状况和全市地质环境质量等进行了全面的调查和总结评价。

(13)2007 年深圳市水利规划设计院完成的《深圳市水资源综合规划》,系统地开展了深圳市的水资源评价,水资源开发利用现状评价,经济社会指标与水资源需求预测,节约用水规划,水资源保护与水生态环境规划,非传统水资源开发利用规划,水资源合理配置,水资源开发利用布局与工程方案制定,水资源促进和保障深圳市人口、资源、环境生态和经济的协调发展等方面的综合研究,提出了较为完整的水资源可持续利用支撑深圳经济社会可持续发展的对策及建议。

(14)2009 年深圳地质学会组织撰写完成的《深圳地质》,系统地研究了深圳市的岩石风化作用、剥蚀作用、沉积作用、火山作用、侵入作用、变质作用和构造作用等,揭示了岩石的形成环境特征和地质演化历史等,阐明了深圳市自然资源赋存的基础地质背景。

(15)2013 年深圳市地质局等单位对 1989 年广东省地矿局区域地质调查大队完成的 1:5 万宝安幅、王母圩幅、深圳市幅和蛇口幅区域地质图的基岩区岩石地层进行了全面的清理,按岩性、岩相特征,厘清了岩石地层单位,并全面编制、更新出版了深圳市 1:5 万区域地质图。

(16)2017 年广东省地质调查院等单位完成的《广东省及香港、澳门特别行政区区域地质志》,采用岩石地层单位填图和年代地层划分方法,对涉及深圳市的不同地质构造单元进行了控制性钻孔岩芯分析,开展了相应的岩石学、地球化学、古生物鉴定等检测工作,建立了控制性岩芯的地层岩性柱状图。基本查明了深圳市基岩面埋深与起伏变化以及地层、岩石、地质构造的空间展布、地质体特征与相互关系。

(17)2018 年深圳市广汇源水利勘测设计有限公司和建设综合勘察研究设计院有限公司完成的《深圳市地下水禁采区和限采区划分成果报告》,通过系统性的资料收集、水文地质测绘、物探、水文地质钻探、地下水位观测、抽水试验、地下水开采量调查等多种手段和技术方法,深入开展了地下水超采区的划分与评价工作,确定了深圳市地下水禁采区与限采区范围,并结合深圳市实际提出了针对性的地下水禁采区、限采区管理建议，为进一步严格地下水管理与保护提供了决策依据。

（18）2020 年深圳市环境科学研究院和中国科学院南京土壤研究所通过对深圳市全域范围内的土壤调查、测试分析及综合研究，编制完成了深圳市地方标准《土壤环境背景值》（DB4403/T 68—2020），由深圳市市场监督管理局于 2020 年 7 月发布实施。

（19）2021 年深圳市环境科学研究院和国家环境保护饮用水水源地管理技术重点实验室完成的《深圳市饮用水源地环境状况和规范化建设评估》，在梳理全市各饮用水源地规范化建设工作进展和近年全市饮用水源地环境状况年际变化趋势的基础上，结合"十四五"期间深圳市饮用水源地规范化建设工作目标与面临的挑战，对深圳市水质问题与成因、环境管理问题与成因、水源保护区污染防治和全市饮用水源地当前存在的共性问题及其管理对策研究等方面进行了调查和综合研究。

（20）2022 年由深圳市地质环境监测中心统筹完成的"深圳市城市地质调查"项目，采用资料收集、地表观测、钻探、物探与室内测试相结合的技术手段，综合已有的地质剖面、地球物理勘探、钻孔岩芯、古生物鉴定、地层测年等研究资料，查明了第四纪沉积层厚度、分布范围、物质组成、空间变化及沉积相类型等地质特征，系统分析了深圳市的地层与岩性、侵入岩、火山岩和地质构造特征。编制完成了 1∶5 万深圳市区域地质图、第四系等厚线图、基岩地质图、水文地质图和工程地质图等系列图件，为深圳市的城市三维基础地质结构系统研究奠定了坚实的地质基础。

综上所述，广东省的水资源环境、土壤与生态环境地质调查和研究工作积累了较为丰富的基础地质、生态环境及生态地质资源等方面的资料。这些前期工作基本查明了深圳市及周边地区的地层结构、地质构造、水文地质、生态环境、主要环境地质问题和土壤发育特征，对广东省特别是珠江三角洲的生态地质环境质量进行了综合分析评价，提出了基于基础地质的生态地质环境保护措施、对策与建议。

改革开放 40 多年来，深圳城市化过程高速迅猛，已从一个传统的小渔村演变为国际化大都市。高速城市化过程导致深圳市自然保护区生态地质要素和生态地质资源时刻都处于变化的状态之中，生态地质资源的不稳定性增强，尤其是城市经济社会的高质量发展迫切需要对深圳市自然保护区的生态地质资源进行综合性的系统调查和研究，以掌握深圳市自然保护区生态地质资源的演变状态，为深圳市自然保护区的生态环境保护提供扎实的生态地质资源依据。作者长期在广东省从事生态地质资源调查和生态地质环境保护等方面的科学研究和生产工作，积累了大量的实际工作经验和科研成果。本书以作者承担的"深圳市自然保护区生态环境地质调查"项目（编号：SZDL2021337822）的工作成果为基础，并参考国内外同行的最新研究进展，结合作者多年来在生态地质方面的科研与工作实践撰写完成。

本书共 7 章。第 1 章主要介绍深圳市各自然保护区的自然地理环境特征和气象环境特征；第 2～6 章主要从基础地质、成土母岩地球化学特征、土壤质量、水资源环境（地表水和地下水）和矿产资源等方面阐述深圳市各自然保护区的生态地质资源特征；第 7 章为结论及认识。本书采用地质学、地貌学、水文地质学、土壤学、环境学与生态地质学相结合的研究方法，总结了深圳市各自然保护区的生态地质资源特征，详细分析了深圳市各自然保护区的地形地貌、地层岩性、岩石、地质构造、自然地质遗迹、土壤质量和水资源环境特征等生态地质资源内容，总结了深圳市各自然保护区生态地质资源的分布规律和发育特点。本书论述了深圳市自然保护区的水、土环境质量与生态地质资源类型，分析控制与影响深圳市自然保护区生态地质资源的因素，预测其演变趋势；通过对深圳市各自然保护区的岩石、风化层及土壤的化学成分分析测试，探索土壤与其母岩（质）化学成分的继承关系及成土环境中的各种地球化学作用过程与机理，从而揭示土壤的形成和演变规律。

寒来暑往，笔墨人生，回忆本书的编写过程，作者首先要感谢深圳市规划和自然资源局、广东省佛山地质局、中国煤炭地质总局广东煤炭地质局勘查院、深圳市地质环境监测中心和广东省科学院广州地理研究所等单位的多位科技人员和领导，特别是肖文进教授级高工、刘建雄教授级高工、张忠义教授级高工和余子昌高级工程师等同行，他们向作者提供了无私的帮助和支持，付出了辛勤的劳动；作者还要特别感谢黄爱琳和陈菊仙在数据处理和绘图方面提供的帮助。同时，本书的许多生态地质方面的研究成果是作者同广东省科学院广州地理研究所的尹小玲、贾凯、邓丽明和唐光良等同事集体工作的结晶，借此拙笔成书之际，谨此致以衷心的感谢！

本书的编写历时近两年，作者查阅了大量国内外资料和最新研究成果，但由于知识结构、认识水平和实践经验的限制，难免有疏漏之处，恳请广大读者赐教、指正。

作　者

2023 年仲秋于羊城

目　　录

第1章 深圳市自然保护区地理环境特征

1.1 自然地理特征

整体上看，深圳市的地理平面呈东西宽、南北窄的狭长形态，地貌类型多样，规模大小不等，物质构成和形成原因较复杂。近40年来，因人类活动和工程建设的影响，深圳市的原始地形地貌发生了巨大的变化。依据地貌的形态、成因、物质组成等因素，将深圳市的地形地貌划分为山地丘陵区、西部平原区、北部内陆河谷区和东部沿海区等四个单元。

山地丘陵区的山地主要分布于中东部，自西向东依次有梧桐山、梅沙尖、打鼓岭、笔架山、石人岭、田心山、排牙山、七娘山、大燕顶等低山展布，面积约908.23km²；高程500～944m；坡度一般为20°～35°，局部坡度较陡。由火山岩、石英砂岩构成的山体一般脊尖坡陡；花岗岩、砂页岩形成的山体相对较缓。高丘陵主要分布于西部的鸡公头、塘朗山、阳台山、吊神山、大眼山及求雨坛等地；北部则分布于清林径水库周边；东部见于大山尖、犁壁山、求水岭及钓神山等地；坡度一般为20°左右，大于35°者较少；花岗岩构成的山体较圆缓，火山岩或石英岩形成的峰脊较陡峭。低丘陵见于西部的凤凰山、朱凹山、大小南山、内伶仃岛尖峰山及安托山等地；东部分布于沙头角后山、盐田后山、求水岭、雷公山、大鹏半岛排牙山及七娘山周边一带；坡度一般为12°～25°，大于35°者较少；红土风化壳较发育。

西部平原区分布于西部及西南部的沿海地带，山地丘陵区的外侧，属珠江三角洲平原的一部分，地势平坦，为深圳市的主要城市建成区，面积约428.76km²。平原区内人类工程活动频繁，特别是围海造地和切坡建房对西部平原区的地形地貌改造较大。

北部内陆河谷区主要位于深圳断裂带的北西侧，包括冲洪积平原及河流两侧的台地，面积约529.03km²。内陆河谷区多被人类开发利用，河网、城镇、公路、旅游休闲区等密布，原始地貌改造大，常为人工填土覆盖。

东部沿海区位于深圳断裂带的南东侧，中东部山地外侧的沿岸地带，面积约80.38km²。大致以莲塘西、沙湾河、石马河一线近南北向与西部平原区为界。大鹏半岛南部海岸地貌改造小，多由沙滩、沙堤、潟湖平原组成，构成了基岩-砾砂质海岸；大鹏半岛北侧海岸则因围填海域，地貌改造较大，人工填土发育。

深圳市共有四个自然保护区，分别为广东内伶仃岛-福田自然保护区（国家级）、大鹏半岛自然保护区（市级）、田头山自然保护区（市级）和铁岗-石岩湿地自然保护区（市级），深圳市各自然保护区的地理位置如图 1.1.1 所示。整体上看，深圳市各自然保护区的自然地理环境特征具有较明显的差异性。

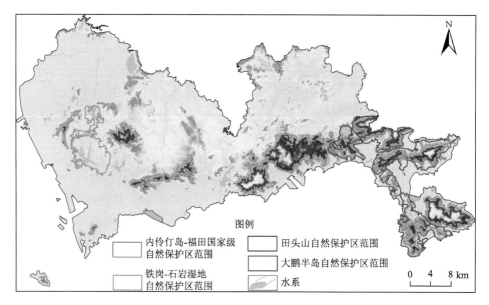

图 1.1.1　深圳市自然保护区地理位置分布图

1.1.1　地理环境背景

1. 内伶仃岛-福田自然保护区

广东内伶仃岛-福田自然保护区始建于 1984 年 10 月，1988 年 5 月晋升为国家级自然保护区（图 1.1.1），2006 年 10 月被国家林业局列为国家级示范保护区，总面积约 9.22km²。主要由内伶仃岛和福田红树林两个区域组成，其中福田红树林是全国唯一地处城市腹地且面积最小的国家级森林和野生动物类型的自然保护区，现为《湿地公约》中的国际重要湿地，主要保护对象为红树林及水鸟；内伶仃岛主要保护对象为国家 II 级保护兽类猕猴及生境。福田红树林位于深圳湾东北部，东起新洲河口，西至深圳湾公园，南达滩涂外海域和深圳河口，北至广深高速公路，沿海岸线长约 9km，地理位置为 113°59′E～114°02′E，22°30′N～22°31′N，分布面积约为 3.68km²，毗邻拉姆萨尔国际重要湿地——香港米埔红树林自然保护区。内伶仃岛位于珠江口伶仃洋东侧，地处深圳、珠海、香港及澳门等四个城市的中间部位，东距香港 9km，西距珠海 30km，北距深圳蛇口 17km；内伶仃岛西北至东南长约 4km，南北宽约 2km，地理位置为 113°47′E～113°49′E，22°24′N～22°25′N，分布面积约为 5.54km^2。

2. 大鹏半岛自然保护区

深圳市大鹏半岛自然保护区（市级）位于深圳市大鹏新区（图 1.1.1）东部，南临大亚湾和西涌湾，北接惠州地区，大鹏半岛自然保护区规划面积为 146.35km^2，地理位置为 114°20′E～114°35′E，22°27′N～22°40′N，包括排牙山和笔架山的山地森林、南澳山地森林、马峦山部分山地森林、葵涌坝光银叶树红树林湿地、东涌红树林湿地、西涌香蒲桃林等。深圳市大鹏半岛自然保护区北侧与田头山自然保护区、马峦山郊野公园和三洲田森林公园相邻，东南侧与深圳市大鹏半岛国家地质公园相接。

3. 田头山自然保护区

深圳市田头山自然保护区（市级）位于深圳东部坪山区（图 1.1.1），东北毗邻惠州市，东南接大鹏新区葵涌街道办，田头山自然保护区规划面积为 20.01km^2，地理位置为 114°21′E～114°26′E，22°38′N～22°41′N，由田头山和周边山体组成，田头山自然保护区与马峦山郊野公园以及大鹏半岛自然保护区相邻。

4. 铁岗-石岩湿地自然保护区

铁岗-石岩湿地自然保护区位于深圳市宝安区、光明新区和南山区交界（图 1.1.1）地带，自然保护区规划面积 50.93km^2，地理位置为 113°51′E～113°56′E，22°35′N～22°43′N，由铁岗水库、石岩水库及周边山体组成。铁岗-石岩湿地自然保护区由深圳市自然保护区管理中心规划建设和管理，其中，铁岗水库、石岩水库及其一级水源保护区由深圳市水务部门负责管理。

1.1.2 地形地貌特征

深圳地势东南高，西北低，多为低丘陵山地，间以平缓的台地，西部沿海一带为滨海平原。地貌类型以丘陵和台地为主，分别约占总面积的 47.3%和 32.7%，其余的平原、低山则分别约占总面积的 19.0%和 1%（图 1.1.2）。低山主要分布于东南面与中部地区；丘陵则分布较为广泛，深圳市各区域均有较大范围的分布；台地主要分布于西面以及东北面一带；而平原则主要分布于西部以及南部的沿海地区。

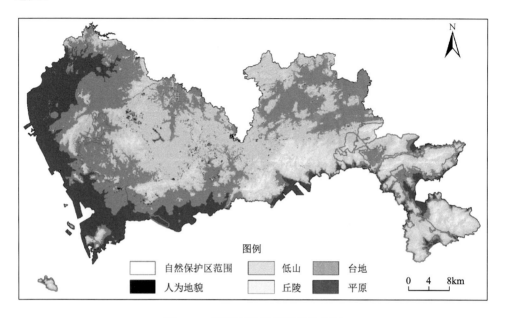

图 1.1.2 深圳市地貌类型及分布图

（1）内伶仃岛-福田国家级自然保护区的地貌类型主要为丘陵、平原，其中内伶仃岛以丘陵、台地为主，分别约占内伶仃岛总面积的 53.48%、26.07%，分布于内伶仃岛的内陆空间地带，其次是平原，约占内伶仃岛总面积的 20.42%，分布于岛屿外侧沿海一带，同时含有少量的人工地貌。

（2）大鹏半岛市级自然保护区地貌类型主要为丘陵，约占大鹏半岛自然保护区总面积的 88.62%，其次为台地，约占大鹏半岛自然保护区总面积的 7.41%，平原、低山及人为地貌的分布面积最小，分别占大鹏半岛自然保护区总面积的 2.09%、1.86%及 0.02%。大鹏半岛自然保护区丘陵十分广泛，低山主要分布于北面区域，平原和台地则基本分布于海陆沿岸区域。

（3）田头山市级自然保护区的地貌类型主要为丘陵，约占田头山自然保护区总面积的 93.91%；其次为低山，约占田头山自然保护区总面积的 6.08%，主要分布于田头山自然保护区的东部一带；台地和人为地貌仅占保护区总面积的 0.01%。

（4）铁岗-石岩湿地市级自然保护区地貌类型以台地为主，约占铁岗-石岩湿地自然保护区总面积的 78.64%；其次为丘陵，约占铁岗-石岩湿地自然保护区总面积的 21.03%；平原与人为地貌的分布面积极小，二者分别约占铁岗-石岩湿地自然保护区总面积的 0.14%和 0.19%。

整体上看，深圳市属于中低海拔地区，全市平均海拔 70～1200m，海拔≤0m 的约占全市总面积的 0.81%，海拔为 0～200m、200～400m、400～600m、600～800m 及 800m 以上的分布面积分别约占全市总面积的 88.53%、8.19%、2.08%、0.35%及 0.04%（图 1.1.3）。深圳市海拔较高的地区主要集中于东南部的马峦山、田头山和大鹏半岛一带，西部及北部海拔整体较低。内伶仃岛地势东高西低，海拔为-2.65～341.47m，最高的尖峰山海拔 341.47m；海拔 200m 以上的山峰有南峰坳和东角山，分别位于内伶仃岛的中部和东南部；其余山丘大部分低于海拔 100m。大鹏半岛自然保护区整体海拔较高，为-1～721.64m，低于海拔 300m 和高于海拔 300m 的面积分别为大鹏半岛自然保护区总面积的 85.6%和 14.4%。田头山自然保护区海拔为 43～689.84m，海拔较高的地区主要集中于东部的低山地块之中，西面地块海拔较低。铁岗-石岩湿地自然保护区的整体海拔较低，为 6.6～237.6m，最高海拔出现于铁岗-石岩湿地自然保护区西南部丘陵地区的中部，最低海拔为铁岗-石岩湿地自然保护区西南部的铁岗水库。

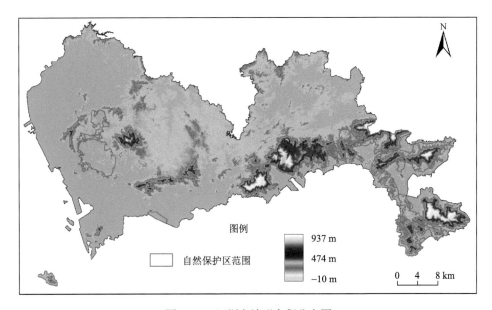

图 1.1.3 深圳市地形高程分布图

深圳市的地形起伏东西差异明显（图 1.1.4），东南部地势陡峭，地形起伏大，最高坡度达到 74.35°，西部和北部较为平坦，地形起伏较小，但也有少量丘陵的坡度起伏较大。内伶仃岛自然保护区地形起伏较大，坡度为20°～70°。福田红树林自然保护区则均为平原，地势平坦，几乎没有地形起伏。大鹏半岛自然保护区地势陡峭，坡度起伏大，地形坡度为0°～72.2°，大鹏半岛自然保护区的北部分布有面积大、地形坡度大的山脉。田头山自然保护区地势较为陡峭，地形坡度较大，最大坡度达到55°，相较于西部，东部地形起伏更大，地势更为陡峭。铁岗-石岩湿地自然保护区地势平坦，整体地形起伏较小，仅自然保护区的东部与西部丘陵区域地形起伏较大，其中西部丘陵一带的地形起伏最大，局部地形坡度可达70°左右，其余区域地势较为平坦，无较大的地形起伏。

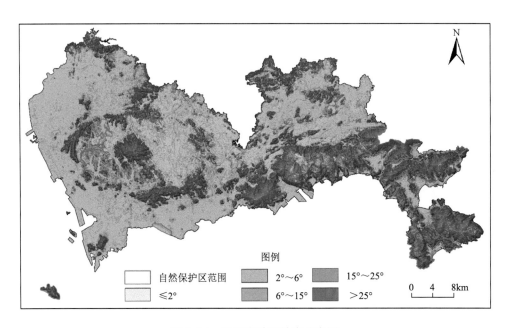

图1.1.4 深圳市地形坡度分布图

深圳市的地形坡向主要为东南—西北方向，西部台地地区以及东南部丘陵地区的地形坡向主要为西北及东南方向（图1.1.5）。因此，深圳市地形总体表现为海拔东高西低，东部丘陵及低山集中，地势险峻，西部则以沿海平原为主，地势平坦。内伶仃岛自然保护区的地形坡向主要为西南向和南向；大鹏半岛自然保护区的主要地形坡向为东南向、南向及西南向；田头山自然保护区的地形坡向主要为西向、西北向和北向；铁岗-石岩湿地自然保护区的地形坡向以东向、西南向和西向为主要方向。

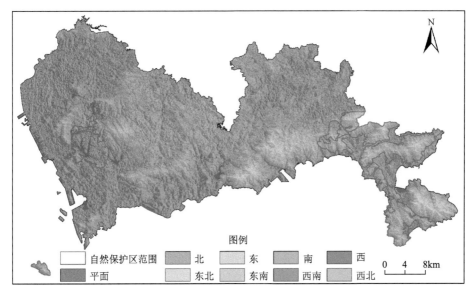

图例

| 自然保护区范围 | 北 | 东 | 南 | 西 |
| 平面 | 东北 | 东南 | 西南 | 西北 |

0　4　8km

图 1.1.5　深圳市地形坡向分布图

1.2　气象水文特征

深圳位于广东省中南沿海地区，珠江入海口之东偏北，所处纬度较低，属亚热带海洋性气候。由于深受季风的影响，夏季盛行偏东南风，时有季风低压、热带气旋光顾，高温多雨；其余季节盛行东北季风，天气较为干燥，气候温和，年平均气温 22.4℃，最高气温 38.7℃（1980 年 7 月 10 日）、最低气温 0.2℃（1957 年 2 月 11 日）。深圳市降水丰富、雨量充沛（图 1.2.1），每年 4～9 月为雨季，年均降水量 1933.3mm，年降水量最多纪录 2662mm（1957 年），年降水量最少纪录 913mm（1963 年）。深圳市的东北、西北以及西南部降水十分丰富，年降水量为 1500～2000mm，其次是东南部及中北部地区，年降水量为 1300～1800mm。全年降水量最低的区域为中东部、中西部、西部及西南边缘地区，年均降水量为 1000～1500mm。日照时间长，平均年日照时数 2120.5h，太阳年辐射量为 5225MJ/m²。常年主导风向为东南偏东风，平均每年受热带气旋（台风）影响 4～5 次。

深圳境内河流众多，网系发育，多数河流发源于市内阳台山和海岸山脉，分别注入珠江口、深圳湾、大鹏湾、大亚湾，具有河流短小、流向不一、河道陡、水流急、水位暴涨暴落、径流量随气候干湿季节变化而变化等特征。汛期径流量占全年径流量 90% 以上。地下水主要由大气降水直接渗入补给，其次为水库渗漏、河流侧向补给；排泄区接近补给区，流向与地表水流向近于一致，地下水位随降水量季节变化而变化。境内有河流 310 余条，其中，集雨面积大于 100km² 的有 5 条，大于 10km²

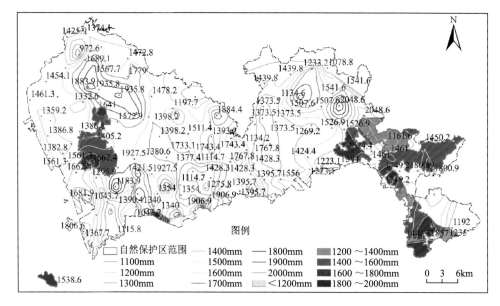

图 1.2.1　深圳市自然保护区多年年均降水量等值线分布图

的有 13 条，分属珠江三角洲水系、东江水系及海湾水系。除深圳河外，均不具备通航能力。全市共有水库 161 座，其中，大型水库 2 座（公明水库和清林径水库），中型水库 14 座，小型水库 145 座，总库容 9.50 亿 m^3，人均水资源量不足 200m^3。

1. 内伶仃岛-福田自然保护区

内伶仃岛属亚热带海洋性季风气候。岛内空气清新，惠风和畅，日照充足 [图 1.2.2（a）]。雨量充沛，平均年降水量 1926.7mm，其中，4～9 月降水量占全年降水量的 85% [图 1.2.2（b）]。太阳辐射强 [图 1.2.2（c）]，7 月平均太阳辐射量高达 12804.2MWh/cm^2。4～10 月充沛的降水量与日照强度和时数的高峰基本一致，给内伶仃岛发展旅游带来了极为有利的水资源和太阳浴条件。内伶仃岛与深圳市区相比，为一个四周被海水包围的孤岛，加之岛内植被繁茂，7 月平均气温比市区低 1～3℃，1 月平均气温又比市区高 1℃左右。夏季闷热天气的夜间，气温一般比市区低 6～8℃。

内伶仃岛的空气质量优异，森林和海水所产生的大量空气负离子对健康十分有益，它是现代旅游"森林浴"的主要功能；加上充足的紫外线辐射，全岛的空气清净程度、飘尘指数和空气含菌量与深圳市区相比，有十分明显的改善。

福田红树林自然保护区属于亚热带海洋性季风气候，光照长，雨水充沛，全年温和湿润，平均气温为 22.2℃（图 1.2.3），1 月气温最低，月平均气温 14.1℃；7 月最高，月平均气温 28.2℃。夏季长达 6 个月，春、秋、冬三季气候较温暖。

4～9 月为雨季，降水量占全年降水量的 84%左右，年平均降水量 1700～1900mm，年平均相对湿度 80%。常年盛行东南风，夏秋季台风较多，平均每年受到 2～4 次台风的袭击。

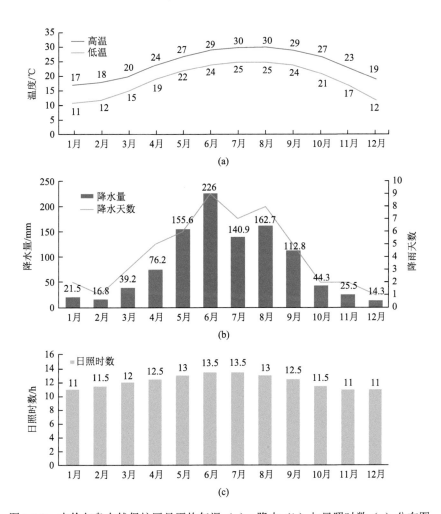

图 1.2.2　内伶仃岛自然保护区月平均气温（a）、降水（b）与日照时数（c）分布图

2. 大鹏半岛自然保护区

大鹏半岛自然保护区属南亚热带海洋性季风气候，四季温和，雨量充足，日照时间长（图 1.2.4）。夏季受东南季风的影响，高温多雨；冬季受东北季风以及北方寒流的影响，干旱稍冷。全年平均温度为 22.4℃，最高温度为 36.6℃，最低温度为 1.4℃，多年平均降水量为 1948.4mm。

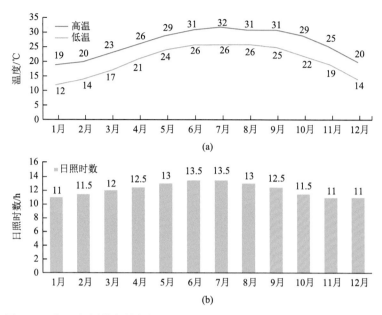

图 1.2.3　福田红树林自然保护区月平均气温（a）与日照时数（b）分布图

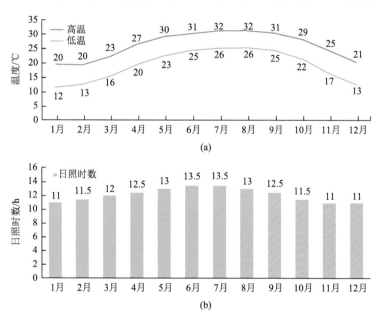

图 1.2.4　大鹏半岛自然保护区月平均气温（a）与日照时数（b）分布图

大鹏半岛自然保护区的排牙山北、东、南三面濒海，常年海风较大，以东南风为主，排牙山主峰南坡由于正对风向，蒸发量较大，与北坡相比较为干旱，原生植被经破坏后，次生植被往往以硬灌木林为主，并进一步发展到以大头茶占优势的乔木林。排牙山主峰北坡则发育和保存有较为典型的南亚热带常绿阔叶林。总体而言，大鹏半岛自然保护区的气候条件较为优越，为植物的生长提供了良好的生态气候环境。

3. 田头山自然保护区

田头山自然保护区毗邻大鹏半岛自然保护区，气象特征与其近似。田头山自然保护区属南亚热带海洋性季风气候，年平均气温为 22.4℃，最高气温为 36.6℃，最低气温为 1.4℃（图 1.2.5），年平均相对湿度为 80%，年平均降水量为 1933mm，年平均降水日数为 140 天；无霜期为 335 天，常年主导风向为东南风，气候温和，春秋相连，夏季较长，森林植被常年均可生长。

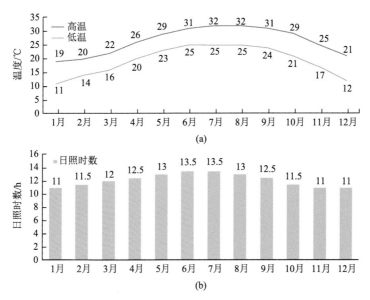

图 1.2.5　田头山自然保护区月平均气温（a）与日照时数（b）分布图

4. 铁岗-石岩湿地自然保护区

铁岗-石岩湿地自然保护区地处南亚热带季风气候区，气候温和，光照充足（图 1.2.6），雨量丰沛。多年平均气温为 21.4～22.3℃，多年平均湿度 79%。自然保护区冬季盛行干燥的偏北风，夏季盛行暖湿的偏南风，常年盛行风向为东南风和东北风，多年平均风速为 2.6m/s，极端最大风速大于 40m/s。年平均降水量为 1618.5mm。降水量年内分配极不均匀，夏秋多，冬春少，其中 5～9 月降水量约占全年降水量的 80%。铁岗-石岩湿地自然保护区的纬度低、日照强烈、辐射量大、蒸发量大，多年平均水分蒸发量为 1345.7mm。总体而言，铁岗-石岩湿地自然保护区的气候条件较为优越，植物生长的生态环境良好。

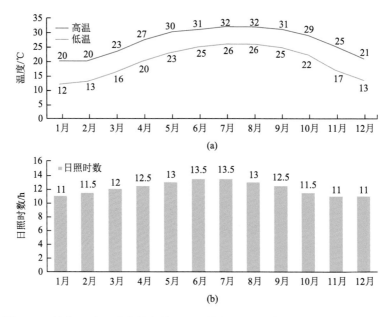

图 1.2.6　铁岗-石岩湿地自然保护区月平均气温（a）与日照时数（b）分布图

第2章 内伶仃岛自然保护区生态地质资源特征

2.1 内伶仃岛自然保护区概况

内伶仃岛为典型的大陆性岛屿，生物资源、自然资源都比较丰富，如各类植物达600多种、各类动物600多种。内伶仃岛又是一个较为封闭的自然生态系统，为保护猕猴的自然生态环境，充分发挥自然保护区的功能，根据内伶仃岛自然保护区生态现状和资源特点将内伶仃岛划分出核心区、缓冲区和实验区三个功能区（图2.1.1）。内伶仃岛自然保护区的核心区面积为1.7781km²，占全岛总面积的32.1%，核心区坐落于南峰坳-尖峰山-东角山的山脊线以南和西南部，至环岛公路为界；核心区的动物种类较多，也是猕猴集中的区域，野果、阔叶食性植物主要集中于核心区，水源较充足，全岛的6条溪流有4条分布于该区域。缓冲区分为三块，分布面积为1.9303km²，占全岛总面积的34.8%。实验区分为三块，分布于岛内的东湾、南湾和蕉坑湾，面积为1.8316km²，占全岛总面积的33.1%；实验区的地势开阔，主要植被为灌丛、果园、台湾相思林及松林等，海岸风景秀丽，东湾、南湾和蕉坑湾等三个海湾均适宜开展以科普环保教育为主要内容的生态旅游活动。

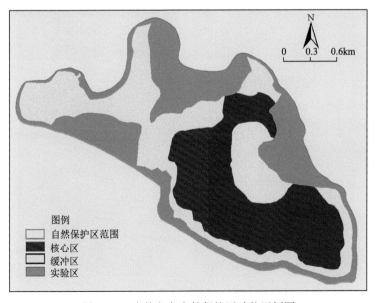

图2.1.1 内伶仃岛自然保护区功能区划图

内伶仃岛自然保护区自然植被群落外貌和结构具有南亚热带常绿阔叶林特征，主要植被类型包括南亚热带常绿针叶林、南亚热带针阔叶混交林、南亚热带常绿阔叶林、南亚热带红树林、南亚热带竹林、南亚热带常绿灌丛、南亚热带灌草丛、滨海沙生灌草丛等，其中包括 8 种植被亚型、18 种群系（蓝崇钰和王勇军，2001）。人工植被主要包括台湾相思林、果园林和作物园等。虽然内伶仃岛自然保护区的植被群落结构层次较多，但乔木层阔叶树种仍然较少，目前台湾相思林占较大优势，马尾松林处于衰退阶段，预计在未来发展中将趋于萎缩。而处于第二层、第三层的短序润楠、龙眼、鸭脚木、潺槁、布渣叶等物种，其类型和数量都已相当丰富，有可能发展成为内伶仃岛植被的主要组成部分。此外，岛内南亚热带红树林仅分布于东湾咀东侧（图 2.1.2）和黑沙湾东侧海岸边（图 2.1.3）的小部分区域，物种组成单一，可能是有利于红树林生长的泥滩减少所致。随着外来植物微甘菊和本地植物刺果藤的不断扩张，岛内大量小乔木、灌木甚至部分大乔木被覆盖致死，对内伶仃岛植被的更新与演替产生不利的影响。

图 2.1.2 内伶仃岛自然保护区东湾咀东侧红树林

图 2.1.3 内伶仃岛自然保护区黑沙湾红树林

2.2　地形地貌特征

2.2.1　地形与地貌类型

内伶仃岛自然保护区的地势东南高西北低，海拔范围−3～341m，平均海拔45.6m，尖峰山海拔 340.9m，位于内伶仃岛自然保护区中部偏东南位置。海拔最低点为内伶仃岛外侧的平原区域一带。内伶仃岛自然保护区海拔低于 0m、0～200m 及 200m 以上的区域分别占内伶仃岛自然保护区总面积的 28.3%、67.3%及 4.4%。

内伶仃岛的地势起伏较大，坡度为 0°～70°（图 2.2.1），平均坡度 12.4°。自然保护区中部坡度起伏最大，由中部向外逐渐减小。坡度≤2°、2°～6°、6°～15°、15°～25°和＞25°范围分别约占总面积的 3.7%、6.7%、21.0%、41.8%和 26.8%。

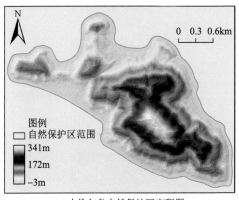

(a) 内伶仃岛自然保护区高程图

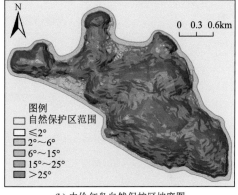

(b) 内伶仃岛自然保护区坡度图

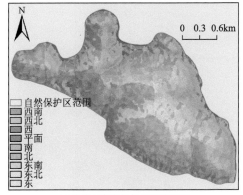

(c) 内伶仃岛自然保护区坡向图

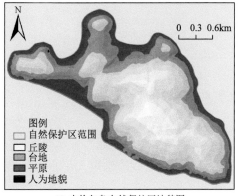

(d) 内伶仃岛自然保护区地貌图

图 2.2.1　内伶仃岛自然保护区地形地貌分布图

内伶仃岛的坡向以东北、南、西南方向较多（图 2.2.1），占比分别约为 15.5%、15.6%、16.0%。其次，为北、东、西及西北方向，占比分别约为 12.8%、11.0%、9.9% 及 9.4%，东南方向的坡向相对较少，占比约为 7.5%，平地（坡向为平面的区域）占比约为 2%。阴坡、半阴坡、半阳坡和阳坡的占比分别约为 28.9%、21.0%、17.7% 和 32.4%。

内伶仃岛的地层主要为第四系，岩性为填土、冲洪积物、残坡积物等；基岩为云开岩群（$Pt_{2-3}y$）的混合岩化花岗岩，岩性为细-中粒斑状黑云母混合花岗岩、石英片岩、变粒岩、片麻岩及石英砂岩等。内伶仃岛为一丘陵海岸基岩海岛（表 2.2.1），丘陵地貌占内伶仃岛总面积的 53.48%，主要分布于尖峰山、内伶仃岛西部和北部地区；其次是台地和平原地貌，分别占内伶仃岛总面积的 26.07% 和 20.42%。台地围绕丘陵地貌分布，平原地貌分布于内伶仃岛自然保护区外缘沿海地带。人为地貌面积约占内伶仃岛总面积的 0.03%，分布于内伶仃岛自然保护区的西北部一带。

表 2.2.1　内伶仃岛自然保护区地貌类型划分表

形态类型	岩石、地层与岩性组成	分布范围	面积比例 / %	主要特征
丘陵	第四系（冲洪积物、残坡积物等）、混合岩化花岗岩	尖峰山以及内伶仃岛西部、北部地区	53.48	海拔 50～340m，相对高度不超过 200m，呈不规则椭圆或圆形，山顶呈浑圆或尖峰，尖峰山最大坡度达 70°。坡向以东北向、西南向为主
台地	第四系（冲洪积物）、混合岩化花岗岩	尖峰山外缘地区及内伶仃岛西部、北部地区	26.07	海拔 10～50m，呈环状围绕于尖峰山等丘陵外围，地势平缓，坡度 0°～40°。坡向以东北向、南向为主
平原	第四系（冲洪积物、海相沉积物）、混合岩化花岗岩	内伶仃岛外缘地区	20.42	海拔为 10m 以下，呈不规则环状围绕在岛屿边缘。地形平坦，坡度 0°～30°。坡向以西南向、西向为主
人为地貌	第四系（填土及残坡积物等）、混合岩化花岗岩	内伶仃岛西北部地区	0.03	由人类各种工程活动改造形成，受人类活动影响强烈。整体坡向以北向为主

2.2.2　海岸线特征

海岸线是潮滩与海岸的连接线（海陆分界线），是多年的大潮平均高潮位所形成的海岸边线。潮汐涨落大小不定，沿海岸的土质、地形不同，致使海岸线的确定比较困难；确定方法不同，海岸线长度的计算结果也不尽相同。

海岸线可分为人工岸线与自然岸线，其中自然岸线包括基岩岸线、砂质岸线、河口岸线、淤泥岸线、生物（红树林）岸线。

1. 海岸线现状特征

内伶仃岛自然保护区共有海岸线 11.81km，包含人工岸线 0.7km，自然岸线 11.11km。自然岸线包括基岩岸线和砂质岸线，分别占内伶仃岛自然保护区总海岸线长度的 70.87%和 23.20%，以基岩岸线为主。内伶仃岛自然保护区各类型海岸线分布见图 2.2.2。

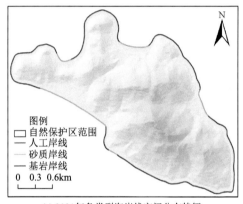
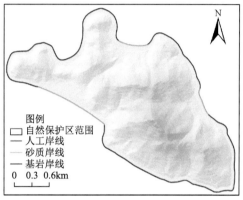

(a) 2021年各类型海岸线空间分布特征   (b) 2010 年各类型海岸线空间分布特征

图 2.2.2   内伶仃岛自然保护区各类型海岸线分布图

2. 海岸线变化特征

2010～2021 年，内伶仃岛自然保护区的海岸线类型及总长度基本没有变化。2010 年内伶仃岛海岸线总长度 11.81km，至 2021 年内伶仃岛人工岸线长度增加 0.24km，自然岸线减少 0.24km。自然岸线变化主要为基岩岸线，长度由 9.09km 减少到 8.37km，减少 0.72km；砂质岸线长度由 2.26km 增加到 2.74km，增加 0.48km。

2.2.3   湿地资源特征

根据 2021 年内伶仃岛自然保护区的湿地资源遥感解译成果，内伶仃岛自然保护区的湿地资源分布状况如图 2.2.3 所示。内伶仃岛自然保护区的湿地资源包括红树林地和沿海滩涂，二者分布面积共约 0.74km^2，其中红树林地分布面积约 0.0004km^2，其余均为沿海滩涂。

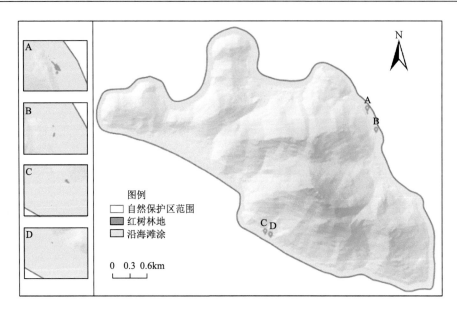

图 2.2.3　内伶仃岛自然保护区 2021 年湿地资源分布图

2.3　地层与岩性

按成因地层类型分区原则，深圳市第四系成因地层单位划分见表 2.3.1。内伶仃岛自然保护区第四系地层发育较简单，主要发育有全新统海相沉积（Q_h^m）地层，上更新统海相沉积（Q_p^m）仅局部发育（图 2.3.1）。内伶仃岛地质构造发育程度较弱。

表 2.3.1　深圳市第四系海相成因类型划分表

界	系	统	代号	基本岩性特征
新生界	第四系	全新统	Q^s	人工填土：杂填土、素填土
			Q_h^m	海相沉积物：由中砂、细砂、砾石组成，砾石磨圆度及分选性好，砾石岩性复杂，部分海岸沙滩含贝壳碎片
			Q_h^{ml}	潟湖相沉积物：由粉细砂、细砂及淤泥质土、泥炭等组成
			Q_h^{mal}	三角洲相沉积物：浅灰色细砾砂、淤泥质黏土、灰色砂质黏土，局部黑色泥炭，含有贝、蚌、螺等残骸
		上更新统	Q_p^m	海相沉积物：以连岛沙堤及拦湾沙堤出现。以砂为主，少量砾石及泥质。地表多红壤化
			Q_p^{ml}	潟湖相沉积物：仅少量山麓可见，主要由砂及黏土组成，局部夹泥炭、腐木等

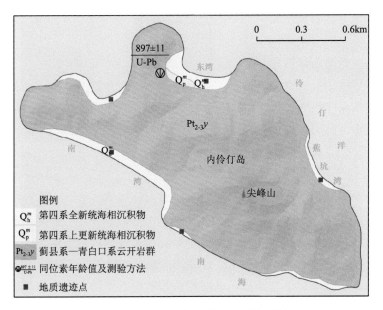

图 2.3.1　内伶仃岛自然保护区地质图

2.3.1　人工填土层

根据《广东省及香港、澳门特别行政区区域地质志》（广东省地质调查院，2017）的划分结果，确定人工填土层代号为 Q^s。内伶仃岛自然保护区的人工填土主要分布于环岛公路的外侧地段及东湾村一带。主要有杂填土、素填土、建筑废弃物等类型，受人类工程活动的影响，杂填土主要分布于码头、人工建筑物区域，为含有建筑垃圾、生活垃圾等杂物的填土；素填土系由碎石土、砂土、粉土、黏性土等组成的填土。

2.3.2　海相沉积层

一般而言，海相地层可分为上更新统海相沉积层、潟湖相沉积层以及全新统海相沉积层、海陆交互相沉积层（潟湖沉积层、三角洲沉积层）等。

1. 第四系上更新统海相沉积（Q^m_p）

内伶仃岛自然保护区东湾村局部可见，出现于拦湾沙堤内侧耕种区一带。沉积物以砂为主，少量砾石及泥质，厚度 5～12m，地表浅层为薄层赤红壤覆盖，东湾村实测地质剖面的沉积层自上而下为：

上更新统海相沉积层（Q^m_p）　　　　　　　　　　　　　　　　　8.00m

③浅灰色细粒泥质砂层	2.25m
②黄白色粗粒石英砂层	3.50m
①黄白色粗粒泥质砂层	2.25m

基底为混合岩化片麻状花岗岩。沉积层主要由砂及黏土组成，局部夹泥炭，据广州地理所采 ^{14}C 样测年资料，内伶仃岛自然保护区东湾埋深 3.8m 的腐木 ^{14}C 年龄值为距今（37510±1500）年。

2. 第四系全新统海相沉积层（Q_h^m）

内伶仃岛自然保护区的现代海滩沿海岸呈带状分布，第四系全新统海相沉积层（Q_h^m）的分布范围较广，包括沙滩组成的沙咀、沙堤及现代海滩沉积砂等，以现代海滩沉积砂为主（图 2.3.2）。海滩沉积砂主要为细砂和中细砂，可见贝壳，砾石分布极少。海滩砂物质组成主要是花岗岩风化碎裂后的长石、石英砂粒，以石英砂层为主。据实地调查结果，砂层底部为砂质黏土层，底部多见有砾石层出现，厚 5～13m。

(a) 南湾沙滩　　　　　　　　　　　　　(b) 东湾沙滩

(c) 黑沙湾沙滩　　　　　　　　　　　　(d) 蕉坑湾沙滩

图 2.3.2　内伶仃岛自然保护区第四系海相沉积特征

2.4 变　质　岩

内伶仃岛自然保护区的变质岩主要为一套混合岩化花岗岩，以细-中粒斑状黑云母混合花岗岩为主，全岛出露完整。前人对内伶仃岛采集锆石样品 U-Pb 激光定年为（897±11）Ma，结合《广东地质（2017）》的划分结果，确定内伶仃岛的混合花岗岩为云开岩群（$Pt_{2-3}y$），时代为蓟县纪—青白口纪。

2.4.1 混合花岗岩地质特征

内伶仃岛自然保护区的细-中粒斑状黑云母混合花岗岩分布广泛，岩石结构不均匀，具有细粒结构、细粒斑状结构、多斑结构或不同粒级分别富集堆积，近似残留粒级层的不等粒结构，普遍见有残留体和残影体。混合花岗岩由新生的花岗质（钾长花岗质）岩石组成，线性构造极发育（变斑晶长轴定向排列，片状矿物平行定向排列），它与岩体中定向排列的残留体、残影体方向基本一致。

1. 岩石矿物组合特征

岩石呈浅灰褐色、浅肉红色及浅灰色，似片麻状构造、半定向构造。变斑晶由钾长石组成，半自形板粒状，具卡氏双晶，略具平行接触面定向分布。还常见包嵌有石英、斜长石颗粒。基质为钾长石、斜石长、黑云母。混合花岗岩岩性变化大，特别是过渡带更为显著，这与接触带原岩性质有关。混合花岗岩中普遍含红柱石、堇青石、夕线石、石榴石等变质矿物。混合花岗岩岩石普遍发育有钾质交代、钠质交代、硅质交代等。混合花岗岩中副矿物组合简单，与混合岩化区域变质岩、混合岩相似，以出现较多的磷灰石、磷钇矿、独居石等为特征。混合花岗岩中锆石的晶形、长短轴比、微量元素组合及含量均与区域变质岩、混合岩相似。混合花岗岩普遍存在滚圆锆石，锆石中 ZrO_2/HfO_2 比值变化较大，为 12.42～137.51，与原岩的岩性复杂，物质来源各异相一致。

2. 岩体的残留体特征

混合花岗岩体中普遍见有变质石英砂岩、片岩、片麻岩、变粒岩、石英岩、条带状混合岩残留体。残留体大小不一，自 1cm×3cm 至数百米不等。残留体与主体岩石界线有的清楚，有的呈渐变过渡，有的呈残影体。残留体长轴及其内部的线性构造与主体岩石的线性构造方向一致。内伶仃岛岩体中各种残留体和残影体随处可见，残留体显示了最少经过三次的混合岩化作用。

3. 混合花岗岩地球化学特征

据深圳市区域地质调查的岩石地球化学分析结果和前人资料，内伶仃岛混合花岗岩的岩石化学特征相似，氧化物含量变化不大，与混合岩化程度低的岩石比较，SiO_2、Na_2O、K_2O、Al_2O_3 的含量明显偏高，而 FeO、MgO、CaO 的含量明显减少，Al_2O_3 的含量为 13.68%～15.32%，平均约为 14.18%，明显高于深圳市正常的花岗岩类。K_2O 的含量大于 Na_2O，K_2O/Na_2O 含量为 1.46～2.19，反映岩石钾质交代强烈。$Al_2O_3/Na_2O + K_2O + CaO$ 含量为 1.5～1.68，属铝过饱和岩石，可能是继承原岩的性质，这与岩石中普遍出现红柱石、堇青石、夕线石是一致的。FeO 偏高，Fe_2O_3 偏低，$Fe^{3+}/Fe^{3+} + Fe^{2+}$ 为 0.10～0.19，岩石氧化程度低。混合花岗岩岩石化学与混合岩化区域变质岩对比，K、Na、Al、Si 等酸性组分增加，而 Fe、Mg、Ca 基性组分降低。据 C.I.P.W.标准矿物计算结果，混合花岗岩中，无一例外地均出现较高值（1.53%～3.26%，平均 2.26%）的刚玉标准分子。

4. 微量元素特征

内伶仃岛自然保护区混合花岗岩的岩石微量元素组合及含量与华南沿海同类岩石比较，绝大部分元素含量均偏高，部分可高出数倍，仅少数元素变化不明显。脉体中普遍含 As、Ge、Bi 等其他岩石很少出现的元素。混合花岗岩微量元素特征与花岗质脉体相似，但变粒岩残留体中 Cr、Ni、V、Zn 含量较高。

2.4.2　混合岩化作用讨论

内伶仃岛自然保护区的混合花岗岩体中的残留体显示混合花岗岩是在区域变质作用和混合岩化作用的基础上进一步变质交代（花岗岩化）而形成的。根据内伶仃岛野外观察结果，岛内混合花岗岩曾经历三次混合岩化（花岗岩化）作用。

1. 第一次混合岩化作用

基体为经区域变质的变质砂岩、石英岩、变粒岩、片岩、片麻岩；脉体为花岗岩质，经混合岩化作用形成混合岩化或混合质变质岩以及条带状、条痕状混合岩。花岗岩质脉体多呈条带状，也有透镜状、团包状、揉皱状。脉体与基体界线一般清楚，部分呈过渡关系。脉体多以小角度斜交层理、片理、片麻理贯入。

2. 第二次混合岩化（花岗岩化）作用

内伶仃岛基体为条带状、条痕状混合岩、混合岩化或混合质变质岩以及第一次混合岩化时的残留体；脉体为钾长花岗质。经混合岩化（花岗岩化）作用形成细-中粒斑状黑云母混合花岗岩体。岩体内残留体普遍可见，大小不一，岩性主要有条

带状混合岩、变粒岩、石英岩等。形状各异，有规则的椭圆形、圆形、脉形，也有
不规则的多边形、三角形等。岩体周边均被钾长花岗质所交代，使其界限模糊。还
见钾长花岗质脉体呈脉状穿插在残留体中，切割第一次混合岩化作用形成的条带。

3. 第三次混合岩化作用

基体为混合花岗岩以及条带状混合岩，脉体为伟晶质。伟晶质脉体灰白色、
浅肉红色、细脉状、莲藕状。常斜切先期脉体，有时也平行排列，主要由块状钾
长石、石英组成，边缘简单，也有分叉状交代和穿入基体。内伶仃岛自然保护区
管理处后山石梯旁的细-中粒斑状黑云母混合花岗岩体中可见包有变粒岩残留体
的条带状混合岩残留体被该岩体交代的现象，而该岩体及残留体又被伟晶质脉体
穿插和交代。另外，还见有细长的脉状混合质变粒岩被岩体交代的现象等，揭示
了三次混合岩化作用及互相穿插交代的关系。

2.5　地　质　遗　迹

内伶仃岛海岸地貌地质遗迹主要分布于北湾、东湾、蕉坑湾、黑沙湾和南湾/
水湾等地（图 2.5.1），地质遗迹发育有海岸沙滩和海蚀孤石两种类型（表 2.5.1）。
内伶仃岛海岸曲折，湾岬相间，交错多变，海积地貌和海蚀地貌相间出现，沙滩
与海蚀崖、海蚀孤石交错发育，排列变幻莫测，令人眼花缭乱，既具有极高的旅
游观赏价值，又具科学研究及知识普及价值。

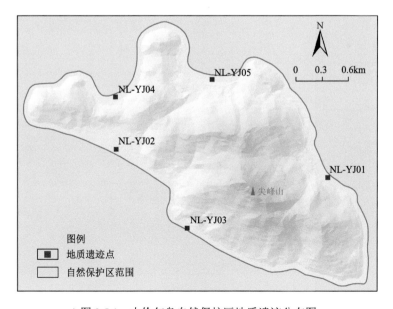

图 2.5.1　内伶仃岛自然保护区地质遗迹分布图

表 2.5.1　内伶仃岛自然保护区海岸地貌地质遗迹发育特征

地质遗迹编号	海岸地貌地质遗迹基本特征	
	海岸沙滩	海蚀孤石
蕉坑湾地质遗迹 NL-YJ01	蕉坑湾沙滩长约600m，最宽处约40m，面积约 $1.05×10^4m^2$，滩坡平缓，沙滩砂粒的粒径以中细粒为主	蕉坑湾发育有海蚀孤石27处，单体孤石规模为 $3.1～25.3m^3$，椭球状、近球状居多，少数呈长条状，大多成群分布，少数呈单个分布
南湾/水湾地质遗迹 NL-YJ02	南湾沙滩长约1400m，最宽处约30m，面积约 $3.51×10^4m^2$，沙滩的坡度为2°～5°，滩坡平缓，沙滩砂粒的粒径以中细粒为主	南湾发育有海蚀孤石5处，单体孤石规模为 $2.0～12.3m^3$，形状呈椭球状和不规则球状，以单个分布为主
黑沙湾地质遗迹 NL-YJ03	黑沙湾沙滩长约160m，最宽处约30m，面积约 $0.4×10^4m^2$，滩坡平缓，沙滩砂粒的粒径以中粒为主	黑沙湾发育有海蚀孤石12处，单体孤石规模为 $2.1～15.2m^3$，椭球状、近球状和长条状居多，大多呈单个分布
北湾地质遗迹 NL-YJ04	北湾沙滩长约300m，最宽处约30m，面积约 $0.69×10^4m^2$，滩坡平缓，沙滩砂粒的粒径以中粒为主	北湾发育有海蚀孤石17处，单体孤石规模为 $2.5～8.3m^3$，形状各异，椭球状和长条状居多，以单个分布为主
东湾地质遗迹 NL-YJ05	东湾沙滩长约750m，最宽处约42m，面积约 $2.2×10^4m^2$，滩坡平缓，沙滩砂粒的粒径以中粒为主	东湾发育有海蚀孤石22处，单体孤石规模为 $3.5～18.5m^3$，椭球状、近球状和长条状居多，以单个分布为主，局部成群分布

　　内伶仃岛海岸沙滩为现代海积作用形成，组成物质以中细粒石英砂为主，分选较好，其中石英90%左右，另含少黑云母、角闪石、铁矿石等暗色矿物及粗砂细砾和贝壳碎屑；沙滩表面平缓向海倾斜，坡度为2°～5°，后缘与高海滩相连接。其中，蕉坑湾与南湾/水湾沙滩砂质以中细砂为主，而北湾、东湾和黑沙湾砂质以中粒为主（图2.5.2～图2.5.6）；五处沙滩的海沙软绵纯净，花岗岩孤石零星散布于沙滩，沙滩外侧海水清澈透明，沙滩、孤石、海水相互映衬，风光秀丽。

图 2.5.2　内伶仃岛自然保护区北湾海岸地貌地质遗迹

图 2.5.3　内伶仃岛自然保护区南湾/水湾海岸地貌地质遗迹

图 2.5.4　内伶仃岛自然保护区东湾海岸地貌地质遗迹

图 2.5.5　内伶仃岛蕉坑湾海岸地貌地质遗迹

　　海蚀孤石发育于海岸沙滩潮间带部位，随海水的潮涨潮落若隐若现，不同时间段的出露形态各异，观赏性好。内伶仃岛北湾、东湾、蕉坑湾、黑沙湾和南湾/水湾一带的花岗岩海蚀孤石地貌景观发育程度高，或圆或方，令人神往。海蚀孤石地质遗迹基本发育特征见表 2.5.1。

图 2.5.6　内伶仃岛自然保护区黑沙湾海岸地貌地质遗迹

　　内伶仃岛海岸地貌地质遗迹的海岸沙滩和海蚀孤石与清澈的海水相得益彰，犹如动态变化着的系列山水画，观赏价值极高；沙滩面积较大、坡度缓，主要由黄色中粒-细粒砂组成，是风景观光旅游与休闲度假的绝佳场所（图 2.5.2～图 2.5.6）。

2.6　土壤质量分析与评价

2.6.1　土壤资源发育特征

1. 土壤类型与分布特征

　　内伶仃岛自然保护区的成土母岩（质）主要为混合花岗岩，还有少量海积而成的较为松散的沉积物。土壤类型以花岗岩赤红壤为主，另外还发育有少量的滨海砂土、潮滩盐土和石质土等土壤类型（图 2.6.1）。

　　一般而言，土壤成土母质的矿物成分、结构特征、相应区域的气候和水资源情况等因素均对土壤的形成和发育影响极大。内伶仃岛自然保护区的岩石主要为

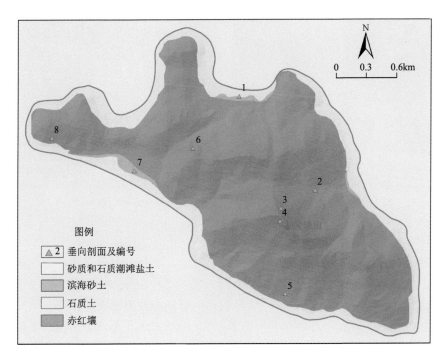

图 2.6.1　内伶仃岛自然保护区土壤类型分布图

云开岩群的混合花岗岩，故内伶仃岛的成土母质主要为混合花岗岩的风化产物。混合花岗岩赤红壤是岛上最主要的土壤类型（图 2.6.2），遍布岛内丘陵山地，分布面积约为 4.43km^2，占全岛总面积的 79.96%。土壤垂直厚度分布不均，斜坡上部的土壤厚度一般仅有 10cm 左右，山麓和缓坡地带的土壤厚度较大，一般为 25～50cm，局部厚度可达 1～2m，植被覆盖良好。

（a）赤红壤　　　　　　　　　　　　　　　（b）赤红壤

(c) 滨海砂土　　　　　　　　　　　　(d) 石质土

图 2.6.2　内伶仃岛自然保护区土壤发育特征

此外，内伶仃岛自然保护区还发育有石质土、滨海砂土及潮滩盐土三种土壤类型，主要分布于内伶仃岛的周缘及海滩一带。石质土分布面积约为 0.25km²，占全岛面积的 4.51%，土壤浅薄，质地较粗，属初级发育阶段的土壤。滨海砂土分布面积约为 0.06km²，占全岛面积的 1.08%，主要分布于东湾、南湾和蕉坑湾的海积阶地一带，土壤厚度较大，但土壤的分层不明显，含砂量高，表面主要生长沙生的灌木草丛。内伶仃岛的潮滩盐土分布于滨海的海滩部位，面积约为 0.8km²，占全岛面积的 14.44%，可细分为砂质和石质潮滩盐土，潮滩盐土不适宜植物生长，仅在黑沙湾一带局部有零星分布的几十棵红树植物。

2. 土壤粒度组成特征

一般地，土壤颗粒是由各种大小不同粒级的矿物颗粒组成的，这些不同粒级的颗粒混合在一起所表现出来的土壤粗细状况，称为土壤质地（或土壤机械组成）。土壤质地主要取决于成土母质、气候、地形、地表植被覆盖以及人类耕作管理等因素，它对土壤的水、肥、气热状况有很大的影响。土壤质地也是影响土壤重金属含量的主要因素，土壤黏粒含量越高，对重金属的吸附能力就越强（赵述华等，2020）。

1）平面分布特征

内伶仃岛自然保护区内共采集土壤样品 26 件，对其中的 12 件赤红壤样品、8 件滨海砂土样品和 2 件石质土样品进行土壤粒度分析和电导率测试，各类土壤的粒度成分和电导率如表 2.6.1 所示。从表 2.6.1 可以看出，赤红壤与石质土的平均电导率相近，滨海砂土的平均电导率明显高于赤红壤与石质土。内伶仃岛自然保护区内的土壤质地以砂土、砂质壤土和壤土为主（图 2.6.3）。

内伶仃岛自然保护区表层各类土壤的粒度成分累积曲线如图 2.6.4 所示。从图 2.6.4 中可以看出，赤红壤的土壤颗粒最细，粉粒和黏粒约为 36.54%；石质土的土壤颗粒较粗，粉粒和黏粒约为 30.07%；滨海砂土的土壤颗粒组成以砂粒为主，砂粒含量高达 87.37%，为典型的滨海细砂土类型。

表 2.6.1　深圳市内伶仃岛自然保护区土壤粒度成分及电导率统计特征

土壤类型（样品数）	统计指标特征值	土壤粒度成分（不同粒径土壤颗粒含量百分比）/%								黏粒/mm	电导率/(μS/cm)
		砾粒/mm	砂粒/mm					粉粒/mm			
		>2	2~1	1~0.5	0.5~0.25	0.25~0.1	0.1~0.05	0.05~0.005	0.005~0.002	<0.002	
赤红壤（12 件）	最大值	24.98	21.73	23.74	19.92	13.86	5.93	28.60	8.17	17.62	272.44
	最小值	2.65	9.68	8.51	7.56	4.71	1.24	9.70	2.22	7.32	42.04
	中位数	8.19	15.35	12.33	13.35	9.10	3.57	19.71	4.30	12.11	107.26
	平均值	9.21	14.81	13.97	13.07	9.04	3.36	19.53	5.12	11.89	113.60
	标准差	6.70	3.43	5.05	4.44	2.95	1.38	5.92	1.93	3.84	70.90
	变异系数	0.73	0.23	0.36	0.34	0.33	0.41	0.30	0.38	0.32	0.62
滨海砂土（8 件）	最大值	25.19	50.02	35.26	68.94	40.00	0.98	2.53	0.81	1.71	730.52
	最小值	0.00	1.00	11.00	1.33	0.51	0.15	1.14	0.29	0.46	33.65
	中位数	6.86	24.01	21.10	32.47	2.76	0.49	1.85	0.59	1.31	307.98
	平均值	9.01	24.77	23.43	30.02	8.63	0.52	1.82	0.59	1.22	333.99
	标准差	9.89	21.81	8.89	25.66	15.47	0.29	0.53	0.18	0.46	232.82
	变异系数	1.10	0.88	0.38	0.85	1.79	0.56	0.29	0.31	0.38	0.70
石质土（2 件样品平均值）		14.65	16.14	14.02	12.60	9.44	3.08	14.00	5.50	10.57	114.67

2）剖面分布特征

内伶仃岛不同剖面的土壤粒度成分累积曲线如图 2.6.5 所示。一般而言，高温高湿的环境下，风化作用强烈，土壤颗粒的黏粒易于淋溶淀积并重新分配，这使

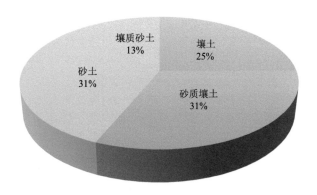

图 2.6.3　内伶仃岛自然保护区土壤质地类型统计

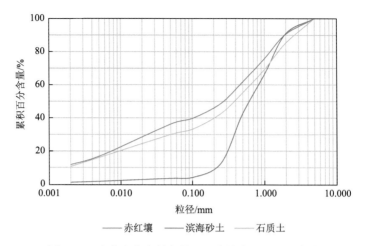

图2.6.4　内伶仃岛自然保护区土壤粒度成分累积曲线

得下部土层黏粒的含量比表土层高。同时，由于水土流失、植被和微地形变化等因素的影响，土壤颗粒的粒度组成随深度的变化规律并不显著。从内伶仃岛海拔分别为340m、265m 和 100m 的 3 个剖面（剖面号 4、3、2）的土壤粒度组成特征看，内伶仃岛土壤的物理性黏粒含量（＜0.01mm）从高海拔地区向低海拔地区呈上升趋势。

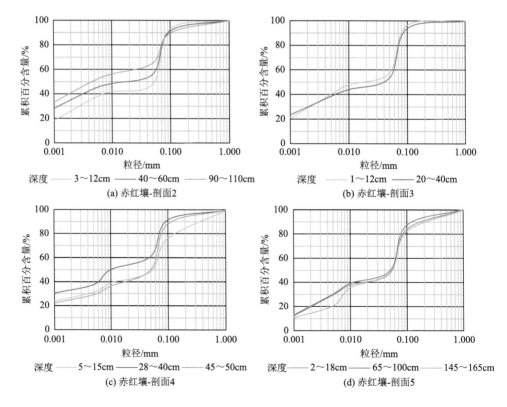

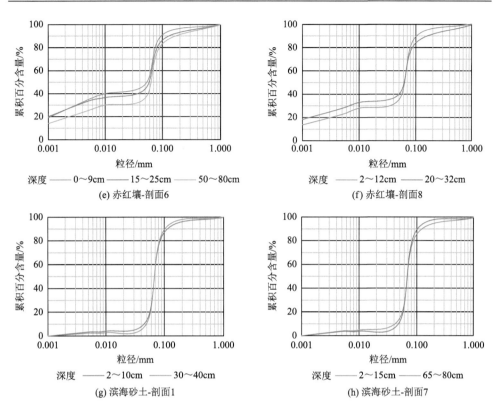

图 2.6.5　内伶仃岛自然保护区土壤垂向剖面粒度成分累积曲线

资料来源:《广东内伶仃岛自然资源与生态研究》和实测资料

2.6.2　土壤母岩地球化学特征

土壤母质是土壤形成的原始物质,母质的特征对土壤的物理性质、化学性质、肥力水平等起着决定性的作用。土壤对母质的颗粒组成和矿物组成等性质具有继承性。同时,土壤母质又是影响土壤区域分布的重要因素。内伶仃岛的成土母质主要由混合花岗岩风化而成,结构松散,其风化层厚度明显大于砂岩和火山岩地区。内伶仃岛 5 组岩石样品的元素含量统计特征如表 2.6.2 所示。与深圳市土壤背景值 [《土壤环境背景值》(DB4403/T 68—2020)] 相比,内伶仃岛的成土母岩在风化成土过程中,Hg 和 As 易于富集;与中国东部元古代花岗质片麻岩元素丰度(迟清华和鄢明才,2007)对比,内伶仃岛岩石的 Hg 和 As 含量呈相对贫化状态(自然保护区混合花岗岩重金属元素含量/中国东部元古代花岗质片麻岩元素含量≤0.5)。

表 2.6.2　内伶仃岛自然保护区岩石元素含量统计特征

含量		Ni/ (mg/kg)	Zn/ (mg/kg)	Cd/ (mg/kg)	Pb/ (mg/kg)	Cr/ (mg/kg)	As/ (mg/kg)	Cu/ (mg/kg)	Hg/ (mg/kg)	K/ (g/kg)	P/ (g/kg)
赤红壤 背景值		32.90	112.00	0.12	130.00	92.20	55.10	43.90	0.15	/	/
花岗质片麻 岩平均值		14	72	0.054	24.5	33	0.83	10	0.004	/	/
统计特征	最大值	42.43	78.64	0.09	106.86	59.05	0.07	5.88	0.0005	38.14	2.14
	最小值	5.37	55.83	0.03	22.40	5.88	0.05	4.75	0.0002	35.80	0.69
	平均值	23.90	67.24	0.06	64.63	32.47	0.06	5.32	0.0004	36.97	1.42
	标准差	18.53	11.41	0.03	42.23	26.58	0.01	0.57	0.0002	1.17	0.72
	变异系数	0.78	0.17	0.49	0.65	0.82	0.17	0.11	0.4324	0.03	0.51

2.6.3　土壤地球化学特征

1. 平面分布特征

土壤化学性质和养分含量水平直接影响植物生长发育,是土地生产力的重要决定因素。内伶仃岛的土壤型以赤红壤为主,对内伶仃岛自然保护区表层土壤样品的地球化学特征进行统计分析,结果见表 2.6.3〔深圳市土壤环境背景值数据引自《土壤环境背景值》(DB4403/T 68—2020)〕。土壤酸碱性是土壤重要的化学性质,直接影响土壤中养分元素的存在形态和植物有效性,也影响土壤中微生物的数量、组成和活性,从而影响土壤中物质的转化。土壤酸碱性通常也是植物生长、分布的限制因子,各种植物对土壤酸碱性反应是不同的,如土壤 pH 低于 3.5 和高于 9.0,则大多数植物都不能生长。土壤的酸碱度可分为 5 级:强酸性(pH<4.5)、酸性(pH4.5～5.5)、弱酸性(pH5.5～6.5)、中性(pH6.5～7.5)和碱性(pH>7.5)(全国土壤普查办公室,1998)。内伶仃岛自然保护区的土壤多呈酸性,赤红壤的 pH 平均值为 4.74,石质土的 pH 为 4.64,差异不大。对比深圳市赤红壤环境背景值(图 2.6.6),内伶仃岛自然保护区表层土壤总体呈相对富集(土壤元素含量/背景值≥2)的元素为 Cd,富集率为 100%,最大富集系数达 20.36;呈相对贫化(土壤元素含量/背景值≤0.5)的元素有 Pb 和 As,贫化率分别为 100%和 90%。内伶仃岛自然保护区土壤的 Cd 污染或与以往施肥等农业活动有关。

对内伶仃岛土壤的各重金属元素及 pH 进行相关性分析,发现内伶仃岛的 Cr 和 Ni、Cu 和 Ni、Cu 和 Cr、Cd 和 Hg 呈高度正相关,Cd 和 Cr 呈负相关(表 2.6.4)。

表 2.6.3　内伶仃岛自然保护区表层土壤重金属元素含量统计特征

含量		pH	Ni/(mg/kg)	Zn/(mg/kg)	Cd/(mg/kg)	Pb/(mg/kg)	Cr/(mg/kg)	As/(mg/kg)	Cu/(mg/kg)	Hg/(mg/kg)
赤红壤背景值		—	32.90	112.00	0.12	130.00	92.20	55.10	43.90	0.15
赤红壤重金属元素含量统计特征	最大值	6.56	43.22	127.95	2.44	55.10	96.32	31.16	62.91	0.13
	最小值	4.13	8.16	65.21	0.46	29.80	9.84	9.46	15.67	0.02
	平均值	4.74	11.09	95.53	0.96	37.74	29.00	14.17	20.47	0.09
	中位数	4.91	19.26	92.34	1.15	41.97	37.46	15.93	29.32	0.08
	标准差	0.77	13.70	22.70	0.64	9.87	30.72	6.62	16.89	0.03
	变异系数	0.16	0.71	0.25	0.55	0.24	0.82	0.42	0.58	0.38
石质土		4.64	24.86	88.04	0.79	53.92	53.55	20.61	38.83	0.05

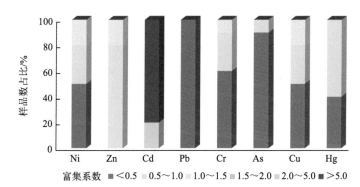

图 2.6.6　内伶仃岛自然保护区土壤重金属含量/背景值百分比堆积柱形图

表 2.6.4　内伶仃岛自然保护区土壤 pH 及重金属元素相关性一览表

	pH	Ni	Zn	Cd	Pb	Cr	As	Cu	Hg
pH	1								
Ni	−0.028	1							
Zn	0.467	0.350	1						
Cd	0.170	−0.631	0.078	1					
Pb	0.034	0.277	−0.156	−0.313	1				
Cr	−0.034	0.957**	0.171	−0.665*	0.485	1			
As	−0.056	0.495	−0.279	−0.421	0.167	0.581	1		
Cu	−0.082	0.934**	0.477	−0.543	0.093	0.835**	0.275	1	
Hg	0.225	−0.418	0.014	0.788**	−0.183	−0.371	0.082	−0.488	1

**−0.01 级别（双尾），相关性显著；*−0.05 级别（双尾），相关性显著。

　　对内伶仃岛自然保护区表层土壤的重金属元素含量经平均值±3 倍标准差修正过大或过小的异常值之后，通过插值分析得到内伶仃岛土壤各元素含量的等值线分布图（图 2.6.7）。从图 2.6.7 可以看出，Ni、Cr、As 和 Cu 元素含量的高值区域分布于北湾一带，Zn 含量的高值区域分布于南湾的北部，Cd 元素含量的高值区域位于蕉坑湾的东南侧一带，Pb 元素含量的高值区域分布于水湾一带，Hg 含量的高值区域分布于蕉坑湾南侧。

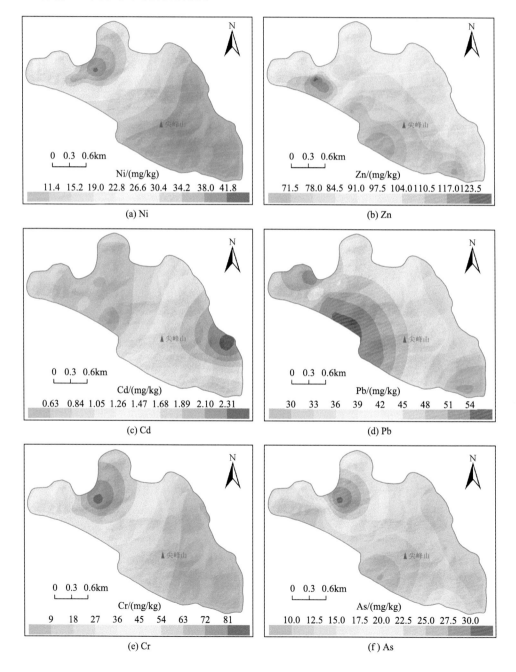

(a) Ni

(b) Zn

(c) Cd

(d) Pb

(e) Cr

(f) As

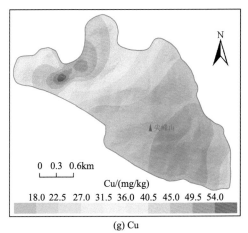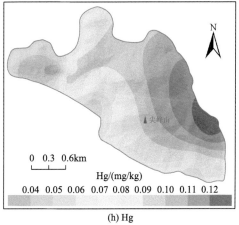

(g) Cu　　　　　　　　　　　　　　　(h) Hg

图 2.6.7　内伶仃岛自然保护区土壤重金属元素含量平面分布图

2. 剖面分布特征

内伶仃岛土壤剖面各重金属元素含量如图 2.6.8 所示。整体上看，除 Mn 元素外，内伶仃岛自然保护区底土多数重金属元素含量明显高于表土层。这可能是表层土壤中硫酸盐、硝酸盐和碳酸盐的存在使土壤中重金属元素的可溶性加强，有利于重金属元素向底层迁移。同时，由于内伶仃岛自然保护区的降水频繁，表层土壤砂粒含量较高，受雨水冲刷、淋溶的影响较大，使得表层土壤对重金属的吸附和滞留作用较差，而底层土壤对重金属的吸附能力较强，导致表层土壤的重金属含量低于深层（赵述华等，2020）。

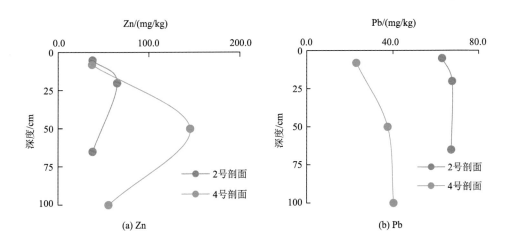

(a) Zn　　　　　　　　　　　　　　(b) Pb

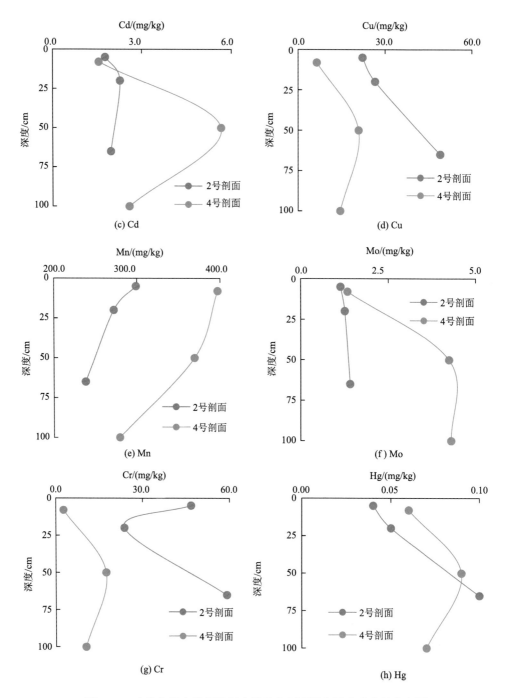

图 2.6.8　内伶仃岛自然保护区土壤垂向剖面重金属元素含量分布图

资料来源：《广东内伶仃岛自然资源与生态研究》和实测资料

3. 重金属含量变化特征

将内伶仃岛自然保护区 2021 年的土壤重金属含量与 2001 年的土壤重金属含量（蓝崇钰和王勇军，2001）进行比较，结果见图 2.6.9。从图 2.6.9 可以看出，近 20 年来内伶仃岛自然保护区赤红壤除 Mn、Zn、Cu 元素含量上升外，其余元素均下降；滨海砂土除元素含量除 Mo 下降外，其余均上升；石质土除 Cr 下降外，其余元素均上升。

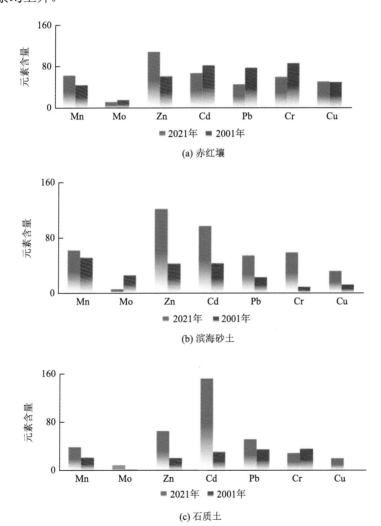

(a) 赤红壤

(b) 滨海砂土

(c) 石质土

图 2.6.9　内伶仃岛自然保护区不同时期土壤的重金属元素含量柱状图

Mn 的单位为 10^{-1}mg/kg，Mo 的单位为 10mg/kg，Cd 的单位为 10^2mg/kg，其余元素单位为 mg/kg。

资料来源：《广东内伶仃岛自然资源与生态研究》和实测资料

2.6.4　土壤养分分布特征

1. 平面分布特征

土壤有机质（organic，Org）是土壤的重要物质组成成分，对土壤的物理、化学和生物学性质有重要影响。Org 是土壤中最活跃的成分，对水、肥、气、热等肥力因子影响很大，是构成土壤肥力的重要物质基础。内伶仃岛的土壤 Org 含量主要受植被、母质来源、地形和人为耕作等因素的影响。内伶仃岛赤红壤分布地带的植被主要为南亚热带常绿阔叶林，其生物量和生产量较大，林内凋落归还物质多，相应的 Org 含量较高。石质土主要分布于海岛的周缘地段，长期受海水风浪的冲刷，土壤质地较粗，Org 含量低于赤红壤。氮（N）、磷（P）、钾（K）是植物生长必需而且需要量较大的常量养分元素。N 是构成生命体的重要元素，植物对 N 的需要量较多；N 是植物蛋白质的基本成分，植物缺 N 时，同化碳的能力下降，叶片失绿黄化，易于衰老，根系发育也受到抑制。此外，N 还能增加植物对 P、K 养分的吸收。由于岩石矿物中不含 N，土壤中的 N 主要来源于生物，而进入土壤中的 Org 是 N 的主要来源。土壤含 N 的多少，在某种程度上影响植物对 P 和其他元素的吸收。P 是植物细胞核的重要组成成分，在细胞分裂和分生组织发育过程中起重要作用，主要集中于植物种子之中；P 能促进叶绿素与蛋白质的合成，促进根系生长，扩大根系吸收面积，有利于 N、K 等养分元素的吸收利用，而 Org 含量、土壤质地和成土条件也影响 P 的含量。同时，P 能提高植物抗病性、抗寒和抗干旱的能力，并能促进有益微生物的活动。南方赤红壤对 P 有强烈的吸附和固定作用。K 能加速植物对二氧化碳的同化过程，促进碳水化合物的转移，促进蛋白质的合成和细胞的分裂，增强植物抗病能力，减少植物蒸腾并提高抗旱性。

按《土地质量地球化学评价规范》（DZ/T 0295—2016）进行土壤养分等级分类，对内伶仃岛采集的 26 组表层土壤样品进行统计分析，结果见表 2.6.5。内伶仃岛自然保护区表层土壤的营养元素含量分布如图 2.6.10 所示。从图 2.6.10 和表 2.6.5 可以看出，内伶仃岛表层土壤 N 和 Org 的含量分布不均匀；K 和 P 的含量以中等和较丰富为主，两者合计约占样品总数的 70%。内伶仃岛表层赤红壤的 N 平均含量为 1.61g/kg，高于珠江口海岛赤红壤表层土壤 1.22g/kg 的 N 平均含量（朱世清等，1995），石质土的 N 仅为 0.5g/kg。赤红壤的 P 平均含量为 1.13g/kg，石质土的 P 平均含量仅为 0.74g/kg。内伶仃岛赤红壤和石质土的 K 含量大致相当，石质土略低一些。

对内伶仃岛自然保护区土壤样品的 N、P、K、Org 等营养元素及 pH 进行相关性分析，结果见表 2.6.6。从表 2.6.6 可以看出，内伶仃岛土壤的 Org 和 N 呈高度正相关，这是由于土壤中的 N 主要来源于生物圈，而进入土壤中的有机物是内伶仃岛自然保护区土壤 N 的重要来源。

表 2.6.5　内伶仃岛自然保护区表层土壤主要养分含量统计特征（单位：g/kg）

元素类别		N	P	K	Org
等级分类	丰富	>2	>1	>25	>40
	较丰富	1.5~2	0.8~1	20~25	30~40
	中等	1~1.5	0.6~0.8	15~20	20~30
	较缺乏	0.75~1	0.4~0.6	10~15	10~20
	缺乏	≤0.75	≤0.4	≤10	≤10
赤红壤元素含量统计特征	最大值	3.40	1.89	43.56	50.00
	最小值	0.50	0.66	20.92	11.03
	中位数	1.80	0.90	34.44	28.96
	平均值	1.61	1.13	32.59	26.43
	标准差	0.94	0.39	6.84	13.57
	变异系数	0.58	0.35	0.21	0.51
石质土		0.50	0.74	30.41	11.90

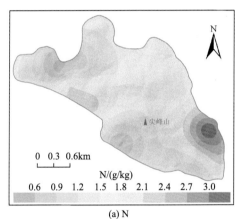

(a) N

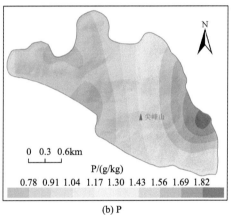

(b) P

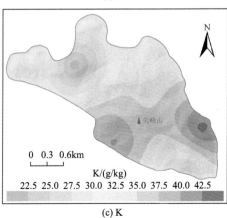

(c) K

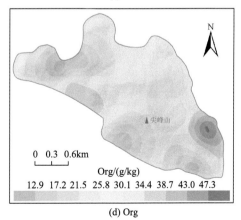

(d) Org

图 2.6.10　内伶仃岛自然保护区表层土壤营养元素含量平面分布图

表 2.6.6　内伶仃岛自然保护区土壤 pH 及营养元素相关性一览表

项目	pH	Org	N	K	P
pH	1				
Org	0.301	1			
N	0.305	0.990**	1		
K	−0.100	0.526	0.533	1	
P	0.172	0.529	0.626	0.521	1

**—0.01 级别（双尾），相关性显著。

2. 剖面分布特征

对内伶仃岛自然保护区土壤各垂向剖面的营养元素含量及 pH 进行比较分析，其结果见图 2.6.11。图 2.6.11 表明，随剖面深度的增加，内伶仃岛土壤的 Org、N 和 P 含量均明显降低，但 pH 在垂向上没有明显的变化规律。

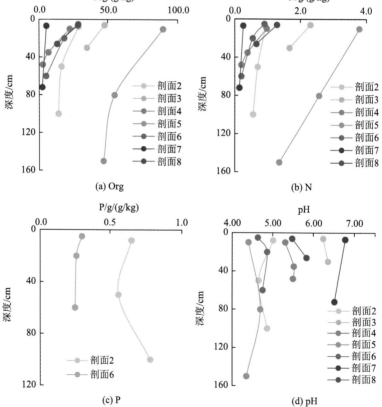

图 2.6.11　内伶仃岛自然保护区土壤垂向剖面营养元素含量及 pH 分布图

剖面 7 为滨海砂土，其余剖面均为赤红壤。

资料来源：《广东内伶仃岛自然资源与生态研究》和实测资料

3. 营养元素含量变化特征

将内伶仃岛自然保护区 2021 年表层土壤的营养元素含量与 2001 年(《广东内伶仃岛自然资源与生态研究》)相邻区域的土壤营养元素含量进行比较,分析结果见图 2.6.12。从图 2.6.12 可以看出,近 20 年来内伶仃岛赤红壤和石质土的 Org 和 N 呈下降状态,而 P 有所上升;滨海砂土的 Org、P 和 N 均有所上升;石质土的酸度呈增加状态,滨海砂土和赤红壤的酸性则有所减弱,但变化幅度较小。

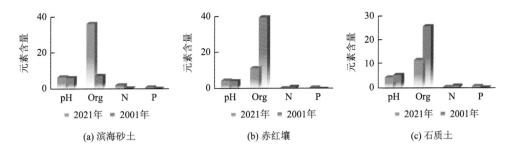

图 2.6.12　内伶仃岛自然保护区不同时期土壤营养元素含量

Org、N、P 单位为 g/kg。资料来源:《广东内伶仃岛自然资源与生态研究》和实测资料

2.6.5　土壤地球化学特征与成土母岩关系

对内伶仃岛自然保护区土壤元素含量及其母岩的元素含量均值进行对比分析(图 2.6.13),发现内伶仃岛土壤的 Hg、As 和 Cd 高度富集,且内伶仃岛岩石的 Cd 元素含量与我国东部地区元古宙花岗质片麻岩 Cd 元素含量大致相当,表明内伶仃岛土壤 Cd 的富集与母岩背景相关性不大,可能与人类的农业活动有关。

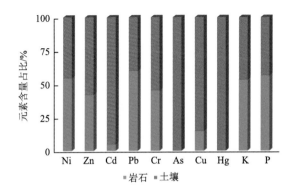

图 2.6.13　内伶仃岛自然保护区土壤与成土母岩元素含量百分比堆积柱形图

2.6.6　土壤质量分析评价

1. 土壤环境地球化学等级划分方法

《土壤环境质量　农用地土壤污染风险管控标准（试行）》（GB15618—2018）是 2018 年生态环境部和国家市场监督管理总局颁布的适用于耕地、园地、林地和草地土壤污染风险筛查以及分类的标准。该标准中农用地土壤污染风险筛选指标值和管控指标值如表 2.6.7 所示，土壤的风险管制值项目指标主要包括砷、镉、铬、汞、铅 5 个元素，铜、镍、锌仅作为风险筛选值项目指标。

表 2.6.7　土壤重金属筛选值与管制值划分标准一览表　　（单位：mg/kg）

元素类别		pH			
		pH≤5.5	5.5＜pH≤6.5	6.5＜pH≤7.5	pH＞7.5
砷	筛选值	40	40	30	25
	管制值	200	150	120	100
镉	筛选值	0.3	0.3	0.3	0.6
	管制值	1.5	2.0	3.0	4.0
铬	筛选值	150	150	200	250
	管制值	800	850	1000	1300
铜	筛选值	50	50	100	100
	管制值	—	—	—	—
汞	筛选值	1.3	1.8	2.4	3.4
	管制值	2.0	2.5	4.0	6.0
镍	筛选值	60	70	100	190
	管制值	—	—	—	—
铅	筛选值	70	90	120	170
	管制值	400	500	700	1000
锌	筛选值	200	200	250	300
	管制值	—	—	—	—

根据表 2.6.7 中的土壤单项污染指数环境地球化学等级划分界限值，对内伶仃岛表层土壤的单指标环境地球化学等级进行划分，具体见表 2.6.8。在单指标土壤环境地球化学等级划分的基础上，土壤环境地球化学综合等级等同于单

指标划分出的环境等级最差的等级，单元素指标为砷、镉、铬、汞、铅等 5 个元素，铜、镍、锌等 3 个元素不参与综合等级评价。例如，某样品元素砷（As）、镉（Cd）、铬（Cr）、汞（Hg）和铅（Pb）划分出的单项土壤环境地球化学等级分别为三等、二等、一等、一等和二等时，该样品的土壤环境地球化学综合等级为三等。

表 2.6.8　土壤环境地球化学等级划分标准

土壤环境地球化学等级	一等	二等	三等
污染风险	无风险	风险可控	风险较高
划分方法	$C_i \leqslant S_i$	$S_i \leqslant C_i \leqslant G_i$	$C_i > G_i$

注：C_i 为土壤中 i 指标的实测质量分数；S_i 为筛选值；G_i 为管制值。

2. 土壤养分地球化学综合等级划分方法

按前述 N、P、K 等土壤养分单指标等级划分结果计算土壤养分地球化学综合得分，计算公式如下：

$$f_{综} = \sum_{i=1}^{n} k_i f_i$$

式中，$f_{综}$ 为土壤 N、P、K 等土壤养分指标评价总得分，$1 \leqslant f_{综} \leqslant 5$；$k_i$ 为 N、P、K 的权重系数，分别为 0.4、0.4、0.2；f_i 分别为土壤 N、P、K 的单元素等级得分。

按照土壤养分地球化学综合等级划分方法，相应的土壤养分地球化学等级划分的分级结果见表 2.6.9。

表 2.6.9　土壤养分地球化学综合等级划分标准

等级	一等	二等	三等	四等	五等
$f_{综}$	≥4.5	4.5~3.5	3.5~2.5	2.5~1.5	<1.5
含义	丰富	较丰富	中等	较缺乏	缺乏

3. 土壤质量地球化学评价方法

土壤质量地球化学综合等级由土壤养分地球化学综合等级与土壤环境地球化学综合等级叠加产生。土壤质量地球化学综合等级评价标准如表 2.6.10 所示，该标准将土壤质量分为五个等级，其中一等为优质，土壤无污染风险，土壤养分丰富至较丰富；二等为良好，土壤无污染风险，土壤养分中等；三等为中等，土壤无污染风险，土壤养分较缺乏或土壤污染风险可控，土壤养分丰富至较缺乏；四等为差等，土壤无污染风险或污染风险可控，土壤养分缺乏；五等为劣等，土壤环境污染风险较高，土壤养分丰富至缺乏。

表 2.6.10　土壤质量地球化学综合等级评价标准

土壤质量地球化学综合等级划分类别		土壤环境地球化学综合等级		
		一等：无风险	二等：风险可控	三等：风险较高
土壤养分地球化学综合等级	一等：丰富	一等	三等	五等
	二等：较丰富	一等	三等	五等
	三等：中等	二等	三等	五等
	四等：较缺乏	三等	三等	五等
	五等：缺乏	四等	四等	五等

4. 内伶仃岛土壤质量评价结果

一般而言，土壤的重金属元素不容易随水淋失，也不能被微生物分解，通常是在土壤中慢慢进行累积，甚至有的可能转化成毒性更强的化合物，通过食物链在人体内蓄积，严重危害人体健康。重金属元素在土壤中的迁移和转化活动，严格受到土壤的 pH、Eh（氧化还原电位）和土壤中其他物质的显著影响。根据内伶仃岛自然保护区的土壤环境地球化学综合等级评价结果，内伶仃岛约有 30%的土壤样品 Cd 污染风险较高。

整体上看，土壤中的 C、H、O、N、P、K 是植物正常生长所必需的大量营养元素，一般占植物干物质重量的十分之几到百分之几，除 C、H、O 三者主要来自空气和水外，其余 N、P、K 主要依靠土壤提供。根据内伶仃岛自然保护区的土壤养分地球化学综合等级评价结果，内伶仃岛自然保护区土壤养分综合等级以丰富和较丰富为主，占全部样品总数的 60%以上，无养分缺乏等级。

对内伶仃岛自然保护区的土壤环境和土壤养分综合等级评价结果进行叠加分析，结果见图 2.6.14。图 2.6.14 表明内伶仃岛土壤质量地球化学综合等级分为中等（三等）、差等（四等）和劣等（五等）三个等级，三个等级的面积及其占内伶仃岛自然保护区总面积的比例分别为：中等质量的土壤面积 1.18km^2，约占内伶仃岛总面积的 21.30%；差等质量的土壤面积 2.5km^2，约占内伶仃岛总面积的 45.13%；劣等质量的土壤面积 1.86km^2，约占内伶仃岛总面积的 33.57%。内伶仃岛中等质量的土壤主要分布于岛的南北两端，劣等质量的土壤主要分布于蕉坑湾和黑沙湾一带。

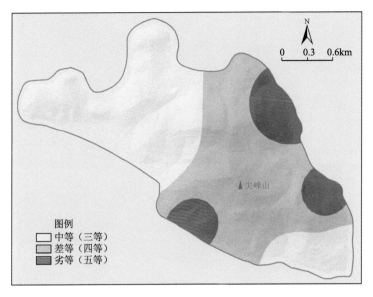

图 2.6.14　内伶仃岛自然保护区土壤质量分布图

2.7　水资源环境特征与评价

2.7.1　地表水环境特征与水质评价

内伶仃岛自然保护区无明显的常年性地表河流,仅在岛内的水湾、南湾、东湾、黑沙湾、蕉坑湾和东角山等地发育有 6 条小型汇流沟谷,常年流水,是内伶仃岛的重要淡水资源。估算内伶仃岛 6 条小型汇流沟谷的枯水期地表径流量约 1501m³/d,地表淡水资源约为 122×10⁴m³/a。

按照《海水水质标准》(GB 3097—1997)的规定,对蕉坑湾采集的海水水样进行水质检测分析。检测结果表明,蕉坑湾的海水符合二类海水水质标准,适用于水产养殖区、海水浴场、人体直接接触海水的海上运动或娱乐区,以及与人类食用直接有关的工业用水区。导致二类海水水质的污染物为 COD(1.61mg/L)和 Pb(2.48μg/L),海水的其余检测指标均符合一类海水水质,满足海洋渔业水域、海上自然保护区和珍稀濒危海洋生物保护区的水质要求。

2.7.2　地下水环境特征与水质评价

1. 地下水类型及富水性

整体上看,内伶仃岛自然保护区内地下水类型包括松散岩类孔隙水和基岩裂隙水两大类(图 2.7.1)。

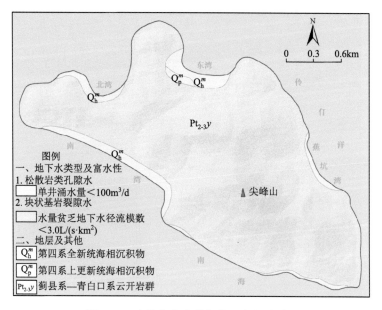

图 2.7.1　内伶仃岛自然保护区水文地质图

1）松散岩类孔隙水

松散岩类孔隙水赋存于内伶仃岛自然保护区的第四系上更新统（Q_p^m）和全新统的海相沉积（Q_h^m）砂层，含水层厚度 4～20m，主要分布于北湾、东湾和南湾等滨海地带，地下水位埋深 1～2m，富水性贫乏。此外，南湾、东湾、水湾、蕉坑湾等沟谷两侧的冲洪积物和坡积物中也有少量的地下孔隙水赋存，含水层厚度一般为0.5～2m，最厚可达 8m，含水层由分选不好的中粗砂、粉细砂夹石块碎屑等组成。

2）基岩裂隙水

基岩裂隙水赋存于混合花岗岩（$Pt_{2-3}y$）裂隙之中，广泛分布于内伶仃岛自然保护区的丘陵地带，基岩裂隙含水层的透水性差，富水性贫乏。

2. 地下水补给、径流及排泄特征

内伶仃岛气候湿润，雨量充沛，地形地貌为高丘陵和沙滩混合地貌。不同地段的地形地貌、岩性、风化程度及植被覆盖情况等各不相同，导致地下水的补给、径流、排泄和动态特征也有所不同。从总体地貌特征看，内伶仃岛自然保护区可分为高丘陵和沙滩两种基本地貌类型。高丘陵为岛内主要地貌类型，基岩节理较裂隙发育，植被繁茂，地下水入渗条件较好，地下水主要受大气降水补给。由于丘陵地貌地形起伏变化较大、地形切割较深，地下水以垂直循环为主，地下水径流途径较短，径流方向与坡向总体一致。地下水多以泉水或散流形式向附近沟谷排泄，辅之以地表蒸发和植被叶面蒸腾的方式排泄。据区域水文地质资料，岛内地下水动态变化具季节性，主要受降水的季节性支配；雨季补给量大于排泄量，地下水位上升，旱季随着降水的减少，地下水位下降。

沙滩零星分布于高丘陵四周海岸一带，地形平坦，地下水的补给来源不仅有大气降水的入渗补给，还有涨潮期海水的顶托补给，地下水径流的整体方向由高处向海排泄。一般雨季地下水位升高，旱季地下水位降低，但季节性变化不明显。

3. 地下水水化学特征

对内伶仃岛冬季枯水期采集的 3 个泉水样品（图 2.7.2）进行地下水的水质全分析检测，检测指标包括 K^+、Na^+、Ca^{2+}、Mg^{2+}、Cl^-、SO_4^{2-}、HCO_3^-、CO_3^{2-}、游离 CO_2、总硬度、总碱度、溶解性总固体、pH 和 $NH_3\text{-}N$、Cd、Pb、Hg、Cr、As、Cu、Zn、Fe、Al、Mn、Ni、Mo、B、TP、TN、氟化物、硫化物及水温、颜色、电导率、Eh、溶解氧、NO_2^-、NO_3^-、耗氧量（COD）等。地下水的水化学特征见表 2.7.1。

(a) N-S01　　　　　　　　　　　　　　(b) N-S02

图 2.7.2　内伶仃岛自然保护区的泉水出露点

表 2.7.1　内伶仃岛自然保护区地下水的水化学特征

地下水样品号	pH	K^++Na^+ /(mg/L)	Ca^{2+} /(mg/L)	Mg^{2+} /(mg/L)	Cl^- /(mg/L)	SO_4^{2-} /(mg/L)	HCO_3^- /(mg/L)	总硬度 /(mg/L)	矿化度 /(mg/L)	地下水化学类型
N-S01	7.81	9.15	4.66	1.48	7.98	3.14	40.88	56.04	133.44	HCO_3-Na·Ca
N-S02	7.79	7.13	4.68	1.53	6.25	1.22	32.80	36.03	67.40	HCO_3-Na·Ca
N-S03	7.68	7.50	5.20	1.37	7.76	2.55	30.51	30.42	54.26	HCO_3·Cl-Na·Ca

1）舒卡列夫分类法

根据地下水的水质分析结果，按照地下水的 6 种主要离子（Na^+、Ca^{2+}、Mg^{2+}、HCO_3^-、SO_4^{2-}、Cl^-，K^+合并于 Na^+）及矿化度进行水化学类型分类，并按地下水的 6 种主要离子中含量大于 25%毫克当量的阴离子和阳离子进行组合命名，内伶仃岛自然保护区地下水的水化学类型分析结果如表 2.7.1 所示。

2）地下水水化学特征

依照舒卡列夫分类法，内伶仃岛自然保护区地下水化学类型为 HCO_3-Na·Ca 型和 HCO_3·Cl-Na·Ca 型（表 2.7.1）。内伶仃岛地下水 pH 大致在 7.68～7.81，变化较小；矿化度为 54.26～133.44mg/L，总硬度为 30.42～56.04mg/L。因此，内伶仃岛地下水属于低矿化度、低硬度的淡水。

4. 地下水水质评价

1）地下水水质评价依据

水质检测结果依照国家《地下水质量标准》（GB/T 14848—2017）进行评价。该方法依据我国地下水质量状况和人体健康风险，参照生活饮用水、工业、农业等用水质量要求，依照各组分含量高低（pH 除外），分为五类。

Ⅰ类：地下水化学组分含量低，适用于各种用途。

Ⅱ类：地下水化学组分含量较低，适用于各种用途。

Ⅲ类：地下水化学组分含量中等，以 GB 5749—2006 为依据，主要适用于集中式生活饮用水水源及工农业用水。

Ⅳ类：地下水化学组分含量较高，以农业和工业用水质量要求以及一定水平的人体健康风险为依据，适用于农业和部分工业用水，适当处理后可作生活饮用水。

Ⅴ类：地下水化学组分含量高，不宜作为生活饮用水水源，其他用水可根据使用目的选用。

2）地下水水质评价方法

一般而言，地下水的水质评价方法可划分为单指标质量评价法和综合质量评价法两种。

地下水单指标质量评价：按指标值所在的限值范围确定地下水质量类别，指标限值相同时，从优不从劣。

地下水综合质量评价：按单指标评价结果最差的类别确定，并指出最差类别的指标。

3）地下水水质评价结果

依据地下水质量的评价标准和评价方法对内伶仃岛自然保护区的基岩裂隙水进行单指标和综合评价，地下水的水质评价结果如表 2.7.2 和图 2.7.3 所示。

表 2.7.2　内伶仃岛自然保护区基岩裂隙地下水水质一览表

样品编号	pH	NH₃-N/(mg/L)	NO₂⁻/(mg/L)	B/(μg/L)	Al/(mg/L)	Cr/(μg/L)	Ni/(μg/L)	As/(μg/L)	Mo/(μg/L)	Cd/(μg/L)	水质综合评价等级
N-S01	7.81	0.248	<0.016	29.44	0.046	19.10	4.63	1.46	1.89	0.74	III
N-S02	7.79	0.275	0.018	7.73	0.046	<0.11	<0.06	0.37	0.13	<0.05	III
N-S03	7.68	0.248	<0.016	8.47	0.117	<0.11	<0.06	0.30	0.32	<0.05	III

注：　　　　　Ⅰ类水；　　　　　　Ⅱ类水；　　　　　　Ⅲ类水。

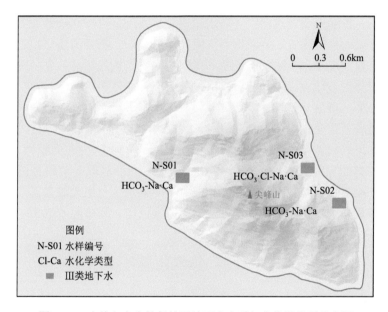

图 2.7.3　内伶仃岛自然保护区地下水水质与水化学类型分布图

　　根据地下水的水质综合评价结果，内伶仃岛基岩裂隙水的水质中等，为Ⅲ类地下水，导致Ⅲ类水质的污染物主要为 NH₃-N，其次为 Al、Cr、Ni、As 等；Pb、Hg、Mn、Fe、Cu、Zn 等毒理学和重金属指标表现较好，符合Ⅰ类地下水的水质标准；硫化物、氟化物、总硬度、NO₃⁻、SO₄²⁻、Cl⁻等也符合Ⅰ类地下水的水质标准。松散岩类孔隙水受到海水的影响，地下水的矿化度偏高，相应地下水的水质较差。

第3章 福田红树林自然保护区生态地质资源特征

3.1 福田红树林自然保护区概况

福田红树林自然保护区为《湿地公约》中的国际重要湿地，与拉姆萨尔国际重要湿地——香港米埔自然保护区隔水相望（最近距离约300m），共同组成了深圳湾红树林湿地生态系统，为我国南方重要湿地之一。该处河海交汇，咸淡水混合，并伴有潮汐现象。丰富的有机质和肥沃的水质，为红树林的生长发育提供了良好的地貌与生态环境。区内的红树林呈带状分布，群落简单，林中最宽处约50m，主要由3个乡土群落（秋茄、桐花树和白骨壤）和1个引种人工群落（海桑和无瓣海桑）组成（张宏达等，1998）。

福田红树林自然保护区的核心区分为两块（图3.1.1），分布面积为1.222km²，占福田红树林国家级自然保护区总面积的33.3%；核心区既是红树林的主体和核心，又是红树林生长最繁茂的地带，也是许多冬候鸟，包括黑脸琵鹭等濒危鸟类的栖息地和觅食地；同时也是当地多种鸟类的繁殖。缓冲区（图3.1.1）分布面

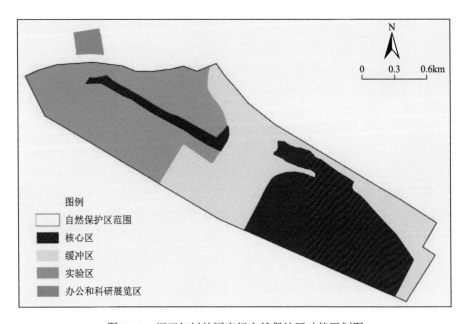

图3.1.1 福田红树林国家级自然保护区功能区划图

积为 1.1654km²，占福田红树林国家级自然保护区总面积的 31.7%；缓冲区范围内的基围鱼塘和芦丛洼地，是从湿地到陆地的过渡地带，局部生态环境复杂多样，该区域鸟类种群多样，是各种动物及鸟类盘旋飞翔觅食区。实验区位于福田红树林自然保护区的西部（图 3.1.1），分布面积为 1.2328km²，占福田红树林国家级自然保护区总面积的 33.5%。行政管理区的占地面积很小，仅为 0.0561km²，约占福田红树林国家级自然保护区总面积的 1.5%，其功能主要是自然保护区的管理、维护、科研、教育、生产及后勤服务等。

　　福田红树林自然保护区红树林面积约 1.12km²，具有丰富的生物多样性，有高等植物 249 种，其中，红树植物共计 19 种，包括秋茄、桐花树、白骨壤、木榄和老鼠簕等真红树植物 10 种，黄槿、杨叶肖槿、海杧果和苦郎树等半红树植物 9 种。福田红树林生态系统是位于深圳和香港两地间的一块绿洲，对维持地区的生态平衡有重要作用，被誉为深圳湾旁的一道绿色长城，具有无可替代的生态、文化和社会价值。福田红树林自然保护区地势平坦、开阔，分布有滩涂、沼泽、浅水和林木等多种自然景观（图 3.1.2 和图 3.1.3），彰显出现代城市与环境、人与自然和谐共处的面貌。

图 3.1.2　福田红树林自然保护区红树林景观

图 3.1.3　福田红树林自然保护区沿海滩涂景观

福田红树林自然保护区红树林大面积分布于沿海滩涂地带，包括自然生长和人工种植的红树林两大类型。近年来随着滩涂面积的扩张，红树林的面积也在扩大。但由于红树林扩张速度过快，供鸟类栖息的滩涂面积呈不足状态，为确保水鸟有足够的觅食区域，维护候鸟栖息地质量，福田红树林自然保护区管理部门经常人工清除滩涂之上的红树幼苗。

3.2　地形地貌特征

3.2.1　地形与地貌类型

福田红树林自然保护区地势北高南低，海拔为-0.5～11m，平均海拔 1.3m。海拔最高点位于自然保护区北侧边缘区域，由北向南逐渐降低，最低海拔位于自然保护区西南侧边缘。福田红树林自然保护区海拔低于 0m 的地块面积约为17.4%；海拔高于 0m 的地块面积约为 82.6%。

福田红树林自然保护区的地形坡度范围较大，但整体地势平坦，地势起伏小

（图 3.2.1）。自然保护区坡度范围为 0°～70°，平均坡度 12.4°。坡度最大位置位于自然保护区中部。福田红树林自然保护区坡度以≤2°为主，约占 58.6%；其次为2°～6°和 6°～15°，分别约占 27.2%和 12.4%；坡度为 15°～25°和＞25°范围，分别约占 1.5%和 0.3%。

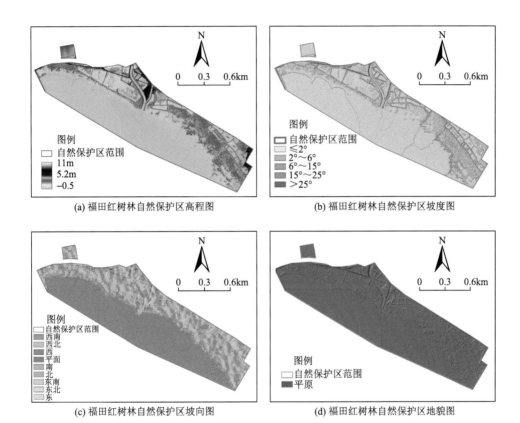

(a) 福田红树林自然保护区高程图　　　　　　(b) 福田红树林自然保护区坡度图

(c) 福田红树林自然保护区坡向图　　　　　　(d) 福田红树林自然保护区地貌图

图 3.2.1　福田红树林自然保护区地形地貌分布图

　　福田红树林自然保护区约有 51.3%的面积为平地（坡向为平面）其余地块坡向以东北、南、西南、西向居多，分别约占 6.4%、6.5%、8.1%、6.7%。坡向为北、东、东南、西北方向偏少，分别约占 5.1%、5.4%、5.7%、4.8%。坡向属于阴坡、半阴坡、半阳坡和阳坡的比例分别约为 23.6%、21.0%、25.4%和 30.0%。

　　福田红树林自然保护区地貌类型均为平原地貌（表 3.2.1），其地层与岩石组成类型为第四系人工填土、淤泥及淤泥质土、砂砾及黏土等和早白垩世侵入岩。福田红树林自然保护区海拔低于 11m，形态呈"刺刀"状及方形。地势平坦，地形起伏小。水系发达，多呈块状，包含海岸带及河流。

表 3.2.1　福田红树林自然保护区地貌类型

形态类型	岩石、地层与岩性组成	分布范围	面积及比例	主要特征
平原	第四系(杂填土、素填土、淤泥、淤泥质土、卵石、砂砾及黏土等)和早白垩世侵入岩	福田红树林自然保护区	0.80km² (100%)	海拔低于11m,呈"刺刀"状及方形。地势平坦,地形起伏小。水系发达,多呈块状,包含海岸带及河流。坡向以西南向、西向、南向为主

3.2.2　海岸线特征

1)海岸线现状特征

福田红树林自然保护区共有海岸线 4.46km,岸线类型包含生物岸线和河口岸线。福田自然保护区海岸线以生物岸线为主,占总海岸线长度的 94.17%;其次是河口岸线,占总海岸线长度的 5.83%。

2)海岸线变化

2010~2021 年,福田红树林自然保护区海岸线类型及长度变化较小(图 3.2.2),海岸线总长度由 4.86km 减少到 4.46km,岸线总长度减少 0.4km。其中,生物岸线长度由 4.74km 减少到 4.2km,减少 0.54km;河口岸线长度由 0.12km 增加到 0.26km,增加 0.14km。

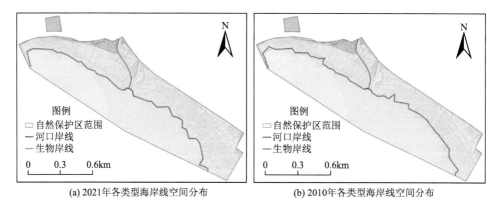

(a) 2021年各类型海岸线空间分布　　　　　　(b) 2010年各类型海岸线空间分布

图 3.2.2　福田红树林自然保护区各类型海岸线空间分布图

3.2.3　湿地资源特征

根据 2021 年福田红树林自然保护区的遥感解译成果,福田红树林自然保护区的湿地资源分布情况如图 3.2.3 所示。福田红树林自然保护区的湿地资源包括红树林地和沿海滩涂两类,分布面积共约 2.78km²,其中,沿海滩涂面积为 1.79km²,红树林地面积为 0.99km²。

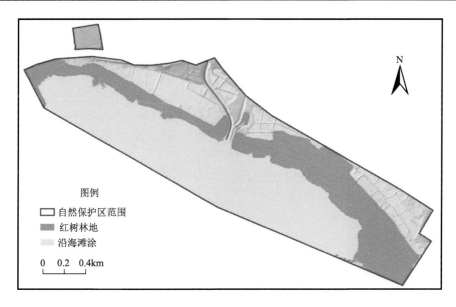

图 3.2.3　2021 年福田红树林自然保护区湿地资源分布图

2010～2021 年，福田红树林自然保护区湿地资源面积占总面积的比例上涨了1.88 个百分点。从两个时期的湿地资源类型来看，福田红树林自然保护区的各湿地类型面积发生较大变化（图 3.2.4）。福田红树林自然保护区沿海滩涂面积下降，而红树林面积上升。沿海滩涂占湿地资源面积比例从 2010 年的 71.16%下降到 2021年的 64.51%，下降 6.65 个百分点，而红树林地占湿地资源面积比例从 2010 年的28.84%上升到 2021 年的 35.49%。

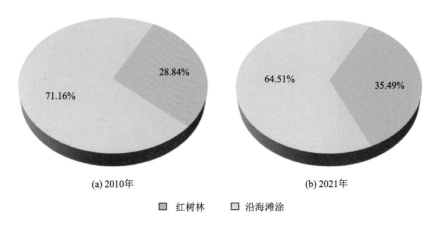

图 3.2.4　福田红树林自然保护区湿地资源面积统计图

3.3 地层与岩性

整体上看，福田红树林自然保护区的地层发育简单，主要发育有第四系地层（图 3.3.1）。按岩石地层单位分区，结合《广东省及香港、澳门特别行政区区域地质志》（广东省地质调查院，2017）的划分标志，深圳市第四系岩石地层单位划分见表 3.3.1。福田红树林自然保护区的第四纪沉积物物质组成复杂、纵向相变明显，沉积物厚度分布不均匀。福田红树林自然保护区及周边一带晚更新世处于相对的抬升期，水动力条件较强，沉积物以河漫滩相、浅海相沉积为主，其沉积物颗粒相对较粗；全新世以来总体处于海陆交互的沉积环境，沉积物颗粒相对较细，以粉细砂土、淤泥及淤泥质土、黏性土为主。福田红树林自然保护区无地质构造展布。

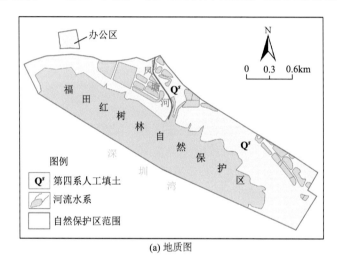

(a) 地质图

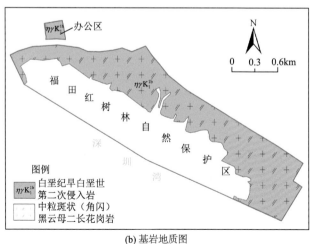

(b) 基岩地质图

图 3.3.1 福田红树林自然保护区地质图

表 3.3.1　深圳市第四系岩石地层划分表

界	系	统	组	段	代号	沿海地层分区
新生界	第四系	全新统			Q_h^s	人工填土：杂填土、素填土和块石填土
			桂洲组（Q_{hg}）	灯笼沙段	Q_h^{dl}	深灰、灰黑色淤泥、粉砂质淤泥、粉砂质黏土、砂质黏土及细砂层组成。富含贝壳（或蚝壳层）
				横栏段	Q_h^{hl}	下部多为深灰-灰黑色淤泥、粉砂质淤泥、粉砂及淤泥黏土等，局部富含贝壳或蚝壳层，底部含有机质、腐木等。上部多以灰黄色中细砂、砂砾为主，局部夹深灰色淤泥、淤泥质粉砂
				杏坛段	Q_h^{xt}	整体以冲积及冲积海积层为主。岩性为浅黄-灰白色砂砾层，含砾粗砂、中砂或细砂层、浅灰色淤泥。砾石成分以石英质为主，含少量有机质
		上更新统	礼乐组（Q_p^{3l}）	三角层	Q_p^{3l}	浅灰、灰白、黄白、红黄色等富含铁质氧化物及结核的花斑状黏土、粉砂质黏土、砂质黏土层或黄褐色、棕黄色、橙黄色、土黄色等氧化色砂层
				西南镇段	Q_p^{3x}	岩性主要为海相的深灰-灰黑色黏土（淤泥）、黏土质粉砂、粉砂质黏土等，局部夹牡蛎壳层，含少量介形类、有孔虫、硅藻、软体动物等
				石排段	Q_p^{3sp}	灰黄、灰白色卵石、砂砾、中或粗砂等沉积，垂向上粒序呈下粗上细特征。局部含泥炭土或含腐木等

3.3.1　人工填土层

人工填土在福田红树林自然保护区及周边一带场地广泛分布，大部分为 2000 年左右工程建设填埋及填海形成，堆填年限 15～25 年，除福田红树林自然保护区道路、建构筑物区域呈稍密状态外，其他地段以松散结构为主，欠固结状态。填土成分不均匀，福田红树林自然保护区的人工填土层（Q^s）根据物质组成和堆填方式可分为素填土、块石填土及杂填土等三类。

素填土：杂色，褐红、褐黄、灰褐色等，稍湿，松散—稍密，成分不均匀，主要由黏性土、砂砾以及少量碎石等组成 [图 3.3.2（a）]，硬杂质粒径 2～10cm，含量 5%～10%，局部夹薄层淤泥质黏土。堆填年限大于 15 年，基本完成自重固结。收集的福田红树林自然保护区及周边的钻孔均有揭露，揭露厚度 1.20～15.23m，平均厚度 6.58m，层底埋深 1.00～25.00m，层底高程-2.12～11.58m。

(a) 素填土岩芯　　　　　　　(b) 杂填土岩芯

图 3.3.2　福田红树林自然保护区红树林湿地博物馆人工填土钻孔岩芯

块石填土：灰白、灰褐色，松散—稍密，主要由中、微风化花岗岩块石组成，块径大小不一，硬杂质块径 8～55cm，含量 45%～68%，其余为碎石、角砾及黏性土充填。堆填年限大于 20 年，自重固结过程基本完成。福田红树林自然保护区北侧局部钻孔揭露块石填土，揭露厚度 2.70～9.50m，平均厚度 6.25m，层底埋深 2.20～8.70m，层底高程 4.15～13.58m。

杂填土：杂色，灰褐、褐黄色为主，稍湿，松散—稍密，成分不均匀，主要由黏性土、砂砾、碎石、砖块等建筑垃圾组成［图 3.3.2（b）］，局部见腐殖质及生活垃圾，硬杂质粒径 5～15cm，含量 5%～20%。堆填年限大于 15 年，自重固结过程基本完成。收集的福田红树林自然保护区场地钻孔均有揭露，揭露厚度 1.50～9.20m，平均厚度 5.20m，层底埋深 1.10～15.30m，层底高程-1.25～12.38m。

3.3.2　风化残积土层

据地质钻探揭露，福田红树林自然保护区及周边一带侵入岩顶部发育有一层厚度 2.32～17.30m，平均厚度 8.75m 的第四系风化残积土层（Q^{el}）。风化残积土的层顶埋深 5.23～26.28m，层顶高程-1.52～3.75m，层底埋深 10.83～38.35m，层底高程-13.28～-1.25m，岩性为砾质黏土和黏性土（图 3.3.3），呈褐红、灰白色，可塑—硬塑，岩芯呈土柱状，浸水易软化。红树林自然保护区风化残积土分布广泛，厚度变化大，残积土的粗颗粒及细颗粒含量较多，中间颗粒含量较少。粗颗粒构成土的基本骨架，骨架之间主要由游离氧化物包裹以及填充实现联结，孔隙比较大，具有各向异性特征。当残积土位于地下水位以下时，土体含水量增加，粗颗粒间充填的游离氧化物易溶于水，胶结作用丧失，土体强度随之降低，压缩性进而增大，具有遇水易软化的特性，随着时间的延长，土体会逐步崩解。

(a) 红树林湿地博物馆钻孔残积砾质黏土岩芯　　　　　　(b) 风塘河口残积黏土岩芯

图 3.3.3　福田红树林自然保护区风化残积土岩芯

3.3.3　全新统桂洲组

根据沉积物和岩性组合特征，福田红树林自然保护区的全新统桂洲组（Q_{hg}）可分为杏坛段及灯笼沙段两段。岩性以淤泥、淤泥质细砂为主，夹粉细砂、黏土，含腐木、贝壳等，为一套海陆交互的河口湾相沉积。

1. 灯笼沙段（Q_h^{dl}）

分布于福田红树林自然保护区南侧的红树林泥质沙滩、现代入海河口的河漫滩等地。入海河口的河漫滩一带岩性为一套河口-海陆交互相沉积的灰黄、褐黄色砂质黏土，夹深灰色粉砂质淤泥及粉砂，含钛质物。灯笼沙段上部以砂质黏土为主，含植物根系，下部含少量贝壳碎片及碳质物，属海陆交互沉积。红树林泥质沙滩一带的岩性为深灰、灰黑色淤泥、粉砂质淤泥、粉砂质黏土及细砂层等，富含贝壳（或蚝壳层），含丰富的植物根系。

广州地理研究所在灯笼沙段取得两个 ^{14}C 测年值，其中，凤塘河口浅滩处淤泥埋深 5.2m 处 ^{14}C 测年值为（2350±50）年；红树林湿地淤泥埋深 2.5m 处 ^{14}C 测年值为（1730±80）年。属全新世晚期。

2. 杏坛段（Q_h^{xt}）

分布于福田红树林自然保护区的北侧浅滩至红树林湿地博物馆一带。岩性为浅黄-灰白色砂砾层、含砾粗砂及中细砂层、浅灰色淤泥质粗砂，其中，砂砾层的砾石成分以石英质为主，砾石大小一般为 2～5mm，个别达 12mm，次棱角状—次圆状，分选较差，含少量有机质。沉积层局部见有透镜体。凤塘河及新洲河入海河口一带，其底部可见灰白至浅灰色中细砂层或粗砂砾石层。

红树林湿地博物馆一带地质钻探揭露出淤泥、淤泥质黏土、粉细砂（图 3.3.4）和砾质黏土。淤泥及淤泥质黏土：呈深灰、灰黑色，软塑—可塑，切面稍具光泽，干强度高，韧性高，含少量有机质，不均匀夹少量粉细砂，局部可见贝壳等生物遗骸或植物根茎。福田红树林自然保护区收集的部分地质钻孔揭露出淤泥及淤泥质黏土层，揭露厚度 0.50～4.90m，平均厚度 2.18m，层顶埋深 5.45～27.50m，层顶高程−2.75～3.58m，层底埋深 8.20～27.30m，层底高程−4.82～0.55m。粉细砂：灰褐、灰白色，饱和，稍密—中密，级配不良，砂质不均匀，局部夹中、粗砂，分布不均匀，并含少量黏性土，偶见贝壳碎屑等生物遗骸。揭露厚度 0.70～5.50m，平均厚度 2.72m，层顶埋深 3.55～22.30m，层顶高程−2.35～5.65m，层底埋深 8.10～26.50m，层底高程−3.57～1.52m。

(a) 淤泥质黏土岩芯　　　　　　　　　　(b) 粉细砂岩芯

图 3.3.4　福田红树林自然保护区红树林湿地博物馆杏坛段钻孔岩芯

杏坛段属滨海相沉积，广州地理研究所于新洲河口取海底埋深 8m 处淤泥进行 ^{14}C 测年，测年结果为（8100±500）年，属早全新世。

3.4　侵　入　岩

一般而言，早白垩世侵入岩区域上可划分为 3 个阶段 6 次侵入活动。福田红树林自然保护区的基底岩性为早白垩世侵入岩（$\eta\gamma K_1^{1b}$）。从区域上看，应为早白垩世第一阶段第二次岩浆侵入活动的产物。

3.4.1　侵入岩地质特征

1. 地质特征

福田红树林自然保护区的早白垩世第一阶段第二次侵入岩是深圳西部早白垩世侵入岩的组成部分，岩性为中粒斑状（角闪）黑云母二长花岗岩。岩石具似斑状结构、基质花岗结构，块状构造。

2. 岩石矿物学特征

矿物成分主要为石英、长石，含少量云母和暗色矿物。钾长石：多属微斜微纹长石，少部分为微斜长石，呈半自形板状（斑晶）—半自形—他形粒状（基质），可见卡氏双晶，条纹连晶和格子双晶大多发育，条纹连晶多呈细纹状、星点状、网脉状。斜长石：常呈自形板状，具正常环带，属更—中长石，An（内）36～40，（外）20～25，部分可见卡钠复合双晶，常因去钙化和钠化转化为钠长石。黑云母：叶片状、板状，Ng-暗褐（黑）色，Nm-褐色，Np-淡黄褐色。角闪石：多呈柱状，Ng-暗绿色，Np-淡黄绿色。

3. 岩石地球化学特征

一般而言，岩石 SiO_2 含量高低与岩石中暗色包体出现与否以及含量的多少有很大关系，即包体多的地段，岩石 SiO_2 含量相对较低。福田红树林自然保护区的早白垩世第一阶段第二次侵入岩的岩石 SiO_2 含量为 68.22%～74.23%，平均为 70.13%，较深圳其他地区中粒-中粗粒斑状（角闪）黑云母二长花岗岩的岩石 SiO_2 含量偏低。这与福田红树林自然保护区的地质钻探岩芯可见较多暗色包体相一致。岩石总体不出现标准矿物刚玉，但少量钻探岩芯样品仍出现少量刚玉分子，说明岩石化学成分的不均一性。整体上属硅酸过饱和、铝正常（次铝）的钙碱性岩类。岩石的微量元素 Sn、Mo、Bi、Pb、Zn、Nb、U、Th、Rb、Zr、Hf 等含量及 Sr/Ba、

Rb/Li 等比值均较高，其余元素含量相对较低。岩石稀土元素特征值 ΣREE 为 212.8×10⁻⁶，ΣCe/ΣY=3.35，δEu=0.33，其球粒陨石标准化分布形式总体上为左高（稍陡）右低（平缓近水平）向右倾斜的曲线，呈现负 Eu 特征。与世界花岗岩平均值相比，岩石稀土元素特征值 ΣREE 和 ΣCe/ΣY 值稍低，销负异常较大。岩石 δ¹⁸O 为 +7.85‰ ~ +10.2‰，以 <+10‰ 为主，(⁸⁷Sr/⁸⁶Sr) i 为 0.70127 和 0.70518。据深圳市区域地质调查的岩石地球化学分析结果，侵入岩平均化学成分属高钾钙碱性的花岗岩类，岩石 Rb-Sr 等时线年龄为（135±3）×10⁵ 年和（141±2）×10⁵ 年，相当于早白垩世早期。

3.4.2　侵入岩风化特征

一般而言，花岗岩风化过程由物理风化和化学风化两个阶段组成。物理风化是花岗岩的崩解过程阶段，这个阶段造成矿物颗粒的比表面积逐步增大，使得矿物与水、氧、二氧化碳和生物的接触作用加强，从而促进花岗岩矿物的分解。花岗岩的物理风化过程是由地表向深处渐次推进和减弱的过程。福田红树林自然保护区地处亚热带湿热气候带，化学风化阶段相对完整，花岗岩矿物中的钙、镁、钾、钠等元素全部被析出，硅元素也大量迁移，水溶液呈酸性反应，使硅酸盐、铝硅酸盐等矿物分解彻底，从而形成高岭土、蒙脱石等黏土矿物，最终形成花岗岩硅铝黏土型风化壳。根据野外地质调查及地质钻探结果，福田红树林自然保护区的中粗粒斑状（角闪）黑云母二长花岗岩可分为全、强、中、微风化四个风化带。各风化带的岩性结构发育特征如下。

（1）全风化花岗岩［图 3.4.1（a）和（b）］：褐红、褐灰、褐黄色，岩石风化剧烈，原岩结构已基本破坏，尚可辨认，具微弱的残余结构。岩石风化裂隙极发育，岩芯呈坚硬土柱状，遇水易软化、崩解。岩体极破碎，矿物除石英及部分长石外，其他矿物则完全风化解体成土状。福田红树林自然保护区内全风化花岗岩分布广泛，厚度变化大，揭露厚度 1.85~42.30m，平均厚度 7.32m，层顶埋深 9.30~32.20m，层顶高程-12.62~-0.85m，层底埋深 11.38~42.35m，层底高程-31.23~-3.25m。

（2）强风化花岗岩［图 3.4.1（c）］：褐黄色、褐红色，原岩结构大部分破坏，长石颗粒晶型完整，手捏具砾砂感，裂隙极发育，岩芯呈砾砂状，底部呈土夹碎块状，块径 3~12cm，最大约 25cm。岩芯遇水易软化、崩解，属极软岩，岩体极破碎。区内大部分钻孔均有揭露，揭露厚度 2.10~20.30m，平均厚度 10.31m，层顶埋深 13.30~40.30m，层顶高程-29.90~3.68m，层底埋深 20.20~56.70m，层底高程-40.30~-10.58m。

(a) 凤塘河口全风化花岗岩岩芯

(b) 新洲河口全风化花岗岩岩芯

(c) 红树林湿地博物馆强风化花岗岩岩芯

(d) 凤塘河口中风化花岗岩岩芯

(e) 红树林湿地博物馆微风化花岗岩岩芯

(f) 新洲河口微风化花岗岩岩芯

图 3.4.1 福田红树林自然保护区早白垩世第二次侵入岩钻孔岩芯

（3）中风化花岗岩［图 3.4.1（d）］：暗褐色、肉红色，中粗粒花岗结构，块状构造，矿物成分以石英、长石为主，含少量云母及暗色矿物，石英含量 20%～30%，风化裂隙发育，裂隙面因铁染呈锈褐色。岩芯多呈短柱状、少量呈块状，岩石坚硬程度为较软岩，岩体完整程度为较破碎。区内中风化厚度普遍较大，各钻孔均有揭露，揭露厚度 1.50～15.80m，平均厚度 6.28m；层顶埋深 20.20～56.70m，层顶高程-40.30～-10.58m。

（4）微风化花岗岩［图 3.4.1（e）和（f）］：青灰、灰白及浅肉红色等，中粗粒花岗结构，块状构造，有少量风化裂隙，节理裂隙较发育，岩质坚硬，主要由石英、长石、云母等矿物组成，含少量暗色矿物，可见黑云母，石英含量 20%～30%。岩芯多呈短柱状，部分长柱状。岩体完整程度为较破碎—较完整。区内少量钻孔钻至该层，揭露厚度 3.40～5.90m，平均厚度 4.85m，层顶埋深 30.50～42.30m，层顶高程 35.90～46.60m。

分析收集的福田红树林自然保护区一带 85 个钻孔资料，发现福田红树林自然保护区存在明显的花岗岩球状风化现象，共有 32 个钻孔揭露出花岗岩球状风化体，占统计钻孔的 37.65%，特别是福田红树林自然保护区北侧的花岗岩球状风化体较多。花岗岩球状风化体纵向埋深差别较大，埋深为 12.32～83.25m，顶板平均埋深 33.12m，底板平均埋深 39.25m。球状风化体等效直径最小 0.72m，最大 5.31m，平均 1.73m。

3.5　土壤质量分析与评价

3.5.1　土壤资源发育特征

1. 土壤类型与分布特征

福田红树林自然保护区基底岩性为花岗岩，地带性土壤为赤红壤，主要成土母质为冲洪积物和海积物，结构呈松散状态。土壤容重是土壤重要的物理性状指标，其大小反映土壤的松紧状况和孔隙多少，土壤容重主要与土壤质地、结构、团聚状况、排列状况及有机质含量等因素有关。根据 12 组土壤样品的测试结果，福田红树林自然保护区的土壤容重为 $1.60\sim2.04\text{g/cm}^3$，平均值为 1.90g/cm^3。另据不完全统计，福田红树林自然保护区土层的厚度为 $0.18\sim3.5\text{m}$，南侧受半日潮周期淹浸。土壤类型有赤红壤、滨海砂土和滨海盐渍沼泽土三种类型（图 3.5.1）。

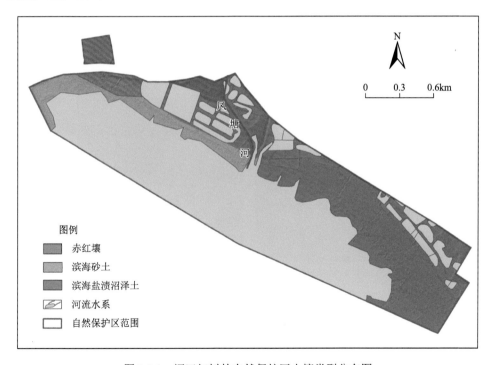

图 3.5.1　福田红树林自然保护区土壤类型分布图

滨海盐渍沼泽土分布面积为 1.21km^2，约占福田红树林自然保护区总面积的 32.9%，主要分布于福田红树林自然保护区北部和东部红树林林下地带及基围鱼塘。土壤为深厚层状的淤泥及淤泥质土（图 3.5.2），呈褐色—灰褐色，富含有机质，土壤质地较均匀，机械组成以含砂粒黏性土为主。红树林的林内植物稠密，枯枝落叶密布，腐殖质含量可达 3%～5%。表土一般呈微酸性反应，底土呈微碱性反应。土壤的质地及土层的深度对红树植物的生长和分布有极大影响。福田红树林保护区周边的车公庙至上沙地段，土壤的上层淤泥较薄，厚 20～30cm，下层为砂壤土；上沙至沙嘴地段，埋深 10cm 以下土壤呈蓝灰色，钻探揭露有浓烈的以 H_2S 为主的腥臭味（张宏达等，1998）。赤红壤分布于福田红树林自然保护区西北部及保护区管理站一带，面积约为 $0.14km^2$，约占福田红树林自然保护区总面积的 3.8%。滨海砂土分布于福田红树林自然保护区西侧一带，面积约 $0.34km^2$，约占福田红树林自然保护区总面积的 9.2%。福田红树林自然保护区其余地段为滩涂。

(a) 滨海盐渍沼泽土　　　　　　　　　　(b) 滨海砂土

(c) 赤红壤1　　　　　　　　　　(d) 赤红壤2

图 3.5.2　福田红树林自然保护区土壤发育特征

2. 土壤粒度组成特征

土壤的粒度成分是土壤中重金属含量与分布的重要影响因素，通常来说，由于细颗粒物质的表面积大，其易于富集重金属（邓素炎等，2022）。对福田红树林自然保护区 7 组表层土壤样品进行土壤的粒度成分和电导率测试，结果见表 3.5.1。

如表 3.5.1 所示，滨海砂土、滨海盐渍沼泽土和赤红壤的平均电导率依次递减。土壤类型以黏土为主（图 3.5.3）。福田红树林自然保护区的表层土壤粒度成分累积曲线见图 3.5.4。赤红壤的细颗粒居多，粉粒和黏粒合计占 85.18%。滨海砂土的质地较粗，粉粒和黏粒合计占 80.92%，低于赤红壤。滨海盐渍沼泽土的颗粒质地最粗，粉粒和黏粒合计占 62.21%，福田红树林自然保护区的滨海盐渍沼泽土分布广泛，为红树林生长的主要土壤层。

表 3.5.1　福田红树林自然保护区土壤粒度成分和电导率统计

土壤类型	土壤样品号	土壤粒度成分(不同粒径土壤颗粒含量百分比)/%									电导率/(μS/cm)
		>2	2~1	1~0.5	0.5~0.25	0.25~0.1	0.1~0.05	0.05~0.005	0.005~0.002	<0.002	
滨海盐渍沼泽土	F-T41	13.26	7.66	4.98	5.67	3.19	0.72	16.10	8.00	40.44	2363.6
	F-T42	17.58	6.31	4.43	5.65	4.62	1.48	22.29	6.30	31.29	5056.4
	平均值	15.42	6.99	4.71	5.66	3.91	1.10	19.19	7.15	35.87	3710.0
滨海砂土	F-T01	5.65	3.70	4.02	6.75	3.37	0.59	29.23	9.92	36.77	4554.4
	F-T39	0.47	0.18	0.29	0.31	0.43	0.14	30.77	6.20	61.21	4704.6
	F-T40	10.25	4.99	5.38	6.30	3.69	0.69	19.46	7.70	41.50	2517.0
	平均值	5.46	2.96	3.23	4.45	2.50	0.47	26.49	7.94	46.49	3925.3
赤红壤	F-T02	0.54	0.13	0.17	0.45	1.09	0.53	40.12	8.30	48.68	2809.1
	F-T38	3.26	3.19	2.35	4.85	10.00	3.06	20.42	7.60	45.24	2918.5
	平均值	1.90	1.66	1.26	2.65	5.55	1.80	30.27	7.95	46.96	2863.8

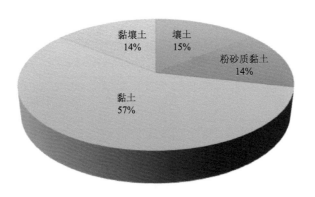

图 3.5.3　福田红树林自然保护区土壤质地类型统计

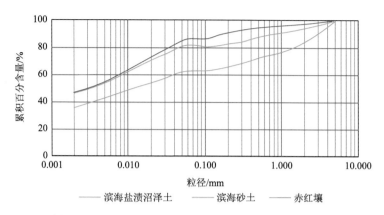

图 3.5.4 福田红树林自然保护区土壤粒度成分累积曲线

3.5.2 土壤地球化学特征

1. 平面分布特征

福田红树林自然保护区的土壤类型主要为滨海盐渍沼泽土，共采集表层土壤样品 46 组，表层土壤重金属元素含量统计特征见表 3.5.2。其中，深圳市土壤环境背景值数据引自深圳市《土壤环境背景值》（DB4403/T 68—2020）。赤红壤的pH 平均值为 5.34；滨海砂土的 pH 为 5.37，差异不大；滨海盐渍沼泽土的 pH 为5.46，略高于赤红壤和滨海砂土。

表 3.5.2 福田红树林自然保护区表层土壤重金属元素含量统计特征

类型	元素	pH	Ni/(mg/kg)	Zn/(mg/kg)	Cd/(mg/kg)	Pb/(mg/kg)	Cr/(mg/kg)	As/(mg/kg)	Cu/(mg/kg)	Hg/(mg/kg)
滨海盐渍沼泽土	最大值	5.70	22.84	124.60	0.66	48.13	48.46	54.46	51.48	0.12
	最小值	5.10	17.05	67.16	0.38	37.39	26.62	35.20	18.49	0.06
	平均值	5.46	19.72	100.55	0.52	44.02	36.54	42.11	36.20	0.10
	标准差	0.32	2.92	29.84	0.14	5.80	11.06	10.72	16.63	0.03
	变异系数	0.06	0.15	0.30	0.27	0.13	0.30	0.25	0.46	0.31
滨海砂土	最大值	5.80	87.79	204.93	0.80	64.22	303.10	93.84	71.19	0.13
	最小值	4.91	28.61	68.09	0.33	40.44	53.49	63.56	26.97	0.11
	平均值	5.37	48.97	130.08	0.55	54.65	142.94	80.99	45.29	0.12
	标准差	0.45	33.63	69.32	0.24	12.55	139.02	15.65	23.06	0.01
	变异系数	0.08	0.69	0.53	0.43	0.23	0.97	0.19	0.51	0.08
赤红壤	最大值	5.68	24.08	117.03	1.41	53.98	54.18	76.34	39.85	0.12
	最小值	5.00	15.76	70.18	0.52	42.92	30.70	52.99	22.02	0.07
	平均值	5.34	19.92	93.60	0.97	48.45	42.44	64.66	30.93	0.10

续表

类型	元素	pH	Ni/ (mg/kg)	Zn/ (mg/kg)	Cd/ (mg/kg)	Pb/ (mg/kg)	Cr/ (mg/kg)	As/ (mg/kg)	Cu/ (mg/kg)	Hg/ (mg/kg)
赤红壤	标准差	0.49	5.88	33.13	0.63	7.82	16.60	16.51	12.61	0.04
	变异系数	0.09	0.30	0.35	0.65	0.16	0.39	0.26	0.41	0.41
总体统计特征	最大值	5.80	87.79	204.93	1.41	64.22	303.10	93.84	71.19	0.13
	最小值	4.91	15.76	67.16	0.33	37.39	26.62	35.20	18.49	0.06
	平均值	5.40	30.74	109.89	0.64	49.11	77.91	62.33	38.29	0.11
	标准差	0.33	22.11	42.58	0.32	8.76	86.25	20.23	15.98	0.02
	变异系数	0.06	0.72	0.39	0.50	0.18	1.11	0.32	0.42	0.23
赤红壤背景值		—	32.90	112.00	0.12	130.00	92.20	55.10	43.90	0.15

福田红树林自然保护区表层土壤重金属元素含量等值线图见图 3.5.5。从图 3.5.5 可以看出，Cd 元素的高值区域分布于福田红树林自然保护区的西北部，Ni 和 Cr 元素的高值区域分布于福田红树林自然保护区的中部，Cu、Zn、Pb、As 和 Hg 高值区域分布于福田红树林自然保护区中部偏西的地段。

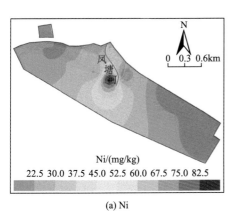

(a) Ni

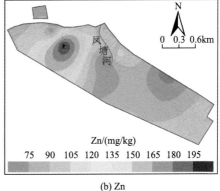

(b) Zn

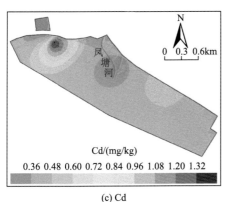

(c) Cd

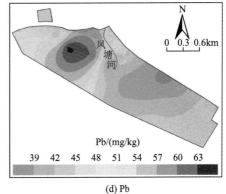

(d) Pb

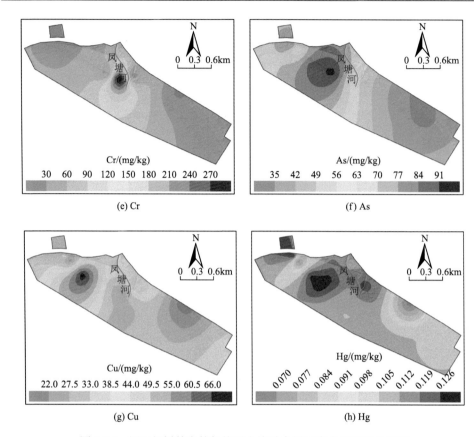

图 3.5.5　福田红树林自然保护区土壤重金属元素含量平面分布图

对比深圳市赤红壤的环境背景值，福田红树林自然保护区的赤红壤重金属含量平均值除 Cd、As 外，其余元素均低于背景值；滨海砂土除 Pb、Hg 外，其余元素均高于背景值；滨海盐渍沼泽土除 Cd 外，其余元素均小于背景值。福田红树林自然保护区表层土壤总体呈相对富集状态（土壤元素含量/背景值≥2）的元素为 Cd（图 3.5.6），样品富集率为 100%，最大富集系数可达 11.78；呈相对贫化状态的元素（土壤元素含量/背景值≤0.5）为 Pb，样品贫化率为 87.5%。

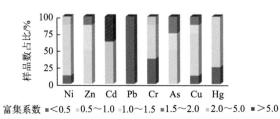

图 3.5.6　福田红树林土壤重金属含量/背景值百分比堆积柱形图

2. 元素相关性分析

一般地，同一来源的重金属之间存在着一定的相关性，根据土壤重金属元素相关性分析结果可以判断土壤重金属污染来源是否相同。对福田红树林自然保护区表层土壤的各重金属元素及 pH 进行相关性分析，分析结果见表 3.5.3。从表 3.5.3 可以看出，pH 和 Zn 呈现显著负相关，Cr 和 Ni、Cu 和 Zn、Cu 和 Pb、Zn 和 Pb 呈高度正相关。Cu 和 Pb 的相关性较强，相同的污染来源可能是电子制品生产；Zn 和 Pb 的相关性较强，相同的污染来源可能是交通污染，Zn 是汽车轮胎硬度添加剂，轮胎磨损会产生含锌含铅粉尘；Cr 和 Ni 的相关性较强，同源污染可能来自电动汽车制造等相关制造业（谢婧等，2020）。

表 3.5.3　福田红树林自然保护区土壤 pH 及重金属元素相关性一览表

	pH	Ni	Zn	Cd	Pb	Cr	As	Cu	Hg
pH	1								
Ni	0.345	1							
Zn	−0.722*	−0.187	1						
Cd	0.030	−0.443	−0.085	1					
Pb	−0.700	−0.169	0.885**	−0.055	1				
Cr	0.371	0.996**	−0.227	−0.406	−0.227	1			
As	−0.343	0.216	0.566	−0.096	0.831*	0.159	1		
Cu	−0.610	−0.090	0.972**	−0.192	0.818*	−0.125	0.514	1	
Hg	−0.432	0.267	0.697	−0.574	0.764*	0.217	0.734*	0.766*	1

*−0.05 级别（双尾）相关性显著；**−0.01 级别（双尾）相关性显著。

3. 重金属含量变化特征

采用福田红树林自然保护区红树林林下土壤的重金属含量平均值作为 2021 年的土壤重金属含量数据，结合凤塘河口的土壤重金属历年监测数据，绘制福田红树林自然保护区表层土壤重金属含量历年变化曲线（图 3.5.7）。从图 3.5.7 可以看到，福田红树林自然保护区内土壤重金属元素含量的变化趋势是分化的，Pb、Cr、Cd 和 As 呈现出上升趋势，Zn、Ni、Cu 和 Hg 则表现为较明显的下降趋势。

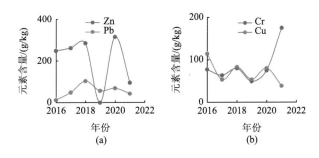

（a）　　　　　　　　　　　（b）

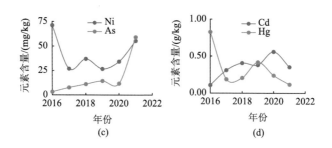

图 3.5.7　福田红树林自然保护区土壤重金属含量历年变化曲线

资料来源:《深圳市生态环境质量报告》(2016~2020 年)和实测资料

3.5.3　土壤养分分布特征

1. 平面分布特征

福田红树林自然保护区的土壤主要养分含量平面分布特征与土壤养分指标统计特征如图 3.5.8 所示和表 3.5.4 所示,其中,土壤养分分类等级按《土地质量地球化学评价规范》(DZ/T 0295—2016)进行划分。福田红树林自然保护区内三种土壤的 N 和 Org 含量平均值由高至低分别为滨海盐渍沼泽土>赤红壤>滨海砂土;K 和 P 的含量平均值从高至低分别为赤红壤>滨海盐渍沼泽土>滨海砂土;滨海砂土的营养元素含量最低。福田红树林保护区土壤整体 N、P、Org 的含量均以丰富和较丰富为主,所占比例均大于 80%;K 的含量分布不均。

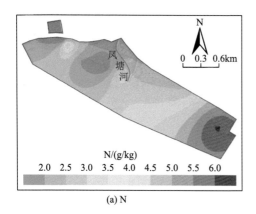

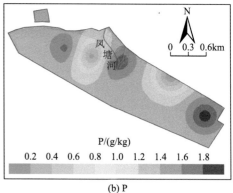

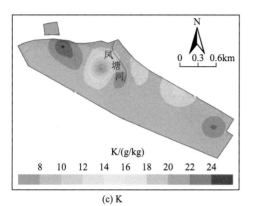

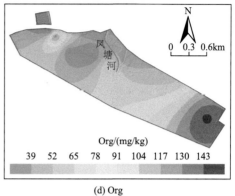

图 3.5.8　福田红树林自然保护区土壤营养元素含量平面分布图

表 3.5.4　福田红树林自然保护区表层土壤主要养分含量统计　（单位：g/kg）

元素类别		N	P	K	Org
等级分类	丰富	>2	>1	>25	>40
	较丰富	1.5~2	0.8~1	20~25	30~40
	中等	1~1.5	0.6~0.8	15~20	20~30
	较缺乏	0.75~1	0.4~0.6	10~15	10~20
	缺乏	≤0.75	≤0.4	≤10	≤10
滨海盐渍沼泽土	最大值	6.10	2.00	22.86	147.40
	最小值	2.60	0.11	13.76	45.34
	平均值	3.87	1.28	18.00	83.15
	标准差	1.94	1.02	4.58	55.93
	变异系数	0.50	0.80	0.25	0.67
滨海砂土	最大值	3.80	1.69	22.17	85.68
	最小值	1.60	0.24	5.88	29.48
	平均值	2.47	1.13	16.58	48.62
	标准差	1.17	0.78	9.27	32.11
	变异系数	0.48	0.69	0.56	0.66
赤红壤	最大值	4.60	1.39	24.79	134.47
	最小值	1.40	1.34	22.68	25.17
	平均值	3.00	1.37	23.74	79.82
	标准差	2.26	0.04	1.49	77.29
	变异系数	0.75	0.03	0.06	0.97
总体样品统计特征	最大值	6.10	2.00	24.79	147.40
	最小值	1.40	0.11	5.88	25.17
	平均值	3.13	1.25	18.90	69.37
	标准差	1.52	0.65	5.93	45.24
	变异系数	0.48	0.52	0.31	0.65

2. 元素相关性分析

对福田红树林自然保护区土壤的 N、P、K、Org 等营养元素及 pH 进行相关性分析（表 3.5.5），结果表明，Org 和 N 呈高度正相关，K 和 P 呈显著正相关。

表 3.5.5　福田红树林自然保护区土壤 pH 及营养元素相关性一览表

项目	pH	Org	N	K	P
pH	1				
Org	0.237	1			
N	0.205	0.976**	1		
K	−0.199	0.497	0.472	1	
P	−0.269	0.375	0.422	0.790*	1

**−0.01 级别（双尾）相关性显著；*−0.05 级别（双尾）相关性显著。

3.5.4　土壤质量分析评价

采用 2.6 节所示的土壤质量分析评价方法对福田红树林自然保护区的土壤进行分析评价，评价结果见图 3.5.9。根据土壤环境地球化学等级评价结果，福田红树林自然保护区的全部土壤样品均属污染风险可控级别。根据土壤养分地球化学等级评价结果，福田红树林自然保护区的土壤养分分布不均匀，土壤养分综合评价等级以丰富和较丰富为主，约占全部土壤样品总数的 75%以上，无养分缺乏等级。综合福田红树林自然保护区的土壤环境等级和土壤养分等级的评价结果，福田红树林自然保护区的土壤质量地球化学综合等级为中等（图 3.5.9）。

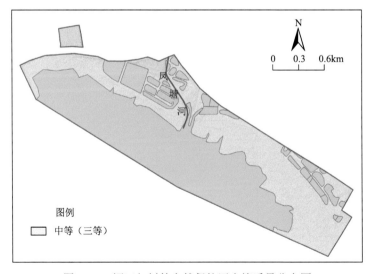

图 3.5.9　福田红树林自然保护区土壤质量分布图

3.6　水资源环境特征与评价

3.6.1　地表水环境特征与水质评价

1. 地表水分布特征

福田红树林自然保护区属于深圳湾水系分区，地表水网丰富（图 3.6.1），凤塘河由北往南穿过自然保护区，自西往东自然保护区内还有 S6、S5、S3 和 S2 等雨洪排水口穿过，鱼塘分布广泛。自然保护区的东侧和东南侧分别毗邻新洲河和深圳河。

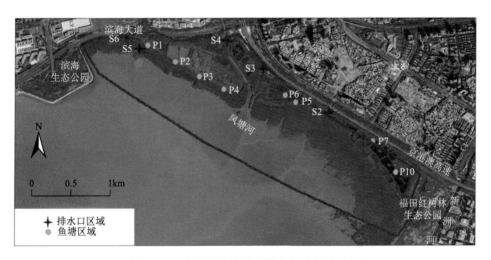

图 3.6.1　福田红树林自然保护区水网分布图

深圳河属深圳河水系，新洲河和凤塘河属深圳湾水系，三条河流均汇入深圳湾。深圳河发源于牛尾岭，流域面积 172.4km^2，全长 13.16km，河流平均坡降 0.94‰；新洲河发源于南山，流域面积 21.5km^2，全长 11.3km，河流平均坡降 5.77‰；凤塘河发源于塘朗山，流域面积 14.9km^2，全长 2.47km，河流平均坡降 0.50‰。凤塘河为感潮河道，河道狭长，河底高程较高，纳潮空间有限，潮流动力不足，为典型的盲肠型河道，河水流动缓慢，污染物长期随潮涨潮落在河道内徘徊、滞留。由于深圳湾顶部的河口与深圳湾涨落潮流斜交，凤塘河出口不畅，河水与深圳湾水体交换能力差（杨洪，2013）。根据深圳市水资源规划，新洲河的水功能区划为新洲河开发利用区新洲河景观用水区（二级水功能区），水质目标为Ⅳ类水。

2. 地表水水化学特征

福田红树林自然保护区共采集地表水样 21 个，采集样品的水体类型包括河流、鱼塘和雨洪排水口等（图 3.6.2）。

(a) 凤塘河口

(b) 凤塘河水闸

(c) 鱼塘

(d) 雨洪排水口

图 3.6.2　福田红树林自然保护区地表水体特征

福田红树林自然保护区地表水样品的水化学特征统计如表 3.6.1 所示。福田红树林地表水多为咸淡混合水，pH 为 7.26～8.41，为偏碱性水，电导率为 812～15929μS/cm，溶解性总固体为 627～15299mg/L，总硬度为 258.2～3200.0mg/L。

表 3.6.1　福田红树林自然保护区地表水水化学特征统计

统计指标类别	pH	电导率/(μS/cm)	K^+/(mg/L)	Na^+/(mg/L)	Ca^{2+}/(mg/L)	Mg^{2+}/(mg/L)	Cl^-/(mg/L)	SO_4^{2-}/(mg/L)	HCO_3^-/(mg/L)	CO_3^{2-}/(mg/L)	总硬度/(mg/L)	溶解性总固体/(mg/L)
最大值	8.41	15929	186.2	4420.0	232.0	637.6	9139.3	1297.3	321.8	23.0	3200.0	15299
最小值	7.26	812	13.2	110.0	32.3	27.8	465.2	27.5	12.2	0.0	258.2	627
平均值	7.74	7492	89.7	1369.3	131.8	291.5	4213.8	471.5	161.0	3.1	1551.3	6394
中位数	7.57	9841	82.5	1030.5	103.5	246.3	3504.9	438.8	144.3	0.0	1331.7	4827
标准差	0.38	6553	65.6	1256.3	76.3	218.1	3046.5	399.0	80.8	6.6	1102.3	4867
变异系数	0.05	0.87	0.73	0.92	0.58	0.75	0.72	0.85	0.50	2.16	0.71	0.76

3. 地表水水质评价

1）评价依据

福田红树林地表水质按照《地表水环境质量标准》（GB 3838—2002）进行分析评价。该方法依据地表水水域环境功能和保护目标，按功能高低依次划分为 I 类、II 类、III 类、IV 类和 V 类等五类。

2）评价方法

地表水的水质评价方法分为单指标质量评价法和综合质量评价法。

地表水单指标质量评价：按指标值所在的限值范围确定地表水质量类别，指标限值相同时，从优不从劣。

地表水综合质量评价：按单指标评价结果最差类别确定，并指出最差类别指标。

3）地表水水质评价

对福田红树林自然保护区的 8 个地表水样品进行水质全分析检测，检测指标包括 K^+、Na^+、Ca^{2+}、Mg^{2+}、Cl^-、SO_4^{2-}、HCO_3^-、CO_3^{2-}、游离 CO_2、总硬度、总碱度、溶解性总固体、pH 和 NH_3-N、Cd、Pb、Hg、Cr、As、Cu、Zn、Fe、Al、Mn、Ni、Mo、B、TP、TN、氟化物、硫化物及水温、颜色、电导率、Eh、溶解氧、NO_2^-、NO_3^-、耗氧量（COD）等。

依据前述评价标准和方法对福田红树林自然保护区地表水样品进行单指标和综合质量评价，地表水的水质评价结果如表 3.6.2 和图 3.6.3 所示。

表 3.6.2　福田红树林自然保护区地表水水质一览表

样品编号	采样位置	COD/(mg/L)	TP/(mg/L)	NH_3-N/(mg/L)	Cr/(μg/L)	水质综合评价
F-S03	鱼塘	/	0.171	0.414	1.69	III
F-S02	鱼塘	/	0.127	0.519	1.83	III
F-S01	咸淡水	13.8	0.157	1.460	14.74	IV
F-S04	5 号雨洪口	22.0	0.156	0.049	0.37	IV
F-S10	凤塘河	22.7	0.131	0.031	0.35	IV
F-S05	2 号雨洪口	25.0	0.172	0.037	0.19	IV
F-S11	咸淡水	/	0.215	0.055	1.73	IV

注：　　　　I 类水；　　　　II 类水；　　　　III 类水；　　　　IV 类水。

从表 3.6.2 和图 3.6.3 可以看出，福田红树林自然保护区鱼塘水质为III类水，凤塘河和雨洪排水口等处为IV类水。导致IV类水质的污染物主要为 COD 和 TP 等；硫化物、氟化物、DO、TN、NO_3^-、Cl^-、SO_4^{2-} 等指标表现良好，符合 I 类水质标准；As、Cd、Pb、Hg 等毒理学指标和 Mn、Fe、Cu、Zn 等金属元素含量较低，符合 I 类水质标准。

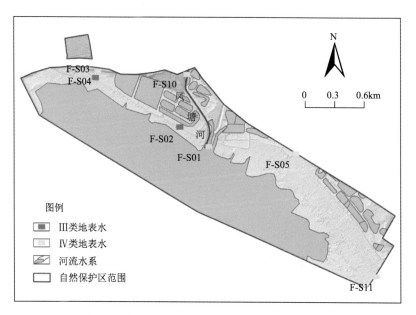

图 3.6.3　福田红树林自然保护区地表水水质分布图

对比福田红树林保护区凤塘河上游（F-S10）和下游（F-S01）的两个水样，从上游到下游，河水的重金属污染物浓度除 Hg 外，Cr、Mn、Fe、Cu、Zn、As、Cd、Pb 浓度均不同程度上升；硫化物、TP、TN、NO_3^-、Cl^-、F^-、NH_3-N 等污染物浓度也均呈上升趋势，特别是 NH_3-N 浓度大幅上升，导致 NH_3-N 单指标水质从III类水降为IV类水，表明径流途中有其他污染物的汇入。

4. 地表水历年水质变化特征

2011～2021 年福田红树林自然保护区及周边三条主要河流入海河口的污染物浓度及评价结果见图 3.6.4 和表 3.6.3。其中，2021 年度数据为实际取样的测试结果，其他年份的污染物浓度数据引自《深圳市环境质量报告书》（2011—2019 年）和《深圳市生态环境质量报告书》（2016—2020 年）。造成福田红树林自然保护区的地表水水质V类、劣V类的污染物主要为 BOD、NH_3-N、TP、TN 和类大肠菌群等指标；重金属元素总体表现良好，大多数时间达到 I 类水的水质标准。图 3.6.4 为 2011～2021 年福田红树林自然保护区及周边入海河流河口地表水的 BOD、NH_3-N、TP、TN 等污染物浓度的变化曲线，总体呈下降趋势，表明随着河流上游截污治理力度的加大，排入深圳湾的河流水质也明显提升。

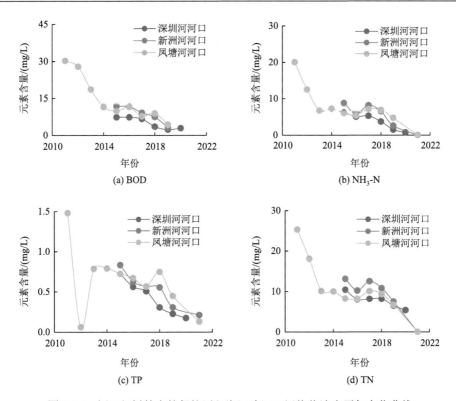

图 3.6.4　福田红树林自然保护区入海河流河口污染物浓度历年变化曲线

3.6.2　地下水环境特征与水质评价

福田红树林自然保护区一带属于深圳湾水系，雨量充沛，地表水网密集，地下水位受潮汐影响明显。福田红树林自然保护区为平原地貌，地表全部为第四系覆盖。据地质钻探揭露，第四系厚度为 2.3～45.8m，基岩为早白垩世侵入岩（$\eta\gamma K_1^{1b}$）。

1. 地下水类型及富水性

根据福田红树林自然保护区的地下水赋存环境、含水层物理性质和地下水渗流动力特征，自然保护区内地下水类型可分为松散岩类孔隙水和基岩裂隙水两种。

松散岩类孔隙水含水层由第四系人工填土（Q^s）及桂洲组（Q_hg）的砾砂、淤泥质砂组成，局部为圆砾，含少量淤泥或黏土。福田红树林自然保护区松散岩类孔隙水富水性主要受地形地貌、水文地质条件、气候及人为活动的影响。根据周边地铁工程和红树林湿地博物馆的地质钻探结果，揭露含水层厚度为 0.70～

表 3.6.3　深圳市福田红树林自然保护区及周边主要河流历年水质一览表

水质	年份	pH	DO/ (mg/L)	COD$_{Mn}$/ (mg/L)	COD/ (mg/L)	BOD/ (mg/L)	NH$_3$-N/ (mg/L)	TP/ (mg/L)	TN/ (mg/L)	Cu/ (mg/L)	Zn/ (mg/L)	Hg/ (mg/L)	Cd/ (mg/L)	Cr/ (mg/L)	Pb/ (mg/L)	氰化物/ (mg/L)	挥发酚/ (mg/L)	石油类/ (mg/L)	阴离子表面活性剂/ (mg/L)	硫化物/ (mg/L)	粪大肠菌/ (10⁴个/L)
深圳河河口	2015	7.28	1.59	7.39	27.50	7.4	6.29	0.727	10.51	0.0030	0.0070	0.00002	0.00004	0.0010	0.0002	0.002	0.003	0.03	0.066	0.0100	300
	2016	7.19	1.56	7.35	26.00	7.4	5.12	0.565	8.11	0.0030	0.0070	0.00002	0.00003	0.0010	0.0001	0.002	0.004	0.02	0.135	0.0200	300
	2017	7.34	3.50	7.40	27.40	6.7	5.35	0.510	8.24	0.0040	0.0090	0.00002	0.00002	0.0010	0.0003	0.003	0.004	0.03	0.02	0.0090	93
	2018	7.04	2.67	6.00	15.90	3.6	3.80	0.310	8.25	0.0050	0.0060	0.00002	0.00006	0.0020	0.0007	0.002	0.0007	0.01	0.02	0.0020	—
	2019	6.91	3.56	5.10	14.50	2.4	1.57	0.230	6.54	0.0030	0.0270	0.00001	0.00011	0.0020	0.0003	0.001	0.0006	0.02	0.03	0.0020	—
	2020	7	4.95	5.30	19.40	3.0	0.81	0.177	5.44	0.0020	0.0110	0.00001	0.00009	0.0030	0.0002	0.001	0.0005	0.01	0.02	0.0030	—
新洲河河口	2015	6.89	2.96	7.05	30.30	11.8	8.87	0.836	13.19	0.0210	0.0210	0.00003	0.00077	0.0060	0.0050	0.002	0.002	0.31	0.197	0.0200	8.4
	2016	7.11	2.59	7.77	35.10	11.7	5.91	0.628	10.31	0.0170	0.0350	0.00012	0.00084	0.0050	0.0025	0.003	0.002	0.15	0.184	0.0100	66
	2017	6.89	1.94	6.50	28.30	9.2	8.24	0.570	12.62	0.0250	0.0250	0.00002	0.00019	0.0060	0.0045	0.003	0.002	0.1	0.16	0.0140	14
	2018	6.89	2.44	6.00	30.10	7.5	6.61	0.560	10.89	0.0170	0.0220	0.00001	0.00016	0.0050	0.0028	0.002	0.003	0.03	0.32	0.0320	46
	2019	7.41	3.88	4.40	20.20	3.3	2.67	0.310	7.57	0.0040	0.0070	0.00001	0.00002	0.0020	0.0001	0.002	0.0009	0.02	0.14	0.0020	55
	2021	8.34	9.11	1.89	—	—	0.05	0.215	0.05	0.0021	0.0176	0.00004	0.00016	0.0010	0.0002	—	—	—	—	0.0050	—
风塘河河口	2011	7.24	0.63	11.50	75.60	30.3	20.09	1.482	25.33	0.1270	0.0580	0.00006	0.00037	0.0160	0.0035	0.003	0.003	0.5	1.036	0.1400	3200
	2012	7.37	1.17	10.83	59.30	27.9	12.54	0.063	18.12	0.0820	0.0310	0.00002	0.00034	0.0110	0.0026	0.003	0.003	0.6	0.621	0.3000	1800
	2013	7.39	1.96	7.69	42.60	18.6	6.79	0.788	10.15	0.0260	0.0270	0.00003	0.00025	0.0090	0.0043	0.003	0.003	0.37	0.195	0.1400	79
	2014	7.44	4.03	9.20	34.30	11.5	7.27	0.793	10.06	0.0120	0.0290	0.00004	0.00026	0.0020	0.0030	0.003	0.008	0.26	0.251	0.0400	850
	2015	7.2	3.17	8.66	32.70	9.9	6.04	0.727	8.23	0.0120	0.0220	0.00005	0.00099	0.0030	0.0096	0.002	0.005	0.22	0.101	0.0900	480
	2016	7.41	4.19	8.20	36.60	11.5	5.52	0.674	8.24	0.0090	0.0130	0.00006	0.00132	0.0040	0.0076	0.002	0.001	0.11	0.214	0.0200	220
	2017	7.28	5.40	8.10	28.40	7.8	7.25	0.570	10.14	0.0140	0.0160	0.00002	0.00061	0.0050	0.0154	0.002	0.003	0.12	0.05	0.0100	33
	2018	6.8	4.90	5.80	27.00	8.9	6.90	0.750	9.45	0.0250	0.0360	0.00001	0.00061	0.0100	0.0100	0.003	0.0021	0.07	0.11	0.0080	24
	2019	7.5	4.10	5.50	22.00	4.4	4.77	0.450	6.77	0.0030	0.0050	0.00001	0.00004	0.0020	0.0001	0.002	0.0012	0.02	0.14	0.0080	300
	2021	8.32	8.65	22.72	—	—	0.03	0.131	0.03	0.0003	0.0060	0.00004	0.00011	0.0017	0.0001	—	—	—	—	0.0050	—

注：　I 类水；　II 类水；　III 类水；　IV 类水；　V 类水；　劣V 类水。

资料来源:《深圳市环境质量报告》(2011~2019 年)、《深圳市生态环境质量报告》(2016~2020 年) 及实测资料。

5.50m，平均厚度 2.72m，层顶埋深 3.55～22.30m，层顶高程–2.35～5.65m，层底埋深 8.10～26.50m，层底高程–3.57～1.52m。由于冲积海积地层中普遍含有淤泥、黏土等，孔隙度虽然很大，但由于黏粒间空隙细小，且充满结合水，不利于地下水的渗透与径流，富水性普遍较差。福田红树林自然保护区一带的松散岩类孔隙水含水层渗透系数（K）约为 1.58m/d，钻孔单位涌水量约 0.041L/(s·m)，含水量相对较贫乏（图 3.6.5）。

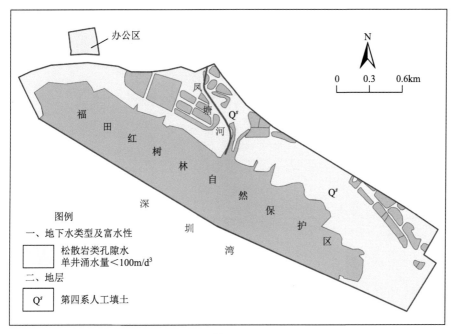

图 3.6.5 福田红树林自然保护区水文地质图

基岩裂隙水赋存于早白垩世中粗粒斑状（角闪）黑云母二长花岗岩的风化裂隙中，为第四系孔隙含水层所覆盖。地下水埋深较大，整体富水性中等—贫乏，局部花岗岩裂隙发育集中部位的富水性较好。

2. 地下水补给、径流及排泄特征

福田红树林自然保护区的松散岩类孔隙水主要接受大气降水补给、上游基岩裂隙水的侧向径流补给和地表滞水渗入补给。区内松散岩类孔隙水含水层的地下渗流严格受红树林自然保护区的整体地形控制，总体由陆地向海呈倾斜的曲面排泄。福田红树林自然保护区的总体地势低平、水力坡度小、地下水径流缓慢，地下水位埋深大多＜2m。地下水位动态变化受大气降水、河水和潮汐的影响，附近监测井的地下水位基本保持稳定，升降幅度较小，年变幅＜0.5m。福田红树林自然保护区北部的降水入渗程度中等，入渗系数约为 0.221。松散岩类孔隙水排泄方式主要为蒸发和以地下潜流的方式向海排泄，蒸发排泄包括地表蒸发排泄和植物叶面蒸发排泄。福田红树林自然保护区的基岩裂隙水动态变化较小，主要接受上部松散岩类孔隙水含水层的越流补给和侧向径流补给。

3. 地下水水化学特征

受海水影响，福田红树林自然保护区松散岩类孔隙水的水化学类型主要为 Cl-Na 型和 Cl-Na·Ca 型（表 3.6.4）。地下水 pH 为 8.88～10.11，矿化度为 375.3～502.8mg/L，总硬度为 72.06～128.10mg/L，总碱度为 89.42～129.17mg/L，地下水总体属于中等矿化度和低硬度的淡水。基岩裂隙水的埋深较大，水质良好。

表 3.6.4　福田红树林自然保护区松散岩类孔隙水水化学特征

样品号	pH	K^++Na^+/ (mg/L)	Ca^{2+}/ (mg/L)	Mg^{2+}/ (mg/L)	Cl^-/ (mg/L)	SO_4^{2-}/ (mg/L)	HCO_3^-/ (mg/L)	CO_3^{2-}/ (mg/L)	总碱度/ (mg/L)	总硬度/ (mg/L)	矿化度/ (mg/L)	地下水化学类型
1	9.09	127.25	27.25	0.97	136.79	42.27	0.00	47.67	89.42	72.06	375.30	Cl-Na
2	10.11	154.00	46.49	2.92	189.40	38.42	0.00	35.75	129.17	128.10	478.40	Cl-Na·Ca
3	8.88	157.25	43.29	3.89	189.40	49.95	24.23	59.59	119.23	124.10	502.80	Cl-Na

4. 地下水环境地质问题

（1）福田红树林自然保护区范围内地下水位埋深 0.82～3.53m，应严禁地下水开采，若过量开采地下水，随着地下水的流失，土体失水固结，将引起地面沉降，危及福田红树林自然保护区的路面、既有建筑物和地下管线管道的安全。

（2）由于砂土多与淤泥、淤泥质土、黏土相间出现，导致福田红树林自然保护区的地下水多以潜水或微承压水的形式存在，地下管线的开挖过程及入海河口潮涨潮落的影响均可造成地下水的水头发生变化，当地下水的水力梯度达到临界水力梯度时，砂土间的细小颗粒可能穿过粗颗粒之间的孔隙被地下水渗流带走，随着时间的延长，易形成管状通道，发生管涌。初期管涌往往不易察觉，随着细粒土被带走，土体空洞逐渐增大，出现大量涌砂、涌水时，易引发河堤一带地面变形和塌陷。

第4章 大鹏半岛自然保护区生态地质资源特征

4.1 大鹏半岛自然保护区概况

深圳市大鹏半岛自然保护区定位为集生态系统与自然景观保护、科研与科普教育、旅游与社区共管等多功能于一体的综合型市级自然保护区。大鹏半岛自然保护区的保护对象主要为南亚热带常绿阔叶林、红树林湿地生态系统和珍稀濒危动植物等。大鹏半岛自然保护区北接田头山自然保护区和马峦山郊野公园，南与大鹏半岛地质公园相邻。大鹏半岛自然保护区的总面积为 146.3506km^2（图 4.1.1），其中核心区面积约为 48.7997km^2，缓冲区面积约为 48.8282km^2，实验区面积约为 48.7227km^2。

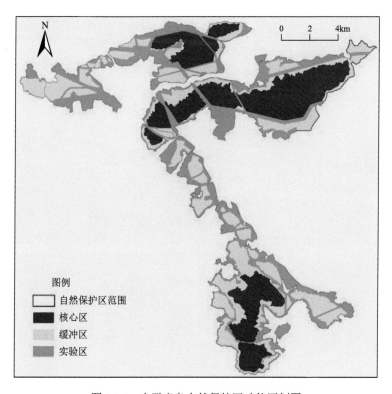

图 4.1.1 大鹏半岛自然保护区功能区划图

　　大鹏半岛自然保护区共有维管植物 208 科 806 属 1528 种，其中，野生维管植物 200 科 732 属 1372 种，包括：蕨类植物 40 科 72 属 124 种；裸子植物 4 科 4 属 5 种；被子植物 156 科 656 属 1243 种。自然保护区各类保护植物及珍稀濒危植物共 52 种，隶属于 28 科 46 属，蕴藏了比较丰富的植物资源。植物区系以热带、亚热带科属成分为主，热带亚热带成分占 80.98%，温带成分占 19.02%。

　　大鹏半岛自然保护区的红树林主要有葵涌坝光管理区盐灶村的古银叶树群落和南澳街道办东涌村入海口内湖的红树林群落两处。葵涌坝光管理区盐灶村的古银叶树群落具有悠久的历史，银叶树的林龄已有数百年，为国内目前发现的最古老、现存面积最大、保存最完整的银叶树群落（图 4.1.2）；银叶树群面积约 0.03km^2，植株 100 多棵以上，其中树龄 100 年以上的银叶树有 32 棵，500 年以上的银叶树有 1 棵，林相完整。东涌分布的红树林面积约 0.08km^2，主要种类有海漆、秋茄、老鼠簕、白骨壤、木榄等（图 4.1.3），以东涌河口内湖中央的红树林生长最为茂盛。

图 4.1.2　大鹏半岛自然保护区坝光盐灶村银叶树林景观

图 4.1.3　大鹏半岛自然保护区东涌红树林景观

深圳市大鹏半岛自然保护区内共有 48 棵古树。参照《古树名木普查技术规范》（LYT 2738—2016），树龄达到 500 年以上的树木定为一级古树，树龄 300～499 年的树木定为二级古树，树龄 100～299 年的树木定为三级古树。大鹏半岛自然保护区三级古树共有 44 棵，一级古树和二级古树各有两棵。古树的生长现状特征见图 4.1.4。大鹏半岛自然保护区的古树集中分布于海拔 55m 以下的平原地带，共有 41 棵古树；海拔高于 500m 的山区没有古树分布；而丘陵（55～500m）区共有 7 棵古树分布。说明古树主要集中分布于地势较低的地区，相比高地势的地段，低地势的地段气温相对较高，气流也更加缓慢，更加适合古树的生长。

(a) 秋枫（521年）　　(b) 红车（170年）　　(c) 浙江润楠（250年）

(d) 榕树（165年）　　(e) 白桂木（221年）　　(f) 假苹婆（220年）

(g) 金叶树（130年）　　(h) 银叶树（271年）　　(i) 银叶树（321年）

图 4.1.4　大鹏半岛自然保护区古树生长状态特征

4.2　地形地貌特征

4.2.1　地形与地貌类型

大鹏半岛自然保护区地势南北高，中间低，海拔为−1～721.64m，平均海拔为177.6m，海拔最高点位于大鹏半岛北部山脉之中，海拔最低点位于大鹏半岛自然保护区南侧的海岸边缘平原处。海拔低于0m、0～300m、300～600m和高于600m的面积分别约占大鹏半岛自然保护区面积的0.07%、85.59%、13.77%和0.57%（图4.2.1）。

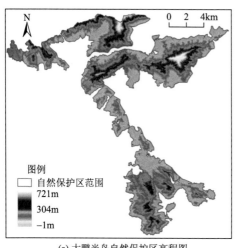

(a) 大鹏半岛自然保护区高程图

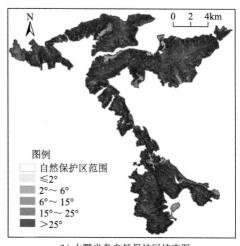

(b) 大鹏半岛自然保护区坡度图

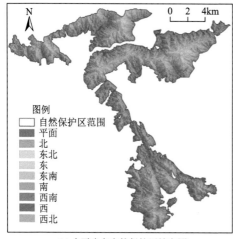

(c) 大鹏半岛自然保护区坡向图

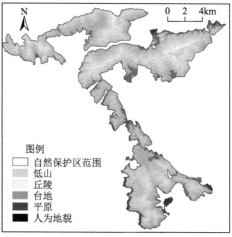

(d) 大鹏半岛自然保护区地貌图

图4.2.1　大鹏半岛自然保护区地形地貌分布图

大鹏半岛自然保护区地势陡峭，地形起伏大，坡度最大达到 72.2°，平均坡度为 18.9°；大鹏半岛自然保护区南面和北面的坡度起伏大，中部坡度起伏较小，地势较为平缓。坡度≤2°、2°～6°、6°～15°、15°～25°及＞25°的面积分别约占大鹏半岛自然保护区面积的 1.4%、6.2%、26.3%、40.8% 及 25.3%。

大鹏半岛自然保护区内没有明显的主要坡向，八个方向的坡向分布比较平均。坡向东南、南及西南相对多一些，分别占自然保护区总面积的 13.9%、14.6% 及 15.0%，北、东北、东、西及西北向分别占自然保护区总面积的 11.5%、10.6%、11.2%、11.5% 及 11.2%；平地（坡向为平面的区域）约占自然保护区总面积的 0.5%；阴坡、半阴坡、半阳坡和阳坡分别约占自然保护区总面积的 22.2%、22.5%、25.6% 和 29.7%。

大鹏半岛自然保护区地貌类型包含低山、丘陵、台地、平原及人为地貌等（表 4.2.1），地貌类型以丘陵为主，约占自然保护区总面积的 88.63%。其次为台地地貌，零散分布于自然保护区的边缘区域，约占自然保护区总面积的 7.41%。平原及低山地貌最少，分别约占自然保护区总面积的 2.08% 及 1.85%，平原主要零散分布于大鹏半岛自然保护区南面海岸边缘一带，少量分布于北面区域，低山则分布于自然保护区的北面。大鹏半岛自然保护区的人为地貌仅占总面积的 0.03%，零散分布于中南部。

表 4.2.1　大鹏半岛自然保护区地貌类型划分表

形态类型	岩石、地层与岩性组成	分布范围	面积及比例	主要地貌特征
低山	火山岩（凝灰岩、流纹岩及熔岩）、沉积岩（细砂岩、石英砂岩、粉砂质泥岩、泥岩、粉砂岩、钙质砂岩及砂页岩等）和侵入岩（花岗岩）	排牙山、求水岭以及罗屋田水库的东北部	2.71km² （1.85%）	海拔大于 500m，相对高度大于 200m，呈三角形状。山体坡度较大，坡度最大达 72°，山脊较窄平直。以东南坡向为主
丘陵	火山岩（凝灰岩、流纹岩、熔岩及火山碎屑岩）、侵入岩（花岗岩）、沉积岩（细砂岩、石英砂岩、粉砂质泥岩、泥岩、粉砂岩、钙质砂岩及砂页岩等）、第四系（砂、砾石、砂砾、块石、卵石及填土等）	大鹏半岛自然保护区内分布最为广泛，面积最大	129.67km² （88.63%）	海拔 50～500m，相对高度不超过 200m，呈大块面状。地势多为缓坡。坡向以南向、西南向为主。水系较发达，类型以水库为主
台地	火山岩（凝灰岩、流纹岩、熔岩及火山碎屑岩）、侵入岩（花岗岩）、沉积岩（细砂岩、石英砂岩、粉砂质泥岩、泥岩、粉砂岩、钙质砂岩及页岩等）、第四系（砂、砾石、砂砾、块石、卵石及填土等）	罗屋田水库西北部、盐灶水库北部、求水岭西部、打马沥水库和大坑水库南部、枫木浪水库北部、香车水库、尖峰顶的东部及南部	10.84km² （7.41%）	海拔为 10～50m，呈细碎的不规则块状或长条状。地势较为平坦，地形坡度起伏小。地形坡向以西南向、西向及西北向为主
平原	侵入岩（花岗岩）、沉积岩（细砂岩、石英砂岩、粉砂质泥岩、泥岩、粉砂岩、钙质砂岩及砂页岩等）、第四系（砂、砾石、砂砾、块石、卵石及填土等）	盐灶水库北部及东部、枫木浪水库西部及北部、尖峰顶东部及南部	3.05km² （2.08%）	海拔一般均低于 10m，呈细碎块状或长条状。地形平坦，坡度主要在 25° 以下。地形坡向以西向、西北向为主

形态类型	岩石、地层与岩性组成	分布范围	面积及比例	主要地貌特征
人为地貌	火山岩（凝灰岩、流纹岩、熔岩及火山碎屑岩）、侵入岩（花岗岩）、沉积岩（细砂岩、石英砂岩、粉砂质泥岩、泥岩、粉砂岩、钙质砂岩及砂页岩等）、第四系（砂、砾石、砂砾、块石、卵石及填土等）	盐灶水库、径心水库、求水岭南部、大坑水库西部、枫木浪水库南部和北部、尖峰顶东部及南部	0.038km² （0.03%）	人为地貌呈细小点状分布，坡度为10°~20°，地形坡向以南向、西北向为主。主要受人类各种工程活动的影响

大鹏半岛自然保护区低山区地层与岩石的岩性组成以火山岩、沉积岩及侵入岩为主，主要分布于排牙山、求水岭以及罗屋田水库东北部；丘陵区以火山岩、侵入岩、沉积岩及第四系为主，分布广泛；台地区以火山岩、侵入岩、沉积岩及第四系为主，主要分布于罗屋田水库西北部、盐灶水库北部、求水岭西部、打马沥水库南部、大坑水库南部、枫木浪水库北部、香车水库、尖锋顶东部及南部；平原地貌主要以侵入岩、沉积岩及第四系为主，主要分布于盐灶水库北部及东部、枫木浪水库西部及北部、尖峰顶东部及南部一带；人为地貌主要以火山岩、侵入岩、沉积岩及第四系为主，主要分布于盐灶水库、径心水库、求水岭南部、大坑水库西部、枫木浪水库南部和北部、尖峰顶东部及南部一带。

4.2.2　海岸线特征

1. 海岸线类型

大鹏半岛自然保护区共有海岸线长度26.07km，其中包含人工岸线1.26km，自然岸线24.81km。自然岸线包括基岩岸线、砂质岸线、河口岸线和淤泥岸线，分别占总海岸线长度的78.48%、10.36%、1.34%和4.99%，大鹏半岛自然保护区海岸线以基岩岸线为主，其次为砂质岸线。

2. 海岸演变特征

2010~2021年，大鹏半岛自然保护区的海岸线类型及长度变化较小（图4.2.2），海岸线总长度由26.67km减少为26.07km，共减少0.6km；其中，人工岸线长度增加0.5km，自然岸线长度减少1.1km。自然岸线变化包括基岩岸线长度由22.2km减少为20.46km，减少1.54km；淤泥岸线长度由1.45km减少为1.3km，减少0.15km；砂质岸线长度由1.91km增加到2.7km，增加0.79km。

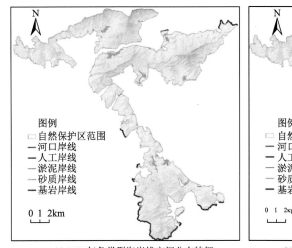
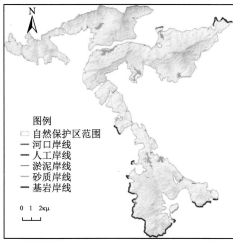

(a) 2021年各类型海岸线空间分布特征　　　　　　(b) 2010年各类型海岸线空间分布特征

图 4.2.2　2021 年（a）和 2010 年（b）大鹏半岛自然保护区各类型海岸线分布图

4.2.3　湿地资源特征

根据 2021 年大鹏半岛自然保护区的遥感解译成果，得到大鹏半岛自然保护区的湿地资源分布状况，如图 4.2.3 所示。图 4.2.3 的左侧小框为大鹏半岛自然保护区红树林地与沿海滩涂分布局部图。大鹏半岛自然保护区的湿地资源有红树林地（图 4.2.4 和图 4.2.5）、沿海滩涂及内陆滩涂等，分布面积共有约 1.08km²，其中红树林地面积约为 0.10km²，沿海滩涂面积约为 0.29km²，内陆滩涂面积约为 0.69km²。

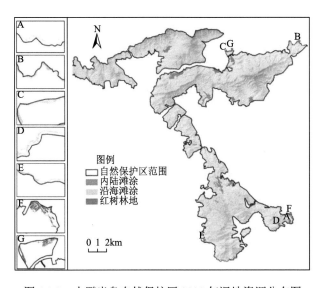

图 4.2.3　大鹏半岛自然保护区 2021 年湿地资源分布图

图 4.2.4 大鹏半岛自然保护区坝光红树林（银叶树）湿地资源特征

图 4.2.5 大鹏半岛自然保护区东涌红树林湿地资源特征

2010～2021 年，大鹏半岛自然保护区湿地资源总面积变化不大。但从 2010 年与 2021 年两个时期的湿地生态系统类型来看，大鹏半岛自然保护区各类湿地资源的面积占比发生了较大的变化（图 4.2.6），与 2010 年相比，2021 年沿海滩涂面积有所下降，而内陆滩涂和红树林地面积上升。

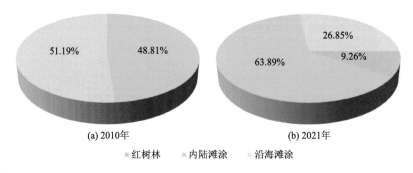

图 4.2.6 大鹏半岛自然保护区湿地资源面积统计图

4.3 地层与岩性

根据《深圳市区域地质调查报告》（2023 年）、《广东省岩石地层》（1996 年）及《广东省及香港、澳门特别行政区区域地质志》（2017 年）的划分方案，通过区域对比分析，按照岩石地层单位的划分原则，对深圳市大鹏半岛自然保护区的地层单元进行重新认识和划分，建立系统的深圳市大鹏半岛自然保护区的地层序列（图 4.3.1）。

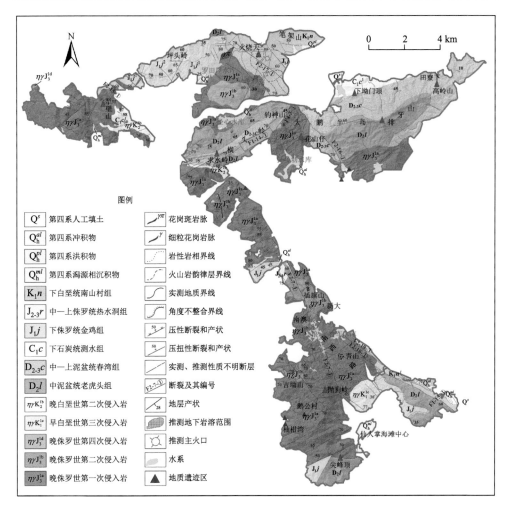

图 4.3.1　深圳市大鹏半岛自然保护区地质图

4.3.1　泥盆系

大鹏半岛自然保护区的泥盆系主要分布于深圳市大鹏新区大鹏街道排牙山—高岭山、大鹏半岛石坝咀—高山角、尖峰顶及深圳市天文台一带。自下而上划分为中泥盆统老虎头组（D_2l）和中—上泥盆统春湾组（$D_{2\text{-}3}c$），如图 4.3.1 所示。

1. 中泥盆统老虎头组（D_2l）

老虎头组分布于大鹏新区大鹏街道排牙山—高岭山、大鹏半岛尖峰顶及深圳市天文台一带。老虎头组的时代为中泥盆世。该组岩性主要有紫灰、灰褐、灰白、黄白色中厚层状长石石英砂岩（含砾）、石英砂岩（含砾）为主夹砾岩、砂砾岩、粉砂岩、泥岩等，砾岩或砂砾岩中砾石成分成熟度高，主要为石英质砾和石英砂岩砾，偶见复成分砾石，呈圆状—次棱角状，分选较好，砾径大小一般为 0.5～2cm。岩层总厚度 158～559m。与下伏杨溪组呈整合接触。

1）径心背地质剖面描述

深圳市大鹏半岛自然保护区径心背地质剖面层序自上而下为（图 4.3.2）：

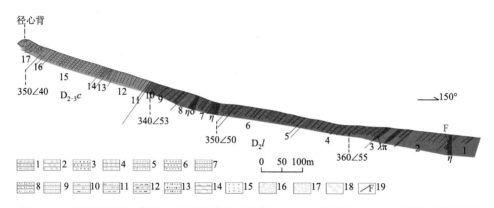

图 4.3.2　大鹏半岛径心背中—上泥盆统老虎头组（D_2l）-春湾组（$D_{2-3}c$）实测地质剖面图

1-复成分砾岩；2-砾岩；3-含砾粗粒石英砂岩；4-石英质砾岩；5-含砾石英砂岩；6-中粒石英砂岩；7-细粒石英砂岩；8-变质中细粒长石石英砂岩；9-粉砂岩；10-泥质粉砂岩；11-粉砂质泥岩；12-含炭质页岩；13-粉砂质斑点板岩；14-绢云母板岩；15-石英斑岩；16-石英二长岩；17-二长岩；18-长石斑岩；19-断层

上覆地层：中—上泥盆统春湾组（$D_{2-3}c$）（未见顶）　　总厚度>330.9m

17-灰白色厚层状石英质砾岩　　　　　　　　　　　　　　　　　　55.6m

16-灰白色厚层状石英质粗砾岩，可见正粒序层理，见若干基本层序，每个基本层序厚 20～30cm，由砾岩、砂砾岩、含砾粗砂岩互层组成　　　　　10.3m

15-黄褐、灰白色中粒石英砂岩　　　　　　　　　　　　　　　　124.5m

14-灰白色含砾粗粒石英砂岩夹粉砂质泥岩　　　　　　　　　　　　9.3m

13-灰白色厚层状变质含砾中粒石英砂岩　　　　　　　　　　　　　21.0m

12-灰白色中—厚层状石英粉砂岩，微细水平层理和微斜层理发育　108.6m

11-黄褐色复成分砾岩　　　　　　　　　　　　　　　　　　　　　1.6m

·················整　合·················

中泥盆统老虎头组（D_2l）　　　　　　　　　　　　　　　总厚度>598.8m

10-灰白、灰绿色厚层状中细粒石英砂岩，可见平行层理及微斜层理　36.5m

9-灰绿色中—厚层状石英砂—粉砂质斑点板岩，隐约可见微斜层理　65.3m

8-浮土覆盖　　　　　　　　　　　　　　　　　　　　　　　　　22.3m

7-灰黑、深灰色厚层状变质中细粒长石石英砂岩，可见隐约平行层理　86.7m

6-深灰、灰绿色变质中细粒长石石英砂岩夹薄层状含炭质泥质粉砂岩，发育
有微细的水平层理 153.5m

5-深灰色中—厚层状绢云母板岩，水平层理发育，层面平整 7.6m

4-深灰、灰绿色厚层状变质中细粒长石石英砂岩 156.1m

3-深灰色厚层状变质中细粒石英砂岩 46.2m

2-深灰色变质细粒石英砂岩 8.8m

1-浅灰白色厚层状变质砂质石英粉砂岩（未见底） ＞15.8m

从横向上看，中泥盆统老虎头组岩性变化不大，下部出露的岩性为含砾石英
砂岩、石英砂岩等。

2）岩石组合及变化特征

岩石组合特征：浅紫色、灰黄色变质细砂岩（图 4.3.3），深灰、灰绿色厚层
状长石石英砂岩（含砾），石英砂岩（含砾），粉砂质泥岩（板岩）夹粉砂岩，含
炭质页岩。局部见含钙质砂岩。

图 4.3.3　浅紫色、灰黄色变质细砂岩

横向变化特征：老虎头组以石英砂岩与粉砂岩为主，局部夹泥质粉砂岩、（含砾）
粗粒石英砂岩及砾岩（图 4.3.4）等，横向变化较小，由南往北碎屑物组成的颗粒大
小由粗到细，砾岩层逐渐减少，总体岩层厚度接近，介于 450～900m。

大鹏半岛自然保护区老虎头组由石英质砾岩、砂砾岩、含砾砂岩、砂岩、粉
砂岩、泥岩不等厚互层组成，夹炭质泥质粉砂岩（图 4.3.5）；具水平层理、平行
层理、斜层理和正粒序层理；砾岩多夹于砂岩或与砂岩互层，含丰富的海相鱼类、
双壳类、介形虫、叶肢介和植物等化石。因此，老虎头组形成环境应属河流相-
滨浅海相沉积。

4.3.4 灰白色砾岩

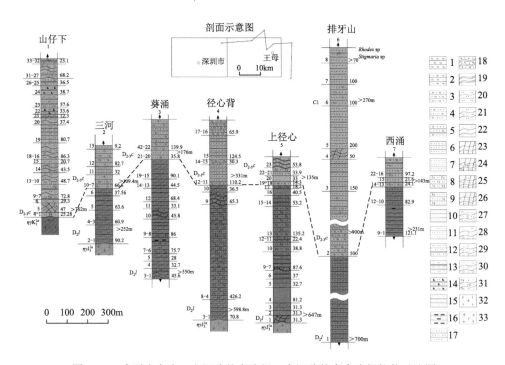

图 4.3.5 大鹏半岛中—上泥盆统春湾组、中泥盆统老虎头组柱状对比图

1-砾岩；2-复成分砾岩；3-砂砾岩；4-含砾砂岩；5-变质含砾砂岩；6-石英砂岩；7-变质砂岩；8-长石石英砂岩；9-变质含长石石英砂岩；10-粉砂岩；11-泥质粉砂岩；12-石英岩；13-云母石英岩；14-褐铁矿化石英岩；15-泥岩；16-含炭质泥岩；17-粉砂质泥岩；18-粉砂质斑点板岩；19-绢云母板岩；20-石英千枚岩；21-云母石英岩；22-云母片岩；23-角岩；24-绿帘石长石透辉石角岩；25-透辉石石英角岩；26-透辉石角岩；27-含蓝晶石十字石石英云母片岩；28-蓝晶石十字石石片岩；29-含石榴石云母片岩；30-含十字石云母石英片岩；31-长石石英云母片岩；32-花岗岩；33-二长花岗岩

2. 中—上泥盆统春湾组（$D_{2-3}c$）

中—上泥盆统春湾组分布于深圳市大鹏新区大鹏街道排牙山—高岭山、大鹏半岛石坝咀—高山角一带。

1）排牙山北麓—田寮下地质剖面描述

大鹏半岛自然保护区排牙山北麓—田寮下剖面的岩层特征（图4.3.6）和基本层序基本代表了该组的岩层面貌，其层序自上而下为：

上覆地层：下石炭统测水组下段（C_1c^1）（未见顶）　　　　　　　厚度＞270m

8-灰白色中薄层状粉砂岩夹紫灰色砂质页岩，含植物化石：*Stigmaria* sp.，*Sublepidodendron* sp.，*S. mirabile*，*Rhodea* sp.，*R ef. Hsianghsiangensis* Sze，*Archaeocalamites scrobiculatus*（Schlotheim）　　　　　　　　　　70m

7-细粒石英砂岩和泥质粉砂岩　　　　　　　　　　　　　　　　100m

6-黄褐色中厚层状含砾石英细砂岩，层理不显　　　　　　　　　100m

··················整　合··················

中—上泥盆统春湾组（$D_{2-3}c$）　　　　　　　　　　　　　　900m

5-黄白、灰紫色泥质粉砂岩与细粒石英砂岩互层　　　　　　　　200m

4-条带状透辉石石英角岩　　　　　　　　　　　　　　　　　　50m

3-粉砂岩　　　　　　　　　　　　　　　　　　　　　　　　150m

2-灰白色厚层—巨厚层状石英砂砾岩夹薄层状石英粉砂岩，往上变为石英砂砾岩与石英砂岩互层　　　　　　　　　　　　　　　　　　　　　　500m

··················整　合··················

下伏地层：中泥盆统老虎头组（D_2l）

1-浅灰色厚层状石英砂岩（未见底）　　　　　　　　　　　　　＞700m

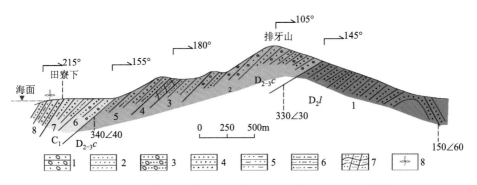

图4.3.6　大鹏半岛自然保护区排牙山—田寮下中—上泥盆统

春湾组—下石炭统测水组下段地质剖面图

1-砂砾岩；2-石英砂岩；3-含砾石英砂岩；4-粉砂岩；5-泥质粉砂岩；6-砂质页岩；7-透辉石石英角岩；8-植物化石

2）岩石组合及变化特征

岩石组合特征：整体为灰白、黄白、黄褐、青灰、褐红、灰褐、浅紫红色中薄层状粉砂岩（图4.3.7）、泥质粉砂岩（图4.3.8）、粉砂质泥岩夹细粒长石石英砂岩（图4.3.9和图4.3.10）、泥岩、泥质灰岩等，局部夹中细粒长石石英砂岩，平行层理发育。

图4.3.7 褐红色粉砂岩

图4.3.8 浅褐红色泥质粉砂岩

图4.3.9 青灰色细粒长石石英砂岩

图4.3.10 浅紫红色细粒长石石英砂岩

横向变化特征：春湾组整体横向上变化不大，以泥质粉砂岩、粉砂质泥岩为主，夹粉砂岩、细粒砂岩，局部夹含炭质泥岩等，上部被风化剥蚀或构造破坏出露不全，残留总厚度为50～400m。

大鹏半岛自然保护区的中—上泥盆统春湾组由粉砂岩、泥质粉砂岩、粉砂质泥岩、泥岩与细砂岩组成，砂岩以长石石英砂岩为主，厚层状，碎屑主要为长石和石英，分选性好，变余砂状结构，粒级有粗、中、细粒，圆度中—差，接触式胶结，多呈颗粒支撑。具低角度斜层理、水平层理、水平纹理和透镜状层理；产有沟蕨、锉拟鳞木、奇异亚鳞木相似种等植物化石组合。形成环境应属滨岸-潮坪相沉积。

4.3.2　石炭系

大鹏半岛自然保护区的石炭系地层为下石炭统测水组下段（C_1c^1），主要分布于大鹏新区的葵涌和排牙山北部一带。岩性主要为灰白色、灰色、紫红色、黄褐色砂砾岩、细粒砂岩、粉砂岩、页岩、炭质页岩、泥质页岩、青灰色厚层状含炭质泥质粉砂岩、深灰色含炭质泥质粉砂岩夹煤线或煤层透镜体，底部见长石石英砂岩、含砾石英砂岩。受断裂构造的影响，岩石多已变质为变质泥质粉砂岩、粉砂质泥岩（板岩）、云母石英岩、含十字石石榴石云母石英片岩夹炭质页岩。

深圳市大鹏半岛自然保护区内测水组（C_1c^1）含煤，夹炭质泥岩及泥岩；由砂砾岩、含砾砂岩、砂岩、粉砂岩及泥岩互层组成，碎屑多呈次棱角状，颜色以杂色为主，分选性差；含丰富的海相腕足类、海百合茎、三叶虫及陆相植物和微古植物等化石。因此，区内该组属海陆交互相沉积。

4.3.3　侏罗系—白垩系

仅出露侏罗系—白垩系下统地层，分布于大鹏半岛自然保护区的葵涌北部—坝岗、大鹏半岛东部大笔架山、南澳、王母下沙等地，是区内发育类型比较多样的地层，有海相、海陆交互相、湖泊相夹火山碎屑、火山喷发岩等，大鹏半岛自然保护区内见有金鸡组（J_1j）、热水洞组（$J_{2-3}r$）和南山村组（K_1n）。

1. 下侏罗统金鸡组（J_1j）

金鸡组主要出露于大鹏半岛自然保护区的葵涌北部、大鹏半岛的坝光、南澳和西涌。与下部石炭系地层之间为角度不整合接触，与下伏上三叠统小坪组呈整合接触，上部与中侏罗统间为连续沉积。

金鸡组的岩性主要由细粒石英砂岩、粉砂岩、粉砂质泥岩组成不等厚互层，夹砂砾岩、炭质泥岩、劣质煤及煤线，含菱铁矿结核，并富含菊石及双壳类，其底部以砾状砂岩或含砾砂岩为标志与小坪组整合接触。

1）深圳市大鹏半岛南澳水头沙地质剖面描述

据深圳市大鹏新区南澳水头沙金鸡组实测地层剖面（图 4.3.11），其层序及岩性特征自上而下描述如下：

下侏罗统金鸡组下段（J_1j^1）（未见顶）　　　　　　　　　　>600m
22-深灰色薄层状含炭质粉砂质斑点板岩夹角岩化细粒石英砂岩　　8.9m
21-深灰色厚层状含砾粗砂岩　　　　　　　　　　　　　　　　2.2m

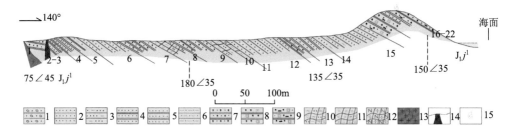

图 4.3.11　大鹏半岛自然保护区南澳街道水头沙下侏罗统金鸡组下段实测剖面图

1-砂砾岩；2-细粒石英砂岩；3-含红柱石细粒石英砂岩；4-变质石英砂岩；5-变质粉砂岩；6-砂质板岩；7-砂质斑
点板岩；8-含空晶石斑点板岩；9-含空晶石含炭质粉砂质板岩；10-含红柱石云母石英角岩；11-黑云母角岩；12-
斜长透闪石角岩；13-花岗岩；14-花岗斑岩；15-动物化石

　　20-深灰色薄层状含炭质粉砂质斑点板岩，具透镜状层理，产瓣鳃类：
Protocardia transversa P. cf. kurumensis Fan，Hayami，*P. suborbicularis* Fan，
Mesomiltha (?) *shenzhensis* Chen et Huang，*M.* (?) *regularis* Chen et Huang，
Homomya sp.，*Luciniola hasei*（Hayami），*L. haise subtrigona* Chen et Huang，
Cardinia sp.，*Astarte* sp.，*A. cf. voltzii* Coldfuss，*A. consobrina* Chapuis et
Dewalque，*A. heberti* Terquem et Piette，*Entolium* sp.，*Pseudotrapezium triangularis*
（Tequem），*P. praelonga*（Tequem et Piette），*P. cf. praelonga*（Tequem et Piette），
Thracia (?) sp.等　　　　　　　　　　　　　　　　　　　　　　　　　102.6m

　　19-紫红、灰白色厚层状石英岩状砂岩　　　　　　　　　　　　　　　3.7m

　　18-灰黑色薄层状含红柱石含炭质粉砂质斑点板岩，水平层理发育，含瓣鳃类：
Protocardia transversa Fan，*Mesomiltha* (?) *shenzhenensis* Chen et Huang；菊石：
Hongkongites sp.　　　　　　　　　　　　　　　　　　　　　　　　7.3m

　　17-灰白色厚层状石英岩砂岩　　　　　　　　　　　　　　　　　　7.3m

　　16-灰黑色含空晶石含炭质粉砂质斑点板岩　　　　　　　　　　　　43.3m

　　15-上部：灰白色细粒石英砂岩；下部：浅灰色含红柱石石英砂岩夹蚀变含炭
质红柱石板岩　　　　　　　　　　　　　　　　　　　　　　　　　　53.2m

　　14-深灰色中—厚层状石英岩夹砂岩　　　　　　　　　　　　　　　27.5m

　　13-灰黑色薄层条带状空晶石斑点板岩　　　　　　　　　　　　　　14.4m

　　12-灰白、灰黑色中—厚层状轻微角岩化石英砂岩，下部为深灰色中层状轻微
角岩化细粒石英砂岩　　　　　　　　　　　　　　　　　　　　　　　61.1m

　　11-灰绿色条带状斜长透闪石角岩与云母角岩　　　　　　　　　　　4.6m

　　10-灰绿、深灰色中—厚层状红柱石云母石英角岩　　　　　　　　　15.9m

　　9-深灰、黄灰色斑点状砂质板岩　　　　　　　　　　　　　　　　33.5m

　　8-浅灰绿色条带状斜长透闪石角岩与云母角岩　　　　　　　　　　19.8m

7-深灰色薄层状斑点状砂质板岩夹 20cm 厚的透辉石石英角岩　　　32.8m

6-灰绿色条带状石英砂岩　　　　　　　　　　　　　　　　　　　43.5m

5-灰绿色中层状粉砂质板岩夹多层蚀变石英砂岩　　　　　　　　　32.2m

4-浅灰绿色变质石英粉砂岩夹多层细粒石英砂岩，韵律发育　　　　26.7m

3-灰白色石英质砂砾岩　　　　　　　　　　　　　　　　　　　　14.6m

2-深灰、灰绿色中—厚层状中细粒石英砂岩　　　　　　　　　　　　8.0m

1-中—厚层状砂质斑点板岩（未见底）　　　　　　　　　　　　　37.0m

图 4.3.11 的地质剖面未见顶底，只代表本组下段的部分岩性。主要特点是以深灰色，中—薄层状的砂泥质岩为主，呈下粗上细的特征。

2）岩石组合及变化特征

大鹏半岛自然保护区金鸡组岩性整体以灰白、紫红色中至厚层状中粗、中细、细粒长石石英砂岩，灰白色、浅紫色含云母长石石英砂岩，粉砂岩，粉砂质泥岩，粉砂质泥质页岩，泥质页岩为主，夹少量砾岩、砂砾岩、含砾砂岩、炭质泥岩和煤线。根据岩性组合特征划分为上、下两段：

下段（J_1j^1）由砂岩、泥岩互层组成沉积韵律，以灰黑色、灰色、灰白色含炭质泥岩、砂质泥岩、石英砂岩为主，底部为一层砾状砂岩、含砾砂岩。该段内砂岩具斜层理和波痕，水平层理、小型交错层理、透镜状层理、结核及生物潜穴等沉积构造发育，属滨海—浅海的沉积环境，厚度＞1017.8m。

上段（J_1j^2）砂岩颜色较下段浅，岩性为紫红色、灰白色泥岩、粉砂岩、石英砂岩、砂质泥岩夹含炭质页岩等（图 4.3.12～图 4.3.15），推断为一套海陆交互相沉积的产物。

图 4.3.12　金鸡组上段灰黑色含炭质岩屑砂岩

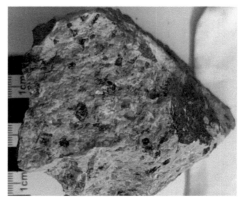

图 4.3.13　金鸡组上段灰白色石英斑岩

图 4.3.14　金鸡组上段灰绿色凝灰质砂岩　　　图 4.3.15　金鸡组灰色砂岩内的小褶曲

金鸡组岩石普遍变质，以斑点板岩、变质砂岩出现，含空晶石、红柱石及硬绿泥石等变质矿物。下部为细粒长石石英砂岩、粉砂质页岩；中上部为中细粒长石石英砂岩、粉砂质泥岩及粉砂岩。

从纵向上看，自下而上砂岩单层由多→少→多，泥岩单层由少→多→少，总体上粒度由粗→细→粗，显示其沉积由退积型向进积型演化；从横向上看，区内金鸡组呈北粗南细的趋势。

3）形成时代及环境分析

大鹏半岛自然保护区南澳及葵涌一带的金鸡组盛产丰富的动、植物化石，如瓣鳃类、菊石等。产于金鸡组上部层位的双壳类，大多属于早侏罗世。整体说明其时代属早侏罗世。

金鸡组由细粒长石石英砂岩、粉砂岩及粉砂质泥岩不等厚互层组成，夹少量中粒长石石英砂岩；水平层理、小型交错层理及透镜状层理发育；产丰富的瓣鳃类等底栖类生物，多生活于水体较浅的滨浅海环境。因此，金鸡组整体属浅海陆棚相沉积。从上、下段岩性变化情况看前期为浅海沉积，往后变为滨海沉积，到晚期发展为海陆交互沉积，为海退序列。

2. 中—上侏罗统热水洞组（$J_{2-3}r$）

热水洞组（$J_{2-3}r$）仅零星分布于水头村南部，上部为灰色、深灰色流纹质熔岩、英安-流纹质熔岩；下部为灰色、深灰色流纹质火山碎屑岩、英安-流纹质火山碎屑岩。

3. 下白垩统南山村组（K_1n）

南山村组主要在大鹏半岛东部的大笔架山和东涌等地出露。该组岩性主要为英安质火山碎屑岩、流纹质火山碎屑岩,夹少量火山碎屑沉积岩,顶部有熔岩。呈喷发不整合覆盖于热水洞组之上,上被官草湖组不整合覆盖。

整体上看,大鹏半岛自然保护区的南山村组为一套流纹岩和流纹质火山碎屑岩组成的火山岩地层。南山村组垂向上岩性分段明显,下部以流纹岩、流纹质凝灰熔岩为主,夹少量的流纹质凝灰岩、复屑凝灰岩;中部为熔岩与火山碎屑熔岩互层,一般为角砾流纹岩、球粒流纹岩、石泡流纹岩、含凝灰质流纹岩等与凝灰熔岩、角砾熔岩及少量熔结角砾凝灰岩互层;上部主体为火山碎屑岩组成,以粗粒火山碎屑为主,岩石类型单一,由火山角砾岩、集块角砾岩、角砾集块岩、集块岩、复屑凝灰岩组成。

南山村组与下伏泥盆系老虎头组之间为喷发不整合接触,接触带往往为第四系覆盖难以观测;与区内中酸性侵入岩之间为侵入接触,接触带上一般均能观测到中酸性侵入岩体边缘细粒边的特点,且常常形成细粒花岗斑岩。

4.3.4　第四系

大鹏半岛自然保护区第四系分布比较广泛,主要沿河流水系及沿海地区分布,大多分布于现代河流沉积两侧,地貌上为一级阶地,为以冲洪积为主的灰黄色砂质黏土、砂、砂砾、杂块石等,沿山间谷地及山前平原呈带状或扇状展布,厚度一般为 5~20m。内陆地层按形成时代和成因分为上更新统冲积(Q_p^{3al})、洪积(Q_p^{3pl})、冲洪积(Q_p^{3alp})和全新统冲积(Q_h^{al})、洪积(Q_h^{pl})、冲洪积(Q_h^{alp})等;沿海主要分布有全新统海相沉积层(Q_h^m)、海陆交互相沉积层(Q_h^{ml})等。人工填土(Q^s)分布广泛。主要有杂填土、素填土、冲填土等类型,受人类活动的影响。杂填土主要分布于建成区,为含有建筑垃圾、工业废料、生活垃圾等杂物的填土;素填土系由碎石土、砂土、粉土、黏性土等组成的填土;冲填土为由水力冲填泥沙形成的砂土层。

1. 内陆地层

1) 上更新统(Q_p^3)

(1) 上更新统冲积层(Q_p^{3al})。主要见于葵涌、王母等地,分布于河流两侧的冲积二级阶地,阶面一般相对较平缓,微向河倾,下方有陡坎与全新统冲积物区分,陡坎高度 1.5~3m,如葵涌的白石光及王母围(图 4.3.16)。冲积物具二元结构,下部以黄褐色砂砾、砾石为主,砾石大小不一,小者 1~5cm,大者 30~50cm,最大达 1m。砾石滚圆度差,多为次棱角状,大小混杂,排列无规律。砾石间为泥、细小岩屑充填胶结。砾石成分随地而异,与附近基岩密切相关,如葵涌以砂岩、花岗岩砾石为主,王母以硅化岩、砂岩为主,砾石含量为 50%~80%,估计厚 5~

10m 以上；上部由黄褐色或杂色花斑状砂质黏土、黏土质砂等组成，厚度 5～10m。据坪山河两侧的钻孔揭露，均有杂色花斑状砂质黏土或黏土。据葵涌地质钻孔资料，由下往上为红褐色砂砾层、浅黄褐色砾石层、黄褐色黏土质粉砂层。根据王母冲积层的泥炭 ^{14}C 年龄值为（20730±550）年，时代属晚更新世。

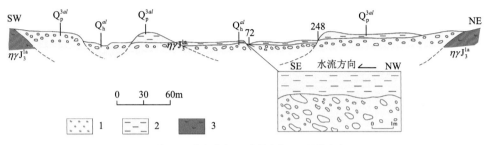

1-砾石；2-黏土质砂；3-中粒斑状黑云母花岗岩

图 4.3.16　大鹏半岛自然保护区王母围第四系地质剖面图

（2）上更新统洪积层（Q_p^{3pl}）。主要分布于葵涌、坝光、王母一带，沿低山、高丘陵等坡麓堆积成山前洪积扇（裙），形成二级洪积阶地，阶面向洪积扇前缘倾斜，坡度 3°～10°，下方与同时代的冲积物呈过渡关系，常被时代较新的洪积物叠覆，二者通过阶梯区分，阶梯高 2～5m（图 4.3.17）。洪积物主要由黄、黄红色砾石层组成。砾石大小不一，小者 1～5cm，大者 30～50cm，最大者 1～5m。砾石滚圆度差，多为次棱角状，排列无规律，砾石之间被泥质或砂屑充填胶结。砾石成分因地而异，主要与附近的基岩有关。葵涌一带以砂岩、花岗岩砾石为主；王母附近砾石多为硅化岩及砂岩。砾石的含量为 50%～80%，估计厚 5～10m。

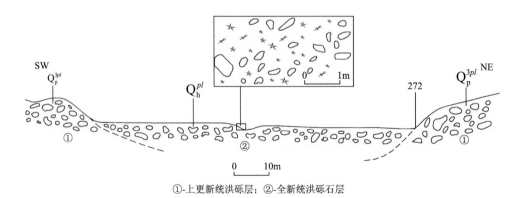

①-上更新统洪砾石层；②-全新统洪砾石层

图 4.3.17　大鹏半岛自然保护区碧洲附近新老洪积阶地地质剖面图

（3）上更新统冲洪积层（Q_p^{3alp}）。主要分布于现代河流沉积两侧，地貌上为二级阶地，以冲洪积为主的灰黄色砂质黏土、砂、砂砾、杂块石等，沿山间谷地及山前平原呈带状或扇状展布，厚度一般为 5～20m。

2）全新统（Q_h）

（1）全新统冲积层（Q_h^{al}）。分布在葵涌、王母等地。冲积物常构成地势平缓的一级阶地或山间谷地小平原、现代河漫滩等。一级冲积阶地阶面平坦，与河漫滩有 1～2m 的陡坎区分。冲积物常见水平层理及交错层理。具下粗上细的二元结构。下部主要由灰、黄褐色砾、砂砾组成。砾石多为次滚圆状，部分滚圆状，并有规律排列，扁平砾石的扁平面逆向水流倾斜，倾角 10°～20°；上部由灰白、灰黑色黏土砂、砂质黏土组成，局部夹泥炭，厚度 1～36m。王母一带冲积层厚一般 3～11m，局部达 14m，主要由灰、灰黄色黏土质砂及砾砂、粗砾组 14m 组成，下伏为砂岩残积层及花岗岩残积风化壳。葵涌一带冲积层厚 11～21m。

（2）全新统洪积层（Q_h^{pl}）。分布于葵涌、王母等地，在河谷出口形成洪积扇，前缘与河流冲积层呈过渡关系。为一级洪积阶地沉积，组成物质由磨圆度稍差的砾石以及砂泥堆积而成。砾石成分和特征与更新统洪积物相似，只是沉积物胶结稍差，地貌上有陡坎可区分，厚度＞5m。其特征是较松散，未经胶结，未红土化或微红土化，与二级洪积层含有的砾径 1～5m 巨砾，有较大差别。

（3）全新统冲洪积层（Q_h^{alp}）。分布在王母、葵涌等地。一级冲积阶地是原来的河漫滩沉积，由于地壳运动抬升形成台阶，特大洪水也只能淹及其前缘；山间的狭窄平原、低丘台地间的浅凹地，受季节性水流的影响，形成散流或暴流沉积的冲洪积层。低丘台山间谷地的冲洪积层，粒级下粗上细的二元结构一般不明显，河谷下游地段沉积物的二元结构较清楚。

2. 海相地层

1）全新统海相沉积层（Q_h^m）

主要包括沉积物组成沙堤、海积平原（一级阶地）及现代海滩等。沙堤主要沿海湾分布，呈拦湾沙堤、沿岸沙堤及连岛沙堤出现，多呈长条状，高出海面 1～3m，有些达 5～8m，宽一般 50～200m，最宽 500m。海积平原分布于王母龙岐、葵涌坝岗等地沿海，地势平坦稍向海倾，为农业及养殖业的重要生产基地；近海多生长红树林及芦苇，沉积物具一定的平缓水平层理；沉积层底部由砂砾组成，沉积总厚为 10～18m。现代海滩沿海岸呈带状分布，侵蚀型海岸以砂、砾石沉积为主，形成的海滩坡度陡，宽度小，一般退潮时只见数十米宽；沉积型海岸以淤泥、砂混合沉积，形成的海滩宽度较大，坡度平缓，一般 1°～2°，退潮时可露出海面 1～2km。

2）全新统海陆交互相沉积层（Q_h^{ml}）

主要为潟湖沉积层（Q_h^{ml}），多见拦湾沙堤背后，保存较好的潟湖沉积层主要分布于大鹏半岛东部地区。海湾的拦湾沙堤背后形成的潟湖，逐渐淤积成为潟湖平原，东部海岸甚为发育，见于屯洋、官湖、迭福、上围、东涌、西涌等地。潟湖沉积物多为淤泥质砂及砂质黏土。据大鹏湾潟湖的地质钻孔资料，下部岩性为灰白色黏土，上部岩性为灰黑色淤泥质砂，厚度约为 7.75m。

4.4 火 山 岩

深圳市大鹏半岛自然保护区及周边一带的火山岩研究工作始于 20 世纪 60 年代，1979 年相关部门对大亚湾核电站一带火山岩开展了工作，1985 年广东省区域地质调查大队完成 1∶5 万深圳市、宝安、蛇口、王母圩幅区域地质调查项目，2010 年和 2018 年完成深圳大鹏半岛国家地质公园相关基础地质研究工作；2020 年四川省地质矿产勘查开发局区域地质调查队完成了深圳大鹏半岛国家地质公园七娘山地区 1∶5000 数字地质调查项目等。这些前期工作对大鹏半岛自然保护区的火山机构进行了系统的识别，分析研究了火山机构组合关系，及其与区域构造的关系和构造环境，对区内火山岩地层、火山岩岩石、火山岩岩相、火山构造、形成机制及成因等进行了研究。

深圳地区火山岩区处于东南沿海陆缘弧火山岩外带的莲花山陆缘弧火山岩区内，莲花山陆缘弧火山岩区主要由早—中侏罗世塘厦盆地、中—晚侏罗世梧桐山火山盆地、早白垩世笔架山火山穹隆、七娘山火山穹隆、南澳火山洼地、下沙火山沉积盆地等组成（表 4.4.1）。深圳地区的中生代火山活动从早到晚有由北西向南东迁移的特点。岩浆呈中酸性到酸性的演化规律。火山岩在空间上呈明显的带状分布，即北东向火山喷发带及北西向火山喷发带。火山构造与区域地质构造关系密切，深圳断裂带及两侧火山构造类型不同。火山活动的不同阶段，其活动方式、岩石类型及组合、岩相特征也不相同。

深圳地区的岩石类型为中酸性、酸性火山岩及火山碎屑沉积岩等。岩相发育较齐全，有爆发相、喷溢相、喷发沉积相、火山通道相、潜火山岩相、侵出相等。火山喷发方式以中心式为主。火山活动及其形成的火山构造受区域构造控制，具有明显的方向性、分带性。火山活动形式为裂隙式—中心式喷发，火山类型有层火山、锥形火山、穹状火山。相应的火山构造类型主要有穹状火山、层状火山、锥状火山、破火山、隐爆角砾岩筒等。其中，燕山期火山岩分布面积广，岩石类型、岩相发育齐全，火山喷发类型、火山构造多样，最具典型性，是区域火山岩带的重要组成部分。

表 4.4.1　深圳市中生代火山活动一览表

火山旋回	火山岩区	地理、构造位置	岩石地层	岩石类型	火山活动方式	火山构造类型形态	与围岩关系	火山活动强度
第Ⅳ旋回	下沙	深圳断裂带南东侧	官草湖组（K_1g）	酸性	喷发—沉积	火山喷发沉积盆地	与早期侵入体断层接触	较弱、间歇性喷发沉积
第Ⅲ旋回	笔架山	深圳断裂带南东侧，北侧与金鸡组（J_1j）接触，南侧与老虎头组（D_2l）接触	南山村组（K_1n）	中酸性酸性	喷溢—喷发	火山穹窿，呈NW—SE展布的椭圆形	与金鸡组（J_1j）和老虎头组（D_2l）呈不整合接触	活动最强
	七娘山	深圳断裂带南东侧、北侧及西侧与早期侵入体接触，南侧与老虎头组（D_2l）接触	南山村组（K_1n）	酸性	喷溢—爆发—沉积交替	火山喷发洼地，岩层近E—W向展布	与老虎头组（D_2l）断层接触	活动最强
第Ⅱ旋回	南澳	深圳断裂带东南侧，北侧与金鸡组（J_1j）接触，南侧与早期二长花岗岩接触	热水洞组（$J_{2-3}r$）	酸性	喷发—沉积—爆发	火山喷发洼地，岩层近NE向展布	与金鸡组（J_1j）呈不整合接触	较弱，间歇性喷发沉积
	梧桐山	深圳断裂带中，北北西侧与测水组（C_1c）接触，东侧为第四系所覆盖		酸性	爆发—喷溢—喷发	火山穹窿，呈NW—SE展布的椭圆形	与测水组（C_1c）呈断层接触	强→弱
第Ⅰ旋回	塘厦盆地	深圳断裂带北西侧，西侧为岩体，南西侧与老变质地层接触，南东东侧与测水组（C_1c）接触	塘厦组（$J_{1-2}t$）	中性中酸性	喷发—沉积交替	火山喷发沉积盆地，呈NW—SE展布的椭圆形	不整合于老变质地层之上，与测水组（C_1c）断层接触	较弱、间歇性喷发沉积

大鹏半岛自然保护区火山岩区由中—晚侏罗世南澳火山洼地和早白垩世笔架山火山穹隆组成。中生代火山活动可分三个时期：早—中侏罗世、中—晚侏罗世和早白垩世。

早—中侏罗世火山岩以中酸性火山碎屑岩为主，少量的酸性火山碎屑岩，在火山碎屑岩中见有安山岩岩屑，说明在早—中侏罗世火山活动以前，曾经有过中性火山活动，这与莲花山断裂带北西侧中生代火山活动以中性火山活动开始是一致的。中—晚侏罗世火山岩可分上下两个旋回，下旋回为中酸性—酸性火山活动，上旋回为酸性火山活动。早白垩世则为酸性火山活动。

中—晚侏罗世是大鹏半岛自然保护区火山活动的主要时期，不同构造部位，火山构造特征各异。晚侏罗世火山构造的规模（或级别）与其所处的构造部位密切相关，在深圳断裂带中受北东向断裂控制，规模最大。

笔架山火山穹隆位于北东向深圳断裂带与大鹏半岛北西向断裂带交接处，火山构造受两组断裂构造控制，单个火山构造形态近等轴状，火山活动方式复杂，岩石类型多。笔架山火山穹窿不同于梧桐山火山穹窿，其层状火山具独特的底部沉积岩，爆发相中有火山灰流相的熔结凝灰岩、侵出相小岩锥、岩流自碎角砾岩、隐爆角砾岩等。

南澳火山洼地位于深圳断裂带南东侧，是在中侏罗世火山喷发沉积盆地发展起来的继承式火山洼地，具有较多的沉积岩夹层，喷发—沉积韵律清晰。

4.4.1 火山岩地层

大鹏半岛自然保护区及周边的火山岩地层主要为中—晚侏罗世—早白垩世火山岩地层。分布于深圳断裂带东南大鹏半岛的笔架山火山穹窿、南澳火山洼地，由南山村组（K_1n）地层组成。此外，分布于下沙的火山喷发沉积盆地，由官草湖组（K_1g）地层组成。

1. 笔架山早白垩世南山村组（K_1n）火山岩

笔架山早白垩世的火山岩系可划分为上、下两个喷发旋回和 7 个喷发韵律（图4.4.1），该火山岩区的火山活动阶段经历了溢流—爆发—溢流（侵出＋爆发）的历程，活动强度表现由弱→强→弱。笔架山火山活动与七娘山火山活动相比，火山活动的时间结束较早。

笔架山早白垩世南山村组（K_1n）火山岩总体以流纹质、英安流纹质凝灰岩、熔结凝灰岩为主，夹少量火山碎屑沉积岩，顶部为流纹岩及熔岩。

2. 南澳中—晚侏罗世热水洞组（$J_{2-3}r$）火山岩

南澳火山岩分布地段位于深圳断裂带南东侧的大鹏半岛南澳附近，分布面积约 $0.6km^2$。火山岩由流纹质火山碎屑岩夹凝灰质砂砾岩组成。根据喷发—沉积特征，该火山岩系下部为凝灰质砾岩、砂岩、泥岩夹凝灰岩，上部含角砾凝灰岩、弱熔结凝灰岩、流纹岩夹凝灰质砾岩，对应地层为中—晚侏罗世火山喷发沉积盆地喷发的热水洞组，厚度＞627.9m，可划分出 5 个间歇性喷发—沉积韵律（图4.4.2）。

第一韵律为流纹质凝灰岩，与下伏下侏罗统金鸡组关系不清，岩石成层性不明显，为火山爆发迅速堆积而成；第二韵律下部为凝灰质含粉砂泥质岩，可见若干个次级喷发—沉积韵律，反映了早期火山爆发—沉积活动交替进行，中部为流纹质沉凝灰岩与流纹质晶屑凝灰岩，上部为流纹质含角砾凝灰岩，表示晚期为火山爆发活动，从早到晚火山活动由弱到强；第三韵律下部为凝灰质砾岩夹凝灰

时代	柱状图 1：100	韵律	爆发指数/%	岩性组合	形成方式	旋回
早白垩世南山村组 K₁n	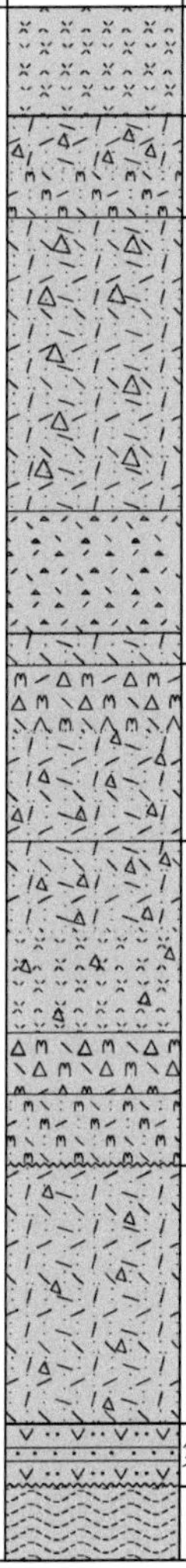	第五韵律		流纹岩	侵出	上旋回
		第四韵律		流纹质火山角砾岩、熔结凝灰岩	隐爆	
		第三韵律	88.5	上部流纹质玻屑凝灰岩夹球粒流纹斑岩和流纹质凝灰岩，中部球粒流纹岩，下部流纹质凝灰岩	爆发—溢流—爆发	
		第二韵律	100	上部流纹质-英安质熔结凝灰岩，下部流纹质玻屑凝灰岩	爆发	
		第一韵律	58	上部英安质凝灰岩，中部流纹质熔结凝灰岩，含角砾凝灰岩，下部流纹质熔结含角砾凝灰岩，底部球粒流纹岩	爆发—溢流	
		第二韵律	100	流纹质含角砾凝灰岩夹流纹斑岩及英安质凝灰岩	爆发—溢流	下旋回
		第一韵律	100	英安质凝灰岩夹粉砂岩	爆发—沉积	
				千枚岩夹砂岩		

图 4.4.1　大鹏半岛自然保护区笔架山南山村组火山岩韵律图

质砂岩，粒级韵律发育，可见斜层理，中部为流纹质含角砾凝灰岩，上部为流纹质弱熔结凝灰岩，该韵律反映了火山喷发在间歇后，活动由弱到强的喷发特点；第四韵律底部为条带状凝灰质砂岩，下部为流纹质（含角砾）晶屑凝灰岩、流纹质火山灰凝灰岩，上部为流纹质含角砾晶屑凝灰岩、流纹质（含集块）角砾晶屑凝灰岩，反映火山爆发活动由较弱→强→弱→更强的特点；第五韵律下部为凝灰质砾岩，上部为流纹质凝灰岩，顶部被海水淹没出露不全，该韵律岩石成层不明显，反映了火山强烈爆发的特点。

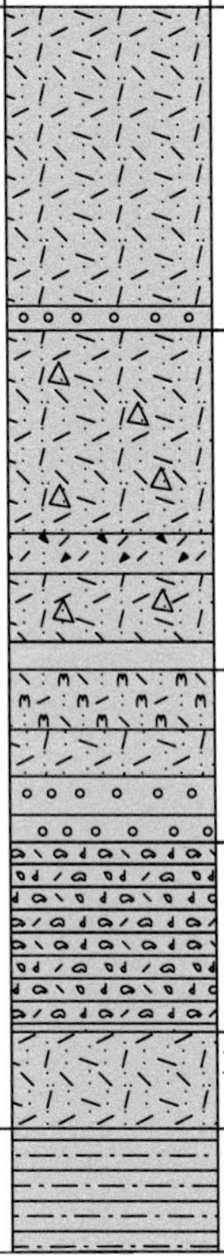

时代	柱状图 1：100	韵律	爆发指 数/%	岩性组合	形成方式	旋回
晚侏罗世晚期		第五韵律 1906m		顶部被海水淹没出露不全，上部流纹质凝灰岩，下部凝灰砾岩	爆发—沉积	上旋回
		第四韵律 219m		上部流纹质含角砾晶屑凝灰岩、流纹质（含集块）角砾晶屑凝灰岩；下部流纹质（含角砾）晶屑凝灰岩、流纹质火山灰凝灰岩；底部条带状凝灰质砂岩	爆发—沉积	
		第三韵律 101m		上部流纹质弱熔结凝灰岩；中部流纹质含角砾凝灰岩；下部凝灰质砾岩夹凝灰质砂岩	爆发—沉积	
		第二韵律 59.6m		上部流纹质含角砾凝灰岩；中部流纹质沉凝灰岩与流纹质晶屑凝灰岩；下部凝灰质含粉砂泥质岩	爆发—沉积	
		第一韵律 572m	100	流纹质凝灰岩	爆发	

图 4.4.2　大鹏半岛自然保护区南澳热水洞组火山岩韵律图

3. 下沙早白垩世官草湖组（K_1g）火山岩

分布于下沙火山喷发沉积盆地，对应官草湖组（K_1g）地层，对应区内第Ⅳ构造旋回。该组分布于深圳断裂带南东侧王母圩下沙海边一带，面积约 0.45km²。

早白垩世官草湖组地层为山间湖泊相红色复成分砂砾岩建造。流纹质（弱熔结）凝灰岩、凝灰质砾岩、凝灰岩呈夹层产于砂砾岩之中，厚 17m，形成两个不完整的间歇爆发—沉积韵律，为陆上喷发形成的产物（图 4.4.3）。此旋回岩性主要为紫红色复成分砾岩，呈中—厚层状，单层 10～60cm。岩石的层理发育，层面平整。由粗变细的沉积韵律清楚。砾石含量达 80%～90%。大小一般 3～30cm，以 4～10cm 为主。分选性差，大小混杂，局部可见直径达 60cm 的硅质岩砾石。砾石多呈滚圆状、次圆状、棱角状等。砾石成分复杂，有片理化石英砂岩、粉砂岩及硅质岩、砂砾岩、细砾岩、灰黑色泥岩、硅化岩、酸性斑岩等，个别见细粒花岗岩及流纹质晶屑凝灰岩等砾石。胶结物为长英质、泥质，少量钙质及同砾石成分相当的细小岩屑。局部长轴状砾石富集处，可见砾石具有一定的排列方向，与岩石层面斜交，夹角 20°～30°（图 4.4.4），具有定向的水流搬运特点。

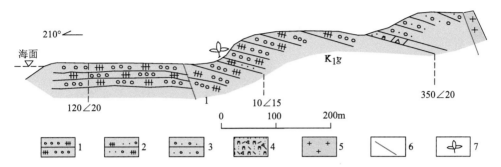

图 4.4.3　大鹏半岛自然保护区下沙官草湖组实测地质剖面图

1-复成分砾岩；2-含砾粗粒复矿砂岩；3-砂砾岩；4-流纹质含角砾凝灰岩；5-花岗岩；6-断层；7-化石

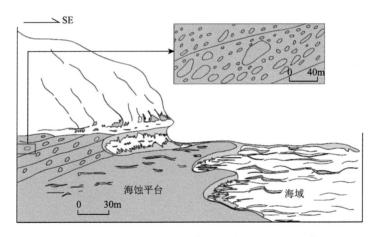

图 4.4.4　大鹏半岛下沙海边官草湖组砾岩露头及砾石排列图

4.4.2　火山岩岩石学特征

中新生代火山岩以陆相火山岩为主，少数海陆交互相火山岩，陆相火山岩多为流纹岩建造。区内火山岩种类繁多，按其成因、成岩方式及组构特征可分为熔岩类、火山碎屑熔岩类、火山碎屑岩类（普通火山碎屑岩类、熔结火山碎屑岩类）、沉积火山碎屑岩类、火山碎屑沉积岩类、潜火山岩类和流纹质爆发角砾岩等。

1. 熔岩类

区内熔岩主要分布于笔架山及周边一带，以流纹岩类为主，英安岩较少。

1）英安岩

大鹏半岛自然保护区内的英安岩主要分布于笔架山一带，多呈夹层产出，厚度小。岩石呈灰色，斑状结构，基质显微霏细结构、微嵌晶—霏细结构。斑晶有斜长石（5%～15%）、石英（1%～5%）、钾长石（1%～2%），笔架山岩区仅见少量黑云母。斑晶含量变化较大，粒度一般 0.25～2.5mm。斜长石具较自形的板柱状外形，可见聚片双晶，石英他形粒状，多具熔蚀状外形，局部可见方形截面，钾长石自形长板状，卡氏双晶发育，晶体中有暗色矿物包裹体。基质主要为长英霏细物质，局部呈显晶质，可见少量的斜长石、石英微晶。笔架山岩区岩石中见少量晶屑，呈尖棱角、次棱角状，基质中长英霏细质（部分已蚀变析出绢云母等）呈细条带状、细纹状分布，显示局部具流动构造特征。

2）流纹岩类

主要有流纹岩、多斑流纹岩、含（角砾）凝灰流纹岩、球粒流纹岩、石泡流纹岩等。深圳市大鹏半岛自然保护区的流纹岩主要分布于笔架山一带，笔架山出露的流纹岩类主要产于火山穹隆核部的溢流相和侵出相中，溢流相呈穹状，侵出相呈岩锥状。

（1）流纹岩。

见于喷溢相、侵出相中，灰白色、灰色、浅褐红色，斑状结构，基质具霏细结构、隐晶质结构，流纹构造，块状构造。岩石由斑晶和基质两部分组成，斑晶（4%～12%）大小在 0.2～2.4mm，主要由钾长石、石英、斜长石组成。钾长石含量 1%～6%，为透长石，呈半自形板状、他形粒状，晶体有弱的黏土蚀变；石英含量 1%～6%，多数边部有熔蚀现象，少量熔蚀为浑圆状、港湾状；斜长石含量 0%～3%，为钠—更长石，呈半自形板状，晶体有弱的黏土蚀变，点状绢云母蚀变。基质（88%～96%）为微晶状、隐晶状的长英质，具霏细结构、隐晶质结构。基质中有微脉状的绢云母蚀变、点状的绿泥石蚀变、断续微脉状的褐铁矿蚀变。部分岩石具清晰的流纹构造，为基质中长英质物质相间分布呈条带定向排列，平行延伸，有时可见有揉皱状流纹构造及遇到斑晶或其他碎屑物质时流纹条带绕道而形成涡流构造（图4.4.5和图4.4.6）。

（2）多斑流纹岩。

岩石一般呈夹层状产出，灰—灰白色，斑状结构，斑晶有钾长石、斜长石、石英。笔架山岩区斑晶含量为5%～8%，粒度较小，为0.3～2mm。斑晶中长石多为自形板柱状，局部微纹长石条纹呈不规则星点状，少数可见格子

4.4.5　流纹岩流纹构造　　　　　　　　　图 4.4.6　流纹岩镜下特征

双晶、石英等轴粒状，笔架山岩区见斑晶具熔蚀港湾状、浑圆状等。局部见长石聚合斑晶。基质结晶程度不一致，笔架山岩区多为霏细结构，局部球粒结构，由石英、钾长石、斜长石微晶及长英霏细物质组成。微量矿物有锆石、磷灰石、金属矿物等，次生矿物有黑云母、绿泥石、白钛石、金红石、黄石及白云母等。

（3）含（角砾）凝灰流纹岩。

少量发育于笔架山顶，见于喷溢相中，灰白色、灰色，斑状结构，基质具显微晶质结构，局部略显霏细结构，流纹构造（图 4.4.7 和图 4.4.8）。岩石由斑晶、火山碎屑和基质三部分组成。斑晶（1%～10%）大小在 0.2～2mm，主要成分为钾长石、石英，钾长石为透长石，呈他形粒状，晶体多有黏土蚀变；石英多数边部有熔蚀现象，部分熔蚀为浑圆状。火山碎屑大小在 0.05～7mm，成分为流纹岩岩屑和晶屑。流纹岩岩屑含量 4%～13%，呈条状、椭圆状，均为刚性状，少量含石英、钾长石斑晶，多有黏土、绢云母蚀变，其中＞2mm 的角砾含量 2%～7%；晶屑含量 1%～3%，主要成分为钾长石、石英，多数呈棱角

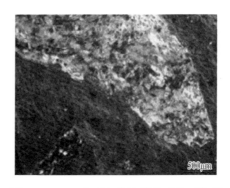

图 4.4.7　含（角砾）凝灰流纹岩　　　图 4.4.8　含（角砾）凝灰流纹岩镜下特征

状、次棱角状。基质（78%～91%）为显微晶质状的长英质，局部略显霏细结构，基质均定向，具流动构造。基质中多有绢云母蚀变，蚀变的绢云母沿流动方向定向排列。

（4）球粒流纹岩。

大鹏半岛自然保护区内的球粒流纹岩主要分布于笔架山的溢流相中，笔架山岩区侵出相岩锥中也有少量出现。呈灰色，斑状结构，基质具球粒结构，流纹构造，块状构造。岩石由斑晶和基质两部分组成，斑晶（4%～8%）大小在0.2～3.2mm，主要由钾长石、石英、斜长石等矿物组成。钾长石为透长石，呈他形粒状、半自形板状，个别有熔蚀现象，晶体有弱的黏土蚀变；石英熔蚀为港湾状；斜长石为更长石，呈半自形板状，晶体多有绢云母蚀变。基质（92%～96%）为微晶状、隐晶状的长英质，具霏细结构、隐晶质结构，部分形成球粒结构。球粒含量25%～42%，直径多为0.5～11mm，为长英质矿物纤维体围绕中心呈放射状排列的球形体，呈圆形或椭圆形，长英质物质充填其间，部分球粒呈条带状定向排列。基质中有点状、微脉状的绢云母蚀变（图4.4.9和图4.4.10）。

 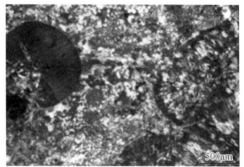

　　图4.4.9　球粒流纹岩图　　　　　　图4.4.10　球粒流纹岩镜下特征

（5）石泡流纹岩。

大鹏半岛自然保护区内的石泡流纹岩主要分布于笔架山溢流相中，呈带状或沿层面分布。灰色、灰白色，斑状结构，基质具石泡结构，流纹构造，块状构造。石泡多呈圆形、椭圆形，含量10%～50%，直径为1～5cm。石泡多数见三层同心圆结构，边缘为绢云母化原岩薄壳，中层为石英或硅质层，中心空腔为次生石英微粒集合体及黏土矿物集合体所充填。石泡多沿流纹面定向排列，可单个分散，也有成簇状，大小混杂（图4.4.11和图4.4.12）。

图 4.4.11　石泡流纹岩特征　　　　　　图 4.4.12　石泡流纹岩石泡内部结构

2. 火山碎屑熔岩类

大鹏半岛自然保护区内的火山碎屑熔岩类主要为角砾熔岩、（含角砾）流纹质凝灰熔岩和流纹质岩流自碎集块熔岩三类。

1）角砾熔岩

大鹏半岛自然保护区内的角砾熔岩主要分布于笔架山、大鹏半岛南澳等地，见于爆发—喷溢过渡相之中。灰色、灰红色，角砾熔岩结构，块状构造。岩石主要由火山角砾（26%～53%）、岩屑（3%～8%）、晶屑（2%～22%）和胶结物（21%～59%）组成。火山角砾呈棱角—次棱角状，成分为流纹岩，大小 2～26mm；岩屑的主要成分为流纹岩，呈刚性状、半塑性状、不规则状、条状，部分含钾长石、石英斑晶，大小 0.05～2mm；晶屑的主要成分为钾长石、斜长石、石英，呈棱角状、次棱角状，大小 0.05～2mm；胶结物为流纹质熔岩，具稀斑结构、霏细结构，局部具球粒结构，基质中有点状、不规则团状的方解石蚀变（图 4.4.13 和图 4.4.14）。

图 4.4.13　角砾熔岩　　　　　　　　图 4.4.14　角砾熔岩镜下特征

2）（含角砾）流纹质凝灰熔岩

主要分布于笔架山南山村组上旋回，与凝灰岩呈互层产出，常见于爆发—喷溢过渡相中。灰色，角砾凝灰熔岩结构，块状构造、流动构造。岩石主要由火山角砾（4%～18%）、岩屑（17%～34%）、晶屑（4%～8%）、胶结物（57%～75%）组成。火山角砾呈棱角—次棱角状，成分为流纹岩，大小 2～15mm；岩屑的主要成分为流纹岩，多数呈刚性状，少量半塑性、塑性状，部分有压扁、扭曲现象，少量边部有熔蚀现象，多含钾长石、石英斑晶，少量含斜长石斑晶，呈条状、不规则状，大小 0.1～2mm；晶屑的主要成分为钾长石、斜长石、石英，呈棱角状、三角形状，部分钾长石有破碎现象，斜长石有绢云母蚀变，大小 0.05～2mm；胶结物为流纹质熔岩，含钾长石、石英斑晶，局部具流动构造，遇角砾有绕过现象，胶结物中有短的微脉状褐铁矿蚀变（图 4.4.15和图 4.4.16）。

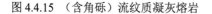

图 4.4.15　（含角砾）流纹质凝灰熔岩　　　图 4.4.16　（含角砾）流纹质凝灰熔岩镜下特征

3）流纹质岩流自碎集块熔岩

流纹质岩流自碎集块熔岩仅分布于笔架山岩区侵出相岩锥顶部，是熔岩从火口溢出，呈岩流运动时，顶部或前锋首先冷凝，形成硬壳，而内部的熔岩仍在继续缓慢流动，在其流动压力下，致使顶部或前锋的硬壳破裂成角砾状碎块，被继续流动的熔岩胶结，碎块大小不等，大者可达 50cm 以上，小者仅 1～2cm 或更小，大碎块间往往有小角砾充填或大小混杂，角砾以棱角状为主，边缘或多或少都有磨蚀，碎块的含量变化大，有些部分基本由碎块组成集块岩，有些含不等量的碎块而过渡为角砾集块熔岩、含角砾集块熔岩。该类岩石碎块和胶结物均由流纹岩组成，流纹构造发育，可见流纹绕过碎块的现象（图 4.4.17）。

图 4.4.17　笔架山流纹质岩流自碎集块熔岩

3. 火山碎屑岩类

根据火山碎屑物的成因、胶结类型和成岩方式等将大鹏半岛自然保护区的火山碎屑岩划分为普通火山碎屑岩和熔结火山碎屑岩。普通火山碎屑岩以压结为主，而熔结火山碎屑岩则以熔结为主；普通火山碎屑岩多见于火山爆发相中，熔结火山碎屑岩多见于火山碎屑流相中。大鹏半岛自然保护区内以普通火山碎屑岩为主，火山碎屑含量大于 75%，主要分布于笔架山一带。

1）普通火山碎屑岩

根据碎屑粒级和各粒级的百分含量，深圳市大鹏半岛自然保护区内的普通火山碎屑岩可分为集块岩、火山角砾岩、凝灰岩，岩石类型主要有（含集块）火山角砾岩、（含角砾）凝灰岩、流纹质（岩屑）晶屑凝灰岩和流纹质火山灰（尘）凝灰岩，多分布于笔架山爆发相和爆发—喷溢相内，另在南澳、下沙一带局部分布。

（1）（含集块）火山角砾岩。

分布于大鹏半岛自然保护区笔架山岩区火山穹隆的火山通道相中，灰白色、紫灰色、灰色，火山角砾结构，块状构造。岩石主要由火山角砾、岩屑、晶屑和火山灰组成（图 4.4.18 和图 4.4.19）。火山角砾含量 50%～60%，多呈棱角状、次棱角状，直径在 2～50mm，个别大者达集块级，成分主要为流纹岩；岩屑的主要成分为流纹岩，呈不规则状、条状，部分含钾长石、石英斑晶，大小在 0.1～2mm；晶屑的主要成分为钾长石、斜长石、石英，多数呈棱角状、次棱角状，少量呈三角形状，部分呈破碎状，大小 0.05～2mm；胶结物为 <0.05mm 的火山灰，呈压结式胶结，胶结物中有断续微脉状、点状的褐铁矿蚀变。

图 4.4.18　火山角砾岩　　　　　　　图 4.4.19　火山角砾岩镜下特征

（2）（含角砾）凝灰岩。

大鹏半岛自然保护区内的（含角砾）凝灰岩主要分布于木麻树—东涌一带，见于爆发相、空落相之中。呈灰白色、灰红色，含角砾凝灰结构，块状构造。岩石主要由岩屑（18%）、晶屑（10%）和火山灰（72%）组成（图 4.4.20 和图 4.4.21）。岩屑的主要成分为流纹岩，呈不规则状、条状，部分含石英斑晶，多有绢云母蚀变，大小 0.1~2.2mm，其中＞2mm 的角砾占 1%±；晶屑的主要成分为钾长石、斜长石、石英，多数呈棱角状、次棱角状，少量呈三角形状，个别钾长石有绿帘石蚀变，大小 0.05~0.75mm；胶结物为＜0.05mm 的火山灰，呈压结式胶结，胶结物中分布有点状的绢云母蚀变。

图 4.4.20　含角砾凝灰岩　　　　　　图 4.4.21　含角砾凝灰岩镜下特征

（3）流纹质（岩屑）晶屑凝灰岩。

大鹏半岛自然保护区内的（岩屑）晶屑凝灰岩分布于南澳及笔架山爆发相中。呈灰黑色、浅灰绿色，凝灰结构，块状构造。岩石主要由晶屑（20%~36%）、岩屑（15%~22%）、玻屑（1%~3%）、火山灰（35%~60%）组成，其中晶屑的主要成分为钾长石、斜长石、石英，多数呈棱角状、次棱角状，少量石英呈熔蚀的浑圆状；岩屑的主要成分为流纹岩，呈不规则状、条状、椭圆状，部分

含钾长石、石英斑晶；玻屑呈弧状、蚯蚓状，均有脱玻化。胶结物为＜0.05mm
的火山灰，呈压结式胶结，胶结物多有绢云母蚀变、褐铁矿蚀变（图 4.4.22 和
图 4.4.23）。

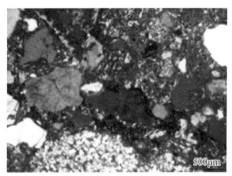

图 4.4.22　流纹质（岩屑）晶屑凝灰岩　　　图 4.4.23　岩屑晶屑凝灰岩镜下特征

（4）流纹质火山灰（尘）凝灰岩。

主要分布于晚侏罗—早白垩世笔架山火山穹隆爆发相中，夹于流纹质熔结凝
灰岩中，也见于南澳火山洼地爆发相流纹质凝灰岩中，区内少有出现。岩石呈浅
灰绿色，变余凝灰结构，定向构造，由火山灰（尘）及少量的晶屑、岩屑、玻屑
组成，含量 10%～15%，晶屑有钾长石、斜长石、石英、黑云母等，呈碎屑状、
碎片状，大小为 0.05～1mm，岩屑有酸性斑岩，边缘较圆滑，大小为 0.5～1.5mm。
岩石中可见鸡骨状、楔状等火山灰的特征形态。

2）熔结凝灰岩

大鹏半岛自然保护区熔结火山碎屑岩以熔结凝灰岩为主，分布广泛，其组
成物质与凝灰岩基本相同，但玻屑及部分岩屑有明显压扁、拉长，呈复杂的塑
性变形形态，具定向排列特征。根据其变形程度的差异，可划分为弱熔结、强
熔结等类型。它们与普通火山碎屑岩在空间上和时间上密切共生，往往是同一
碎屑流或冷却单元的岩石组合；相对于凝灰岩，熔结凝灰岩具有较小的孔隙率
和较大的密度，因而其抗风化能力较强。在同一露头中，常表现为突起的较坚
硬岩层。

（1）流纹质熔结凝灰岩和流纹质（含角砾）熔结凝灰岩。

岩石具熔结凝灰结构，流动构造，由晶屑（15%～25%）、岩屑（3%～5%）、
塑性岩屑（5%～15%）、玻屑及火山灰尘等组成，部分含火山质角砾。晶屑成分
主要为钾长石，次为斜长石、石英等。

（2）流纹质（含角砾）塑性岩屑熔结凝灰岩。

岩石组构特征基本与熔结凝灰岩相同，不同的是其塑性岩屑或塑性玻屑明显

增加，含量达 30%，部分还含有角砾，表现出火山碎屑塑性-半塑性-刚性变形并存的特点。

（3）流纹质岩屑晶屑熔结凝灰岩。

岩石组构特征基本与熔结凝灰岩相同，不同的是其岩屑和晶屑明显增加，含量达 30%～40%。晶屑成分主要为钾长石，次为斜长石、石英等。部分还含有角砾，表现出火山碎屑塑性-半塑性-刚性变形并存的特点。

（4）流纹质（含角砾）晶屑熔结凝灰岩。

大鹏半岛自然保护区火山岩的主要岩石类型之一，其组构特征与熔结凝灰岩相似，不同之处在于该岩石含大量的晶屑，晶屑含量为 30%～40%。

4. 沉积火山碎屑岩类

大鹏半岛自然保护区的沉积火山碎屑岩主要为沉凝灰岩，见于早白垩世南澳火山洼地爆发-沉积相的下部层位及爆发相夹层中。岩石呈浅灰色，沉凝灰结构，中薄层状。岩石浅灰色，沉凝灰结构，中薄层状，由晶屑、岩屑和火山灰组成，晶屑有石英、斜长石、钾长石等，含量 10%～25%，岩屑有酸性斑岩、石英质岩屑，含量 3%～10%，碎屑多为棱角状，棱角有磨损，石英呈等轴状、熔蚀浑圆状，大小 0.25～0.5mm，火山灰多蚀变为黏土矿物、绢云母等，有些还保留有弧面棱角状、尖棱角状、分叉状等，并具定向分布特征，但多已蚀变而难以辨认。

5. 火山碎屑沉积岩类

主要发育于南澳火山洼地及笔架山火山穹窿底部。岩石均呈层状产出，具水下沉积特征，层理明显，岩性有凝灰质砾岩、凝灰质砂岩、凝灰质粉砂质泥岩、凝灰质泥岩等。岩石由碎屑及胶结物组成，碎屑成分复杂，含量、粒度变化大，不同火山岩区、不同层位均有较大的差别。碎屑物中除有经搬运的各种粒级的不同成分的碎屑外，尚具熔蚀状外形或发育有裂纹。胶结物为火山灰、泥质、硅质及少量铁质，部分火山灰脱玻化后仍保留有棱角状外形，岩石呈砂状结构、砾状结构、凝灰质砂状结构。在南澳火山洼地，部分夹层含磷较高。岩性主要为凝灰质砂砾岩、凝灰质砂岩、凝灰质粉砂岩和凝灰质泥岩等。

凝灰质砂砾岩具沉凝灰结构或凝灰质砂状、泥状结构，多具层状构造。岩石中含有不等量的晶屑、岩屑、凝灰物质等。

凝灰质砂岩、凝灰质粉砂岩少量见于南澳。岩石呈浅黄—深灰色，具凝灰—（粉）砂状结构，薄层—厚层状构造。主要由陆源碎屑沉积物组成，但结构及成分成熟度均较低，可见部分粒度较粗的、呈棱角状的晶屑或岩屑。

凝灰质泥岩呈灰白—灰黑色，具凝灰泥质结构，薄层—厚层状构造，主要由绢云母及其他黏土矿物组成，可见数量不等的棱角状长石、石英晶屑和岩屑。玻屑多蚀变而无法分辨。

6. 潜火山岩类

大鹏半岛自然保护区的潜火山岩主要发育于笔架山一带，呈小岩株、岩脉产出。岩性有次流纹斑岩、火山灰凝灰岩和英安质凝灰岩脉。属火山活动后期的产物，侵入于早期形成的火山岩中。

1）次流纹斑岩

分布于笔架山火山穹隆核部及南西侧，呈小岩株或岩脉产出，与围岩呈侵入接触关系，局部表面可见龟裂纹。岩石灰白色，斑状结构，斑晶主要由石英（7%～15%）、钾长石（5%）、斜长石（3%）等组成。石英呈自形双锥状或熔蚀浑圆状，局部见石英为聚合斑晶，钾长石为微纹长石，呈不规则长板状，斜长石板柱状，个别熔蚀状，大小为 0.3～1.5mm。基质为霏细—微花岗结构，由长英霏细物、微粒石英、钾长石、斜长石等组成，斜长石有些颗粒已具聚片双晶。

2）火山灰凝灰岩脉

分布于笔架山火山穹隆核部，侵入流纹质含角砾玻屑凝灰岩中，呈脉状体产出。岩石呈灰绿色，砂状凝灰结构，由大量的火山灰及少量的晶屑、岩屑和玻屑组成。碎屑含量仅 4%～5%，晶屑有石英、钾长石、斜长石，大小 0.05～0.35mm，棱角状，岩屑有酸性斑岩、凝灰岩等，大小 0.3～2mm，棱角状、不规则状。火山灰已脱玻化成长英微晶和长英霏细物、绢云母、黏土矿物等，有些则全为脱玻化火山灰物质组成。

3）英安质凝灰岩脉

分布于笔架山火山穹隆核部，侵入流纹质含角砾凝灰岩中，呈脉状产出。岩石灰绿色，砂状凝灰结构，碎屑由晶屑、岩屑组成，晶屑有斜长石及少量钾长石、石英，含量 20%，大小 0.1～2mm；岩屑有中酸性熔岩、中性熔岩，含量 5%，大小 0.5～3mm。碎屑呈棱角状、次棱角状。基质具凝灰结构，由火山灰及脱玻化的黏土矿物、绢云母等组成。

7. 流纹质爆发角砾岩

分布于笔架山岩区侵出相小岩锥中。与围岩呈侵入接触，岩石特征与火山碎屑岩相似，是一种特殊成因的次火山岩体。岩石呈灰、灰白—浅灰绿色，集块角砾结构、凝灰结构，角砾状构造。岩石由各种砾级的岩石碎块、晶屑及火山灰组成。碎块由斑状流纹岩、流纹岩、硅化流纹岩及凝灰岩等围岩岩石组成。大小悬殊，混杂堆积，小者 0.35~20mm，大者 4~20cm，从中心到两侧砾度由小变大，角砾形态各异，中心大者多呈次棱角状或次滚圆状，往边部棱角明显，小者（包括晶屑）多呈不规则棱角状、次棱角状、尖角状等，分布于碎块之间，与火山灰一起组成胶结物。可见细碎屑物贯入围岩震裂的裂隙中。中心胶结物由大量的玻璃质（已脱玻化）及部分长英霏细物组成，具碎屑结构，碎块大小不一，多在 0.35mm以上，边界不明显，碎屑内均具流纹构造，碎屑由互不相连的流纹显示，碎块间为长英质霏细物和玻璃质充填，局部可见拉长的气孔，晶屑发育有不规则裂纹且有位移。

4.4.3　火山构造

　　大鹏半岛自然保护区的火山构造现象主要为南澳火山洼地、笔架山火山穹隆和下沙火山喷发沉积盆地三种类型。另外，火山穹隆构造中或边缘还发育有少量的火山口、火山通道、熔岩锥、熔岩柱及次火山岩体等。

　　1. 南澳火山洼地

　　火山洼地分布于大鹏半岛自然保护区的南东角南澳水产站一带，地貌上为低山丘陵，面积约为 0.6km²，火山洼地由正常沉积岩＋火山沉积岩夹层组成。其北面与下侏罗统金鸡组为断层接触，东侧为晚侏罗世第一阶段二长花岗岩侵入，西面则延伸入海。

　　南澳火山洼地为继承式火山洼地。中—上侏罗统热水洞组火山岩分布于火山洼地，为一套陆相火山碎屑沉积岩，层理清晰，凝灰质砾岩中可见有冲刷面，岩层倾向南，倾角 20°~30°，厚度大于 204m，其与下覆下侏罗统金鸡组为断层接触。火山作用方式简单，表现为强烈的爆发，岩石为酸性火山碎屑岩、熔结火山碎屑岩，组成的岩相有喷发-沉积相、爆发相。喷发-沉积相多分布于火山洼地的下部，岩性为凝灰质砂砾岩，层理清晰，沉积韵律明显，爆发相分布于喷发-沉积相之上，火山碎屑岩厚度大，成层性不好，由熔结凝灰岩、凝灰岩组成。其中有沉积岩夹层，表明火山爆发间隙有沉积作用发生，夹层产状也与上述岩层一致。

　　2. 笔架山火山穹隆构造

　　火山穹隆构造分布于深圳断裂带南东侧笔架山盆地的坝岗—笔架山一带，呈北西向椭圆状展布（图 4.4.24），长 4km，宽 2km，面积约 8.2km²，地貌上呈穹状山峰，主峰海拔 665m，水系呈放射状分布。

图 4.4.24　大鹏半岛自然保护区笔架山火山穹隆远景

　　笔架山火山穹隆构造由下白垩统南山村组组成。穹隆西侧为晚侏罗世第一阶段第一次二长花岗岩，北西、南侧不整合于下侏罗统金鸡组及中—上泥盆统春湾组或中泥盆统老虎头组之上（图 4.4.25）。该穹隆为樟树埔—坝岗层状火山南西边缘的小型火山穹隆，其位于北东向莲花山断裂带与北西向大鹏半岛断裂带交叉处，岩浆的喷发活动受北西向断裂控制，与南东面七娘山火山穹隆呈北西向侧列式分布。该穹隆火山活动于早白垩世，继樟树埔-坝岗层状火山之后形成，经历了溢流—爆发 + 溢流—爆发阶段，组成的火山岩相有喷发-沉积相、溢流相、爆发 + 溢流相、火山通道相等。喷发-沉积相仅出露于穹隆的南东隅，岩石为凝灰质砂砾岩，层理不发育，倾向北东，倾角 65°，出露宽数十米。溢流相分布于穹隆核部或翼部，围绕火山口呈环状、半环状分布，组成的岩石有球粒流纹岩、石泡流纹岩，穹隆东侧斜坡上分布有流纹质凝灰熔岩。岩石中流纹、流面发育，球粒、石泡多沿流面分布，部分熔岩层上部发育有气孔，岩层呈围斜外倾，倾角均较陡，一般大于 45°，岩浆黏度较大。爆发 + 溢流相分布于溢流相外侧，也呈环状-半环状分布，组成的岩石有酸性火山碎屑岩、熔结火山碎屑岩及少量熔岩、碎屑熔岩等，在熔结火山碎屑岩中有饼状塑性岩屑或肉红色的浆屑（条）沿层面分布。围斜外倾产状，倾角较陡，多在 45°以上，但穹隆边部可见反围斜产状。火山通道分布于笔架山火山穹隆主峰上，由于风化剥蚀，于山顶呈洼地地形，周围为半环状的山脊环绕，火山通道直径约 200m，通道中心充填有火山角砾岩，边部为熔结凝灰岩、玻屑凝灰岩。角砾大小混杂，不规则分布，成分多为围岩物质，少有基底岩石，角砾多呈棱角状、次棱角状，中心角砾含量达 60%～80%，往边部减少，砾径也变小，边部可见有假流动构造，北西侧产状为倾向 220°～340°，倾角 70°～80°，通道与围岩呈突变接触。

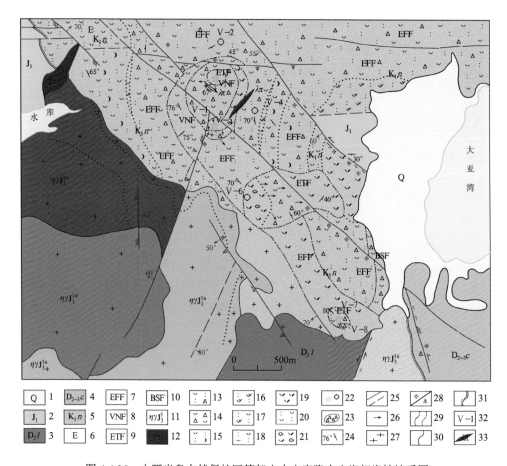

图 4.4.25　大鹏半岛自然保护区笔架山火山穹隆火山岩相岩性地质图

1-第四系；2-下侏罗统；3-泥盆系老虎头组；4-泥盆系春湾组；5-上旋回火山岩；6-爆发相；7-溢流相；8-火山通道相；9-侵出相；10-喷发-沉积相；11-侵入岩；12-花岗斑岩脉；13-流纹质含火山角砾凝灰岩；14-流纹质火山角砾岩；15-流纹质玻屑凝灰岩；16-英安质凝灰岩；17-英安流纹质凝灰岩；18-流纹质熔结凝灰岩；19-流纹斑岩；20-流纹质凝灰岩；21-含集块流纹斑岩；22-火山口、推测火山口；23-爆发角砾岩筒；24-流纹产状；25-断层；26-流线；27-节理；28-硅化-压碎；29-岩相、岩性界线；30-地质界线；31-不整合地质界线；32-火山构造及编号；33-次火山相

3. 下沙火山喷发沉积盆地

分布于大鹏半岛自然保护区南东隅的王母圩下沙村海边一带，面积约为 0.45km²。

盆地由下白垩统官草湖组组成。其北东侧与王母岩体（晚侏罗世第一次侵入岩）为断层接触，南西延入海中。盆地火山活动于早白垩世，为一套山间湖泊相复成分砂砾岩建造，火山岩呈夹层产出，岩性为流纹质（弱熔结）凝灰岩。岩层产状水平，发育有垂直节理，形成陡崖。盆地离火山口较远。

4.5　侵　入　岩

深圳市大鹏半岛自然保护区的侵入岩分布广泛，形成时代以晚侏罗世为主，早白垩世和晚白垩世侵入岩零星分布。晚侏罗世第一次侵入岩主要见于大鹏半岛自然保护区的屯洋、径心、王母和鹅公等多地，晚侏罗世第二次侵入岩主要见于王母及南澳一带，晚侏罗世第四次侵入岩主要见于葵涌等地。早白垩世主要为第三次侵入岩，见于大鹏半岛自然保护区的西涌一带；晚白垩世为第二次侵入岩，见于大鹏半岛自然保护区的屯洋和王母一带。

4.5.1　晚侏罗世侵入岩

区域上晚侏罗世侵入岩出露较广泛，先后可划分为 5 次侵入活动，并常形成复式岩体。深圳市大鹏半岛自然保护区内主要发育有第一次、第二次和第四次侵入岩。

1. 第一次侵入岩（$\eta\gamma J_3^{1a}$）

1）地质特征
广泛分布于大鹏半岛自然保护区西部地区，呈不规则状，与泥盆纪、石炭纪、早侏罗世的地层呈侵入接触，并使之角岩化。侵入最新地层为中—上侏罗统火山岩，常因晚期岩体破坏或没入海域而极不完整。晚侏罗世侵入岩的基本地质特征见图 4.5.1。

(a) 球状风化　　　　　　　　　　　　　(b) 侵入岩中的砂岩捕虏体

(c) 细粒花岗岩（单偏光）　　　　　　　(d) 细粒花岗岩（正交偏光）

图4.5.1　晚侏罗世侵入岩地质特征

屯洋岩体为不规则大型岩株体。长轴呈近东西向展布，东部边界近北西走向。岩体与围岩为明显的突变接触，岩体东部多处可见围岩的残留顶盖，说明岩体的顶部与围岩的接触面是不平整的。

鹅公岩体的长轴呈南北向展布，径心（下径心）岩体呈北东向展布。岩体与围岩呈突变接触，接触面产状倾向围岩，倾角 75°左右。鹅公、径心岩体岩相分带较明显，主要表现在矿物粒度的变化上，从内部至外部一般为中粒斑状—细粒多斑状—微细粒斑状；水平方向和垂直方向的矿物粒度由粗变细。由过渡相和外部相构成，二者呈过渡关系。径心岩体外部相发育，过渡相较差。径心岩体北东侧与火山岩接触部位见冷凝边。外部相岩性为细粒多斑（斑状）黑云母花岗岩，岩石呈灰白色，风化后为浅肉红色，多斑（斑状）结构，鹅公岩体中还可见微细粒斑状结构及基质花岗结构；过渡相岩性为中粒斑状黑云母花岗岩，似斑状结构，基质花岗结构。

王母岩体的岩相分带较明显，从内部至外部一般为中粒斑状—细粒斑状（多斑）；水平方向和垂直方向的矿物粒度由粗变细的分带明显。岩体由过渡相和外部相构成，二者呈过渡关系，过渡相较发育，外部相次之。外部相岩性为细粒斑状黑云母花岗岩；过渡相岩性为中粒斑状黑云母花岗岩，局部为中粒斑状黑云母角闪石花岗岩。岩体中有较为常见的暗色包体。

2）岩石矿物学特征

以细中粒斑状黑云母花岗岩为主，中粒斑状花岗结构，基质具变余花岗结构；斑晶主要由钾长石及少量石英、斜长石组成。岩石矿物中，钾长石 40%～45%、斜长石 25%、石英 30%、黑云母 3%～5%，微量矿物主要有磷灰石、锆石、褐帘石、榍石等。

3）岩石地球化学特征

据岩石地球化学测试结果，SiO_2 平均含量为 72.57%，变化范围在 68.19%～75.96%，最高相差 7.77 个百分点，SiO_2 最高者可能与岩石发生轻微碎裂等蚀变有关，也可见岩石原始成分的不均一性是明显存在的。微量元素分析结果表明，W、

Sn、Mo、Bi、Pb、Ag、U、Th、Rb、Hf、Co 等含量高于世界花岗岩平均值，其余元素则较低。稀土元素特征值 $\sum REE = 209.37 \times 10^{-6}$，$\sum Ce / \sum Y = 2.9$，$\delta Eu = 0.39$，与世界花岗岩平均值相比，$\sum REE$ 较低，轻稀土富集程度稍低，铕负异常增大。球粒陨石标准化分布型式总体上为左高（陡）右低（缓）不对称的"海鸥"形曲线（图 4.5.2），但深圳屯洋岩体样品呈较明显的锯齿状曲线，或许与该岩体普遍受到后期动、热改造有关。岩石 $\delta^{18}O$ 值为 $+9.97‰$，$(^{87}Sr/^{86}Sr)\,i = 0.7130$。据深圳市 1∶5 万区域地质调查资料，晚侏罗世第一次侵入岩的主量、微量、稀土元素的分析结果表明，晚侏罗世第一次侵入岩 TAS 分类主要为花岗岩和花岗闪长岩，侵入岩主要属于高钾钙碱性系列，侵入岩主要属于正长花岗岩和花岗闪长岩。

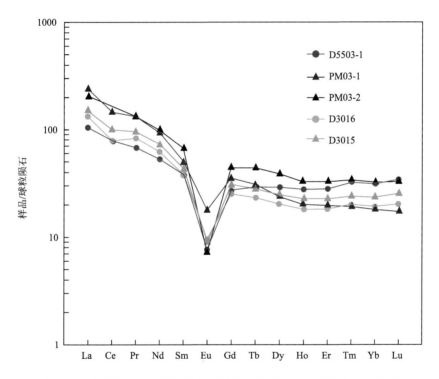

图 4.5.2　晚侏罗世第一次侵入岩稀土元素球粒陨石标准化分布型式图

2. 第二次侵入岩（$\eta\gamma J_3^{1b}$）

1）地质特征

主要见于大鹏半岛自然保护区的插旗山和吉坳山等地，多为不规则状小岩枝、小岩株，其中多数呈北西向展布。围岩大多为泥盆系地层及早期侵入体，局部为下侏罗统地层及中—上侏罗统火山岩。岩体边部具较窄的细粒边缘相，局部宽仅

0.5m，接触变质作用较强，边部常可见围岩捕虏体。常因晚期岩体侵入而显得极不规则，部分因第四纪掩盖或没入海中而出露不完整。

2）岩石矿物学特征

主要岩性为中粒斑状黑云母二长花岗岩，岩石呈灰、灰白色，局部基质粒度变粗或变细，岩石过渡为粗中粒或细中粒。岩石中斑晶及矿物含量不稳定，分布不均匀，斑晶大小变化也较大，一般为 0.5～3.0cm。岩体内局部可见多种暗色包体，以石英闪长质包体为主，包体大小一般为 3～25cm 不等，呈不规则状，边缘不平整。包体外缘常见钾长石巨斑带，斑晶常嵌入包体内，包体边缘部位出现较粗大的黑云母、石英富集带，从中心向外，粒度趋于变粗，即由微晶—细粒或中细粒；中心部位无斑或个别细小斜长石斑晶，且不出现石英斑晶。包体中心暗色矿物含量约 60%，向外趋于降低，至边缘又趋于增加，这些变化可能为主体岩石对包体的改造所致。岩石副矿物含量为 517×10^{-6}～5384×10^{-6}，平均为 1206×10^{-6}。少数样品的磁铁矿、黄铁矿异常高，而使平均值中的黄铁矿、磁铁矿所占比例很大，实际上大多数样品属锆石-磷灰石-褐帘石（独居石）组合类型，个别属黄铁矿-钛铁矿-锆石组合或磁铁矿-褐帘石-锆石组合。晚侏罗世第二次侵入岩中粒花岗岩显微结构特征见图 4.5.3。

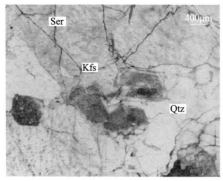 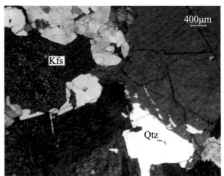

(a) 中粒花岗岩（单偏光）　　　　　　　　(b) 中粒花岗岩（正交偏光）

Qtz-石英；Kfs-钾长石；Ser-绢云母

图 4.5.3　中粒花岗岩显微结构特征

3）岩石地球化学特征

岩石 SiO_2 含量为 71.6%～76.25%，平均为 74.45%。$K_2O > Na_2O$，大部分出现标准矿物刚玉，A/NKC > 1.0，少量 A/NKC < 1.0，$\sigma = 2.14$，总体上属于硅酸过饱和、铝过饱和（过铝）的钙碱性岩石类型。岩石微量元素中的 W、Sn、Mo、Bi、Pb、U、Th、Rb、Hf、Li、Be 等元素含量及 Rb/Sr 比值稍高，其他元素含量及 Rb/Li×100 比值偏低。岩石 $\sum REE = 120.63 \times 10^{-6}$，$\sum Ce / \sum Y = 2.61$，$\delta Eu = 0.32$。

与世界花岗岩平均值比较，岩石稀土元素特征值$\sum REE$、$\sum Ce/\sum Y$ 和 δEu 均偏低，显示轻稀土富集程度低，铕负异常明显。球粒陨石标准化分布型式与第一次侵入岩基本一致，为一左高右低略呈锯齿状曲线（图 4.5.4），呈现明显的负 Eu、负 Ce 特征。该次侵入岩中石英闪长质包体的球粒陨石稀土分布型式与主体岩石特征非常接近，二者很可能是同源的。岩石 $\delta^{18}O$ 值在 + 9.83‰～ + 12.96‰，以大于 + 10‰为主，（$^{87}Sr/^{86}Sr$）$i = 0.71065～0.7130$。据深圳市 1：5 万区域地质调查资料，晚侏罗世第二次侵入岩的主量、微量、稀土元素的分析结果表明晚侏罗世第二次侵入岩 TAS 分类为花岗岩，侵入岩主要属于高钾钙碱性系列；侵入岩 R2-R1 分类主要属于正长花岗岩，属于破坏性活动板块边缘（板块碰撞前）花岗岩。

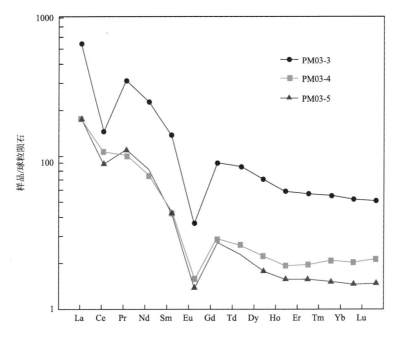

图 4.5.4 晚侏罗世第二次侵入岩稀土元素球粒陨石标准化分布型式图

3. 第四次侵入岩（$\eta\gamma J_3^{1d}$）

1）地质特征

主要见于葵涌上径心等地，除小部分没入海洋外，大多数较为完整。上径心岩体整体侵入晚侏罗世第一次侵入岩的上径心岩体中，岩体岩性较单一，主要由细粒斑状花岗岩组成。新鲜岩石为浅灰白—浅肉红色，风化呈浅黄褐色。主要由钾长石、斜长石、石英及少量黑云母组成。岩石具似斑状结构，似斑晶含量 5%～

15%，过渡相＜5%，含量较低，似斑晶颗粒（2～10）mm×（1～5）mm。基质显微花岗结构、细粒花岗结构。

2）岩石矿物学特征

岩性主要为细粒斑状黑云母二长花岗岩，部分为中细粒，新鲜呈灰—灰白色，风化呈浅褐黄色。岩石矿物分布不均，暗色包体几乎不出现。部分侵入体可见斑晶具定向排列，以北西向为主。岩石副矿物特征变化较大，含量在 $182×10^{-6}$～$2866.5×10^{-6}$，平均为 $880.14×10^{-6}$，总体属磁铁矿-锆石-黄铁矿-磷灰石（褐帘石）组合，黄铁矿、褐帘石较高，同时常见石榴石，而与其他侵入体相区别。

3）岩石地球化学特征

岩石 SiO_2 含量在 71.7%～76.03%，平均为 74.31%，$K_2O＞Na_2O$，普遍出现标准矿物刚玉。$σ＝2.00$，$A/NKC＝1.03$，岩石属于硅酸过饱和、铝过饱和（过铝）的钙碱性岩类。与维氏值相比较，岩石的 W、Sn、Mo、Bi、Pb、U、Th、Rb、Hf 及 Be 等元素含量高或稍高外，其余元素含量则较低。其中，Bi 含量普遍高于平均值，本次侵入岩平均值高出世界平均值 273 倍。岩石 $\sum REE＝245.55×10^{-6}$，$\sum Ce/\sum Y＝1.75$，$δEu＝0.25$，但是岩石中分布很不均匀，稀土元素含量及配分存在很大区别，就其平均值与世界花岗岩相比，岩石的 $\sum REE$、$\sum Ce/\sum Y$ 值较低。岩石 $δ^{18}O$ 值介于 +9.2‰～ +9.9‰，$(^{87}Sr/^{86}Sr)i$ 为 0.7117。

4.5.2　早白垩世第三次侵入岩（$\eta\gamma K_1^{1c}$）

从区域上看，早白垩世侵入岩可分为 3 个阶段 6 次侵入活动，但深圳市大鹏半岛自然保护区范围内仅存在第一阶段第三次侵入岩。

1. 地质特征

主要分布于西涌一带，侵入于晚侏罗世花岗岩及下侏罗统金鸡组地层，因第四系掩盖而出露不完整。

2. 岩石矿物学特征

侵入体主要由细、中细粒斑状或含斑（角闪）黑云母二长花岗岩组成，钾长石明显大于斜长石，石英含量也较高，岩石向花岗岩过渡。岩石结构构造为似斑状结构，基质为花岗结构。钾长石呈自形、半自形板状（斑晶）、他形粒状（基质），斑晶内常包嵌有柱粒状斜长石，具卡氏双晶，微纹连晶发育，格子双晶明显可见，属微斜微纹长石；斜长石呈自形-半自形板状、板柱状，可见残留环带，An＝41（内）～22（外），以中长石为主，常因去钙化和钠长石化转变为酸性斜长石和钠长石，部分具钠化净边，少数内有"补丁"状钾长石交代反条纹；黑云母呈叶片状，具不同程度的绿泥石化或退变为白云母、绢云母；石英呈他形粒状。

3. 岩石地球化学特征

岩石 SiO_2 含量变化不大，在 74.15%～75.91%，平均为 75.03%，K_2O 含量大于 Na_2O。岩石总体上出现标准矿物刚玉，A/NKC = 1.03，σ = 2.02，属铝过饱和的钙碱性岩类。岩石稀土元素特征值 ΣREE 变化不大，平均为 296.8×10^{-6}，$\Sigma Ce/\Sigma Y$ = 2.76，δEu = 0.31，与世界花岗岩平均值相比，岩石稀土元素特征值的 ΣREE 接近，$\Sigma Ce/\Sigma Y$ 较低，δEu 值偏小，反映岩石轻稀土富集程度不高，铕负异常程度稍大。球粒陨石标准化分布型式（图 4.5.5）为一左高右低不平滑的曲线，表现为除 Eu 负异常外，还出现 Pr、Tb 等正异常。

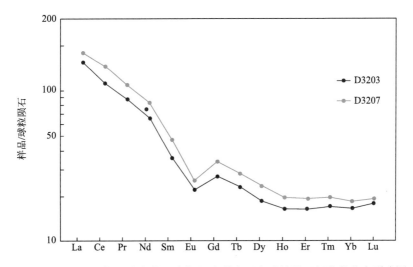

图 4.5.5　早白垩世第一阶段第三次侵入岩稀土元素球粒陨石标准化分布型式图

4.5.3　晚白垩世第二次侵入岩（$\eta\gamma K_2^{1b}$）

区域上晚白垩世侵入岩被划分为 3 次侵入活动，深圳市范围内仅见第二次侵入岩。

1. 地质特征

大鹏半岛自然保护区晚白垩世第二次侵入岩分布于犁壁山东南侧和求水岭南侧。侵入体呈小岩枝、小岩株状分散出露。侵入到中泥盆统老虎头组、中—上泥盆统春湾组、下石炭统测水组地层和晚侏罗纪侵入岩中。

2. 岩石矿物学特征

岩性主要为中细、细（中）粒（斑状）黑云母二长花岗岩，花岗结构，部分具似斑状结构。钾长石斑晶呈板状，基质为不规则他形粒状，属微斜微纹长石和微纹长石，三斜度为 0.52；斜长石多为自形—半自形柱状、板状，具环带构造，可达 3～5 环，聚片双晶发育，有序度为 0.38；黑云母呈厚板状、叶片状，Ng 暗绿色，Np 黄色，具不同程度的绿泥石化；石英呈半自形粒状或不规则状他形粒状。

3. 岩石地球化学特征

岩石 SiO_2 含量普遍较高，除个别（71.62%）外，多在 75.83%～77.61%，平均为 75.62%；多出现标准矿物刚玉，σ 在 1.69～2.61，平均为 2.05；A/NKC = 1.01，部分样品<1.0；部分侵入体属铝过饱和（过铝）的钙性及钙碱性岩类型，部分属铝正常的钙碱性岩类。岩石的 Sn、Mo、Bi、Pb、Zn、Ag、U、Th、As、Rb、Hf 等含量及 Rb/Sr、Sr/Ba、Rb/Li 比值较维氏值高，其他元素含量均较低。岩石 $\Sigma REE = 190.73 \times 10^{-6}$，$\Sigma Ce/\Sigma Y = 2.16$，$\delta Eu = 0.32$，均较世界花岗岩平均值低。岩石 $\delta^{18}O$ 为 + 8.24‰和 + 9.8‰。

4.6 地 质 构 造

深圳市位于华夏造山系之东南沿海陆缘弧的中南部，珠江三角洲断陷、沿海伸展滑脱带和平远—惠阳—台山断褶皱火山岩带三个次级构造单元的接合部位。从区域上看，北东向莲花山断裂带向西南纵贯全区，与北西向珠江口大断裂交汇于深圳西部，构成了深圳市的基本构造格架。深圳市大鹏半岛自然保护区的地质构造形迹包括褶皱构造和断裂构造两种主要类型。

4.6.1 褶皱构造

深圳市大鹏半岛自然保护区内广泛发育多层次、多世代的褶皱及其相关构造，褶皱是最主要的地质构造形迹。按其形成机制可分为剪切褶皱和弯曲褶皱两种类型，前者为地表露头可见构造，受剪切带内构造各向异性的影响，形成各类弯曲-剪切褶皱与剪切褶皱；后者则多与同向断裂共生，构成区域上的断裂褶皱带（图 4.6.1）。

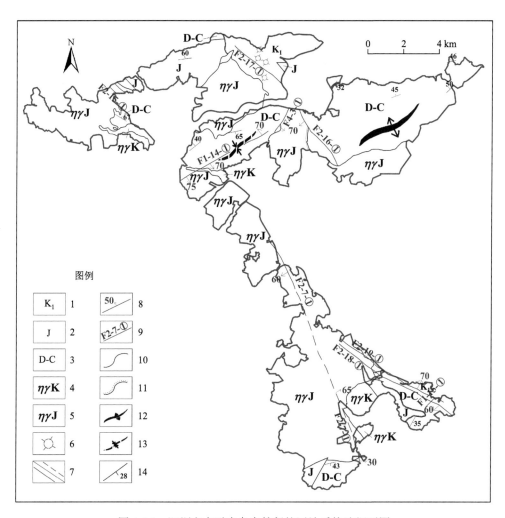

图 4.6.1　深圳市大鹏半岛自然保护区地质构造纲要图

1-下白垩统；2-侏罗系；3-泥盆-石炭系；4-白垩纪花岗岩；5-侏罗纪花岗岩；6-推测主火山口；7-实测断层/推测断层；8-断层及产状；9-断层编号；10-实测地质界线；11-角度不整合界线；12-背斜；13-向斜；14-地层产状

　　大鹏半岛自然保护区一带主要分布有北东向褶皱，多为两翼基本对称的轴面近直立褶皱，且转折端较圆滑，以钓神山向斜、排牙山背斜等为代表。

1. 排牙山背斜

　　出露于大鹏半岛自然保护区东部的王母圩以东排牙山一线，轴向北东 50°～70°，呈舒缓波状延展，长约 11km，出露宽约 4km，东端为海水淹没，西端为晚侏罗世花岗岩吞噬；轴面略向北倾，枢纽向西倾没，向东仰起。背斜核部为中泥盆统老虎头组砂泥岩，两翼为春湾组砂泥岩，南东翼岩层总体产状 150°∠60°，北西翼岩层总体产状 330°～340°∠30°～40°，为一转折端圆滑开阔的背斜构造。背斜的核部及北西翼均发育有走向断裂。综合推测褶皱形成于晚三叠世—早侏罗世。

2. 钓神山向斜

向斜核部出露于大鹏半岛自然保护区的王母圩北西 2km 的径心背—钓神山一线，轴向呈北东 50°～70°，舒缓波状延展，长约 5.5km，出露宽约 2km。核部由中—上泥盆统春湾组长石石英砂岩组成，两翼由中泥盆统老虎头组砂岩、砂砾岩等组成。北西翼地层产状 130°～170°∠55°，南东翼产状 330°～340°∠45°～55°，北西翼见 "Z" 或 "S" 形复合次生小褶皱；为一轴面近直立的开阔对称型褶皱，西南部受断裂影响而出现岩层倒转现象。该向斜将中上泥盆统地层卷入变形，又被晚侏罗世和早白垩世花岗岩体吞噬破坏，表明形成于晚侏罗世以前，可能为印支期构造运动的产物。

4.6.2　断裂构造

大鹏半岛自然保护区内断裂构造较发育，多具长期活动性质，常发育同生或伴生的褶皱构造。按空间展布可划分为北东、北西、近东西及北北东向等几组断裂构造（图 4.3.1 和图 4.6.1）。其中，以北西和北东向断裂发育较密集，其规模较大，构成区内主体构造格架；近东西及北北东向断裂的规模较小。

1. 北东向断裂

由一系列北东 40°～70° 方向的断裂组成，规模大，断裂长度多大于 5～10km，宽几十至 300 余米，连续性好。保护区内主要包括径心背断裂带和东涌断裂等。

1）径心背断裂组（F1-14-①）

径心背断裂组位于大鹏半岛西北部，两端均伸入海，长约 8km，宽约 16km。分别由长 1～6km、间隔 100～400m 的 4 条近平行断裂组成。

径心背断裂主要发育于中—上泥盆统春湾组砂泥岩中，向南西切过晚侏罗世和晚白垩世花岗岩，分为求水岭、横头岭和钓神山三段。断裂在地貌上表现为正突起的陡崖和阶梯状断崖，发育碎裂岩和硅化岩，破裂劈理发育，并有大量的石英脉、岩脉贯入。求水岭一带，130°∠75° 压扭性结构面上见厚 2～4cm 的断层泥，局部见宽 0.5～1cm 的石英脉充填。横头岭一带，主断面产状 160°∠70°，发育一组产状 315°∠60° 的劈理，常见宽 1～3cm 不等石英脉沿断裂产出。钓神山一带，发育产状为 115°～135°∠60°～81°的硅化破碎带，具先压扭后张扭的活动特点，见宽 1～2cm、已碎裂岩化的石英细脉。断裂形成于中生代，早白垩世以来，有过压扭—张性—左行压扭等多期次活动。

径心背南断裂位于径心背南坡一线，长度约 2.0km，宽 10m，走向北东 60°，倾向南东或北西，倾角 65°～75°，具压-压扭性。北东段发育于中—上泥盆统春湾组砂泥岩中，向南西切过并构成中—上泥盆统春湾组砂泥岩（NW）与中泥盆统老虎头组砂泥岩（SE）的界线。地貌上为坎状，以强烈硅化岩为主，裂隙发育，并有大量的石英脉贯入，石英脉被压扁成小透镜体。求水岭一带，沿走向发育断层三角面，为宽 50m 的破碎带，产状 340°∠70°，发育宽 6～8cm 的石英脉，脉壁较平直，走向近南北。横头岭一带，地貌上形成陡崖，断面舒缓波状，发育压碎硅化岩带，有不规则状脉石英脉贯入，硅化岩后期又受强烈压碎，局部劈理化；断裂成生于中生代印支期，被北西向断裂所切割。

2）东涌断裂（F1-15-①）

位于东南部，北东起于大水坑，南西经西涌口向南西顺海边入海，长约 6.5km，宽 10～20m，走向北东 50°，倾向北西，倾角 55°～61°，主要发育于下白垩统火山岩中，向南西进入中泥盆统老虎头组砂泥岩中，沿走向不规则线状延伸。断层主要表现为硅化碎裂岩带，见断层泥，常被北西向断裂切割。断裂成生于早白垩世后，具压扭—张扭的多期次活动特征。

2. 北西向断裂

1）水头—涌口断裂（F2-7-①）

分布于大鹏半岛南西侧，位于径心背—西涌口一线，长 13.0km，宽 2～20m；总体走向北西 340°，倾向南西，倾角 70°。主要呈舒缓波状穿行于晚侏罗世花岗岩中，向南东切过中泥盆统老虎头组砂泥岩入海，局部波折状弯曲。沿断裂形成规模较大的狭长断裂谷，北西段两侧谷坡较缓，南东段两侧谷坡变陡呈"V"字形或"U"字形。表现为碎裂岩、构造角砾岩带，见多组间距 5～7m 的挤压破裂面。断裂成生于晚白垩世后，具左行压扭（反扭）活动特性。

2）金城、响水、丰树山断裂组（F2-15-①）

位于自然保护区西北部，由三条相隔 200～500m、近平行的断裂组成，平面上均呈向南西成弧形顶出状，并被北东向断裂左行切错。自北东向南西分别为金城、响水和丰树山断裂。

金城断裂位于自然保护区北部金城一线，长约 4.0km，宽 5～6m，走向北西330°～340°，倾向北东或南西，倾角 40°～65°，保护区内主要发育于下侏罗统砂泥岩中。断裂面呈舒缓波状，阶步擦痕指示左行滑动。发育强劈理化岩石，局部见构造角砾岩与相互平行排列的构造透镜体。断裂成生于早白垩世后，被北东向断裂切割，压扭性活动为主。

响水断裂位于保护区北部响水一线，长 4.5km，宽 10～50m，走向北西 310°，倾向南西，倾角 60°～80°；保护区内主要发育于下侏罗统砂泥岩及晚侏罗世花岗岩中。断裂呈舒缓波状，以强烈硅化破碎带为特点，发育硅化岩、碎裂岩、构造角砾岩；擦痕阶步发育，见三组次级破裂，走向北西 320°、北西 285°（扭性）、走向北东 30°（张性），沿破裂有网络状的石英脉发育，但已发生破碎，局部形成角砾状结构或构造角砾岩。葵涌街一带，山顶见强烈硅化带，宽 30～50m，产状 210°∠57°，压碎硅化岩沿山脊展布，局部见网状石英脉；硅化岩内见一组产状为 200°～210°∠80°～85°的断面，舒缓波状延伸，结合阶步显示扭压活动，早期有一次扭张性活动。成生于早白垩世后，并被北东向断裂切割，具多期活动的特点，张扭—压扭性为主。

丰树山断裂位于保护区北部葵涌街一线，长约 5.0km，宽 5m，走向北西 310°，倾向南西，倾角 50°；断裂切割下侏罗统金鸡组砂泥岩和晚侏罗世花岗岩，局部产状 230°∠30°，以硅化碎裂带的形式出现，发育硅化碎裂岩、构造透镜体，局部具较明显的劈理化。成生于早白垩世后，被北东向断裂切割，压扭—扭性活动。

3）坝岗西断裂（F2-16-①）

分布于自然保护区东北部坝岗西一线，断裂走向北西 340°，倾向南西，倾角 63°～70°，长约 4.5km，宽 10～20m，局部 30m；平面上呈波状弯曲延伸，发育于中—上泥盆统砂泥岩及晚侏罗世花岗岩中，局部构成二者的界线。地貌上呈正地形凸出，断裂面呈舒缓波状，发育强烈硅化碎裂岩、构造角砾岩，可见构造透镜体；断裂面发育有水平擦痕，有已碎裂岩化的硅化石英脉产出。钓神山东侧一带，主断面产状 240°∠63°，出露宽 10m 的硅化碎裂砂岩，局部见构造透镜体，透镜体总体方位为北西 310°，与主裂面具交角，显示的断裂为反扭活动，被一组产状为 55°∠60°的破裂所切割。断裂成生于早白垩世后，有过压性—张性—压扭多期次活动。

4）坝岗断裂（F2-17-①）

发育在坝光村至火烧天西侧一线，长约 6km，宽 5～10m，局部达 150m；沿北西 310°方向呈舒缓波状延伸，北西段延伸出区外，倾向南西，倾角 55°。切割下白垩统火山岩、中—上泥盆统砂泥岩以及东西向断裂。断裂表现为强烈硅化碎裂岩带、劈理化带，并见构造角砾岩，在硅化碎裂岩中发育大量的网络状石英细脉。笔架山南见岩石强烈硅化压碎流纹状斑岩，局部见石英脉呈网状穿插，脉宽 0.1～0.5mm。坝岗一带，硅化破碎带产状为 310°/80°∠55°，两侧形成宽约 150m 的劈理化带，产状 220°∠30°～40°。火烧天见一宽 5m 的劈理化带，走向 310°。断裂成生于早白垩世后，其力学性质表现为先张性后压扭性。

5）香车水库断裂（F2-18-①）

位于自然保护区东南部香车水库一线，长约 7.5km，走向北西 305°，局部产状 215°∠60°；平面上呈波折状，北西段发育于晚侏罗世花岗岩中，南东段构成下白垩统南山村组火山岩（NE）与中泥盆统老虎头组砂岩泥岩（SW）的界线。近顺东涌河负地形延展，遥感影像图具明显的线性构造。大鹿湖坑口一带，断层走向约 310°，表现为岩石破碎、擦痕等特征，擦痕指示为一逆断层。采石场一带，断层两侧岩层破碎强烈，呈碎块状，劈理发育，地貌上为冲沟负地貌。断裂成生于白垩纪，早期与七娘山火山活动有关，力学性质为张—张剪性，晚期为逆断层。

6）东涌—大排头断裂（F2-19-①）

分布于大鹏半岛自然保护区东南部的东涌—大排头一带，近顺东涌河负地形延展，延伸约 6km，遥感影像图具明显的线性构造特征；走向北西 310°，倾向北东或北西，倾角 70°。主体发育于下白垩统南山村组火山岩中，平面上呈折线状，断裂成生于白垩纪，早期与七娘山火山活动有一定关联，力学性质以张性为主。

3. 近东西向断裂

近东西向断裂属高要—惠来深断裂带南侧影响带的一部分，往往由数条断裂组成断裂带，断裂带断续延伸可达 30km 以上，其影响宽度自 100～300m 至 1～2.5km 不等。受其他方向断裂的切割，断裂显示断续产出特征，单条断裂长多为 1～8km。最长达 15km，影响宽度 5～20 余米。倾向一般向南，倾角 50°～80°。沿断裂发育碎裂岩、断层角砾岩及硅化岩，部分可见石英脉及各类岩脉贯入，且岩脉常可见挤压破碎现象，显示断裂的多期活动性。部分断裂附近有北西向的劈理化带或北东、北西向扭裂面及南北向张裂面等配套构造，表明其具有以压性为主兼有扭性的力学性质；近东西向断裂比北东向断裂形成略早，主要形成活动时间为燕山期。自然保护区内近东西向断裂规模均较小。

1）笔架山断裂

位于大鹏半岛自然保护区东部的笔架山附近，长约 4.5km，宽约 500m；总体走向约为 95°，北倾为主，倾角 50°～80°。由数条长约 1km，宽 1～20m 的断裂组成宽约 500m 断裂带，向东沿走向具尖灭再现延伸的现象；西部发育在下侏罗统金鸡组砂岩泥岩中，东部发育于下白垩统南山村组火山岩中，并被北西向断裂切割。地貌上形成阶梯状陡坎，断面舒缓波状，见擦痕阶步，发育有碎裂岩，硅化、劈理化强烈，局部见构造角砾岩和构造透镜体。笔架山一带，断裂产状 280°∠50°，可见宽度约 5m 的硅化压碎岩带，次级破裂中可见产状 280°∠60°的石英脉，发育间隔 0.5～1.5cm、产状 355°∠85°～80°的密集劈理，出露宽 50m 左右。断层性质为压性—压扭性。

2）英管岭断裂

位于大鹏半岛自然保护区的英管岭一带，长 2.75km，宽一般为 12～50m，局部 2～5m，走向近东西，西段倾向北，倾角 80°，东段倾向南，倾角 45°。多构成晚侏罗世花岗岩（N）与下侏罗统金鸡组砂泥岩（S）的界线，被北北东向断裂左行切错为两段。断面呈舒缓波状，发育碎裂硅化岩，见构造透镜，发育斜交主裂面的密集劈理带，擦痕指示左行滑移。沿断裂见多条小石英脉贯入平行排列，并压碎一组横张的南北向石英脉。水头沙北一带，可见宽度 2m 以上的硅化破碎带，产状为 340°～350°∠50°～60°。洲仔头一带，挤压带宽 30～50m，挤压面呈舒缓波状，产状 30°∠84°，见有构造透镜体切穿产状 360°∠80°的石英闪长岩及细晶岩岩脉，脉体宽为 50～80cm，脉壁平直，略有弯曲；另有产状为 230°∠80°的一组劈理。断裂成生于晚侏罗世后，断层性质为压性—压扭性。

4. 北北东向断裂

北北东向断裂发育程度差，规模小，分布零星，其构造方位为北东 20°～35°，多呈平直而短小的分散状斜切或斜接其他方向断裂，早期为张性，为其他方向断裂的配套构造；晚期为压扭性，并具反时针向扭动特征，形成较晚。自然保护区内发育较完整的有钓神山断裂等。

钓神山断裂（F4-3-①）分布于保护区北东部的王母圩北钓神山东侧，长约 5.0km，走向北北东 25°～30°，倾向南东东，倾角 65°～70°；平面上波状弯曲延伸，南段切割并多构成泥盆系春湾组和老虎头组砂泥岩（NW）及晚侏罗世花岗岩（SE）的界线，北段被第四系覆盖。沿断裂岩石碎裂岩化严重，破裂劈理发育，局部见构造角砾和强烈硅化。钓神山一带，断面产状 120°∠65°～70°，发育次级破裂裂隙，沿主断面有已碎裂化的石英脉贯入，并见宽 1～2m 的中性岩脉沿产状为 220°∠76°的北西向张性裂隙发育，脉壁锯齿状。综合分析断裂应形成于早白垩世之后，具压性—张性—压扭性的多期活动性。

4.7　地　质　遗　迹

大鹏半岛自然保护区的地质遗迹主要包括花岗岩孤石地貌、海蚀地貌和古生物群化石地质遗迹三种类型。花岗岩孤石地质遗迹主要分布于大鹏半岛中部的观音山公园、南部的鹅公村和东部的东山寺—马草龙山塘一带，分布面积分别为 0.21km²、0.03km² 和 0.26km²。海蚀地貌地质遗迹主要分布于大鹏半岛西南部的柚柑湾海岸一带，分布面积约 0.05km²。大鹏半岛自然保护区的花岗岩孤石地貌和海蚀地貌地质遗迹的基本发育特征见表 4.7.1。古生物群化石地质遗迹发育于大鹏新区南澳街道水头沙社区英管岭的山坡上。

表 4.7.1　大鹏半岛自然保护区花岗岩地貌和海蚀地貌地质遗迹基本发育特征

地质遗迹分布位置	地质遗迹基本发育特征	
	分布范围	基本发育特征
观音山花岗岩孤石地质遗迹	分布面积约为 0.21km²	花岗岩孤石地质遗迹分布广泛。据不完全统计，共有孤石 57 个，规模为 3.5～210.3m³，具有观赏价值的孤石有 15 处。孤石形状各异，椭球状和球状居多，沿山坡分散分布，沟谷地带呈群状发育
鹅公村花岗岩孤石地质遗迹	分布面积约为 0.03km²	发育有花岗岩孤石 7 个，规模为 2.5～86.1m³，集中成群分布，观赏价值高。孤石呈椭球状，古榕树根系攀延于孤石表面，风景别具一格
东山寺—马草龙花岗岩孤石地质遗迹	分布面积约为 0.26km²	花岗岩孤石地质遗迹呈片状集中分布，据不完全统计，共有孤石 95 个，规模为 3.2～178.3m³，其中具有观赏价值的孤石有 23 处。孤石多呈椭球状和长条状
柚柑湾海蚀地貌地质遗迹	分布面积为 0.05km²，沿海岸分布长度约为 0.75km	发育有花岗岩石蛋、海蚀洞、海蚀穴、条形石、沙滩孤石、海蚀崖、海蚀平台等海蚀地貌地质遗迹，呈线状沿海岸带分布，极具观赏价值

4.7.1　观音山花岗岩孤石地质遗迹

据不完全统计，大鹏半岛自然保护区观音山花岗岩孤石地质遗迹分布广泛，约有 57 个花岗岩孤石沿山体斜坡和沟谷分布（图 4.7.1），孤石以椭球状和球状居多，孤石等效直径为 1.5～15m，规模为 3.5～210.3m³，其中具有观赏价值的孤石有 15 处。大量的乔木和灌木沿石缝生长（图 4.7.2），很好地展示了花岗岩生物风化作用。

图 4.7.1　大鹏半岛观音山花岗岩孤石地貌遥感解译图

图 4.7.2　大鹏半岛自然保护区观音山花岗岩孤石地质遗迹

4.7.2　鹅公村花岗岩孤石地质遗迹

鹅公村花岗岩孤石地质遗迹共由 7 个花岗岩孤石组成，孤石呈群状集中堆积成一个石堆状。单个孤石的规模 2.5～86.1m³，观赏价值高。孤石呈椭球状，一棵树龄约 170 年的古榕树沿花岗岩孤石间的缝隙生长，风景别具一格（图 4.7.3）。古榕树的根系攀延于长轴直径达 9m 的椭球状花岗岩孤石表面，石中有树，树间有石，浑然天成，具有很高的观赏价值。

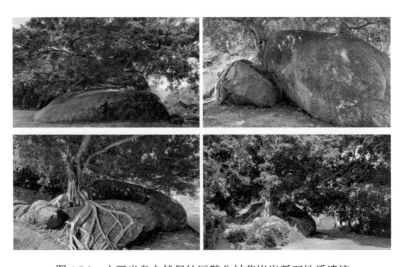

图 4.7.3　大鹏半岛自然保护区鹅公村花岗岩孤石地质遗迹

4.7.3　东山寺—马草龙花岗岩孤石地质遗迹

据不完全统计，大鹏半岛自然保护区东山寺—马草龙山塘一带共分布有形态各异的花岗岩孤石 95 个，规模为 $3.2 \sim 178.3 m^3$，其中具有观赏价值的孤石有 23 处。孤石多呈椭球状和长条状，散落分布于山体斜坡之上，山体花岗岩出露完整，孤石星罗棋布，其间树木生长良好，远观孤石和树木，有山崖有石蛋，似牛似马，若隐若现，就像是一幅极佳的山水画。马草龙山塘岸边分布有长条状及不规则状且观赏价值较高的 5 处孤石，孤石倒映于碧绿的湖水中，风景优美（图 4.7.4）。

图 4.7.4　东山寺—马草龙花岗岩孤石地质遗迹

4.7.4　柚柑湾海蚀地貌地质遗迹

一般而言，海蚀地貌是波浪对岩石岸坡进行机械性的撞击和冲刷、岩石石缝间的空气被海浪压缩而对岩石产生巨大的压力、波浪挟带的碎屑物质对海岸岩石进行研磨和海水长期对岩石的溶蚀等海蚀作用最终所形成的海岸地貌景观。海蚀地貌多发育于陡崖和呷角一带，波浪及挟带的石块冲蚀岩石海岸的底部形成凹槽和海蚀洞穴；波浪的持续作用易导致海蚀洞穴坍塌，海蚀洞穴顶部的岩石失去支撑，加之重力作用产生崩塌，就会形成陡峻的海蚀崖，崖脚一旦出现崩塌堆积物，崩塌堆积的石块就形成倒石堆；随着持续的海浪冲蚀和海水溶蚀，可导致海蚀崖后退，最终形成向海倾斜的海蚀平台，如果坚硬的岩石留存于平台之上，可形成海蚀柱；海浪向海蚀洞不断掏蚀，波浪上冲压缩海蚀洞内的空气，使洞顶裂隙扩大，并最后击穿洞顶，形成垂直相通的洞穴（海蚀天窗）。

大自然的鬼斧神工将大鹏半岛自然保护区柚柑湾一带的花岗岩岩石海岸雕刻成形态各异的石蛋、海蚀柱、海蚀穴、海蚀槽、海蚀崖和海蚀平台等海蚀地貌地质遗迹（图 4.7.5）。柚柑湾一带的海蚀崖怪石嶙峋，风光变幻；海蚀柱千姿百态，傲然挺立于碧波万顷的海面之上；海蚀洞穴、海蚀槽、海蚀崖和海蚀平台的形态各异，海蚀节理层次分明，各种海蚀地貌类型错落有致，交相辉映，形成了一幅幅美丽独特的海岸地貌景观图（图 4.7.5）。大鹏半岛自然保护区柚柑湾一带为花岗岩岩质海岸，其海蚀地貌地质遗迹大多形体浑圆，保留有较明显的花岗岩球状风化痕迹，表明各类海蚀地貌地质遗迹的发育特征受花岗岩节理的控制。柚柑湾一带的海蚀地貌地质遗迹极具旅游审美情趣，是大鹏半岛自然保护区独有的高品质地质遗迹景观，无论是在观赏价值及旅游开发方面，还是在地质科学研究方面，均具有十分重要的科学价值和现实意义。

(a) 海蚀花岗岩石蛋

 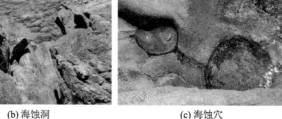

(b) 海蚀洞　　　　　　　　　　　　　(c) 海蚀穴

(d) 沙滩海蚀花岗岩孤石　　　　　　　(e) 海蚀花岗岩堆积体

(f) 沿节理交叉切割的海蚀现象　　　　(g) 沿节理面侵蚀的海蚀现象

(h) 条形孤石　　　　　　　　(i) 潮间带沙滩孤石

(j) 海蚀崖　　　　　　　　　(k) 海蚀平台

图 4.7.5　大鹏半岛自然保护区柚柑湾海蚀地貌地质遗迹

4.7.5　古生物群化石地质遗迹

古生物群化石地质遗迹位于深圳市大鹏新区南澳街道水头沙社区英管岭的山体斜坡上。区内地层主要为下侏罗统金鸡组，地质遗迹点植物化石清晰可见（图 4.7.6），部分地段出露新鲜岩面，远观可见明显的背斜构造。南澳地区金鸡组岩层除包含植物化石外，还含有早侏罗世的海相双壳类和菊石化石。根据目前的研究成果，英管岭发现的植物化石保存完整，该植物群以形态保存密集、羽叶和茎干连生、本内苏铁叶化石等同时保存为特征，代表了一个以本内苏铁植物耳羽叶（*Otozamites*）为主导的早侏罗世植物群落。这批植物化石不仅是深圳地区的首例，更是岭南地区罕见的早侏罗世植物化石，它的发现填补了深圳中生代植物化石的空白。这些植物化石不仅反映了华南地区三叠—侏罗纪转换时期植物化石的多样性，而且为深圳地区古生态、古气候和古地理环境的变迁提供了陆生植物学的证据。

图 4.7.6　大鹏半岛自然保护区英管岭化石产地

4.8　土壤质量分析与评价

4.8.1　土壤资源发育特征

1. 土壤类型与分布特征

大鹏半岛自然保护区的土壤类型与地貌具有一定的相关性，呈现出一定的垂直分布规律，海拔由低至高的土壤类型依次为赤红壤—红壤—黄壤（图 4.8.1）。大鹏半岛自然保护区除坝光、东涌、西涌等沿海平原区外，土壤多为岩石风化发育而成，土层厚度一般小于 1m，土壤表层植被发育较好，植被枯落物的厚度为 6～10cm。大鹏半岛自然保护区内绝大部分土壤剖面的石砾含量较高，土壤呈酸性反应，土壤总孔隙度偏小，但土壤的通气孔隙比例适中。

大鹏半岛自然保护区的土壤类型包括黄壤、红壤、赤红壤、石质土、滨海砂土、滨海盐渍沼泽土、沼泽土和水稻土 8 种类型。各类型土壤的分布面积如图 4.8.1 和表 4.8.1 所示。赤红壤和红壤是大鹏半岛自然保护区最主要的土壤类型，分布面积分别为 123.958km² 和 18.084km²，分别占自然保护区总面积的

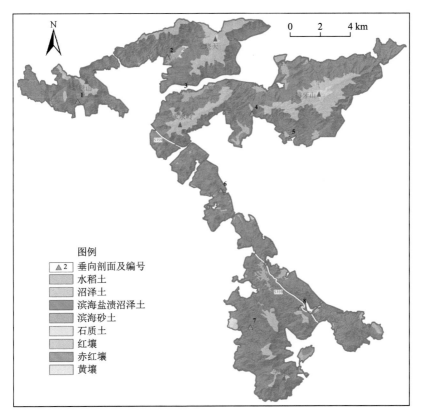

图 4.8.1　大鹏半岛自然保护区土壤类型分布图

84.697%和 12.356%。大鹏半岛自然保护区的赤红壤主要分布于海拔 300m 以下的低丘陵、岗地和山坡地带，为大鹏半岛自然保护区内分布最广、面积最大的土壤类型（图 4.8.2），土壤物质的风化和淋溶强烈，盐基饱和度低、硅铁铝率较低、酸性强。由于大鹏半岛自然保护区不同地段赤红壤的成土母质、植被和土壤的利用程度存在较大差异，不同地段赤红壤的养分状况也呈现出较大的差别。其中，花岗岩赤红壤广泛分布于大鹏半岛自然保护区的西部，土壤的厚度较大，土壤质地中等，含较多粗砂，土层易受降水冲刷侵蚀；砂泥岩赤红壤主要分布于大鹏半岛自然保护区的东部和南部，土壤厚度较薄，土壤底部常含大量砾石。红壤发育于海拔 300~600m 的高丘陵和低山一带，主要分布于大鹏半岛自然保护区的笔架山、排牙山、求水岭和尖峰顶等地。红壤和赤红壤都经历过较强烈—强烈的脱硅富铝化过程，但红壤受到的淋溶和沉淀作用强度均比赤红壤弱。黄壤形成于海拔近 600m 以上的山地一带，在大鹏半岛自然保护区分布的面积较小。由于海拔高，气温较低而湿度较大，黄壤的风化和富铝化作用的强度明显弱于赤红壤和红壤，岩性对土壤的影响不明显，但黄壤的水化作用相对较强。

表 4.8.1　　大鹏半岛自然保护区土壤类型一览表

土壤类型	面积/km²	百分比/%	土壤类型	面积/km²	百分比/%
赤红壤	123.958	84.697	滨海砂土	0.460	0.314
红壤	18.084	12.356	滨海盐渍沼泽土	0.219	0.150
黄壤	0.848	0.580	沼泽土	0.061	0.042
石质土	0.452	0.309	水稻土	2.272	1.552

(a) 花岗岩赤红壤　　　　　　　　　　(b) 火山岩赤红壤

(c) 砂岩赤红壤　　　　　　　　　　　(d) 砂质泥岩黄壤

图 4.8.2　大鹏半岛自然保护区土壤发育特征

2. 土壤粒度组成特征

土壤质地是土壤最重要的物理性质之一，对土壤的水、肥、气、热等各个肥力因子及土壤可耕性有重要的影响。一般而言，土壤质地状况取决于成土母质（岩）、气候、降水、地形、地表植被及人为活动等因素。

1）平面分布特征

对大鹏半岛自然保护区采集的 52 件土壤样品的粒度成分、电导率和容重等指标进行测试分析，并依据粒度组成进行土壤质地分类统计，结果如表 4.8.2 和图 4.8.3 所示。土壤的粒度组成特征表明大鹏半岛自然保护区的土壤类型以砂质壤土和壤土为主，赤红壤的电导率明显大于红壤。大鹏半岛自然保护区不同类型土壤和不同成土母岩土壤的粒度成分累积曲线见图 4.8.4。成土母岩为侏罗系金鸡组砂岩的土壤颗粒最细，粉粒和黏粒合计 68.78%；成土母岩为泥盆系砂岩的土壤颗粒较细，粉粒和黏粒合计为 54.60%；成土母岩为白垩系火山岩的土壤和成土母岩为石炭系砂岩的土壤粉粒和黏粒含量较为接近，二者合计分别为 51.50% 和

49.50%；成土母岩为花岗岩的土壤颗粒最粗，粉粒和黏粒合计为 34.34%；表明母岩组成物质的粗细直接影响土壤的质地。另外，从区域整体上看，大鹏半岛自然保护区内赤红壤颗粒的粒径较黄壤颗粒的粒径明显更细，这主要是较细小的土壤颗粒更易从高海拔向低海拔迁移所致。

表 4.8.2 大鹏半岛自然保护区土壤粒度成分和物理性质指标统计特征

土壤类型	统计特征值	砾粒/mm >2	砂粒/mm					粉粒/mm		黏粒/mm	电导率/(μS/cm)	容重/(g/cm³)
			2~1	1~0.5	0.5~0.25	0.25~0.1	0.1~0.05	0.05~0.005	0.005~0.002	<0.002		
赤红壤	平均值	16.95	7.38	7.04	11.69	11.13	4.73	21.55	5.61	13.91	190.14	1.79
黄壤	平均值	20.70	17.76	13.38	14.68	9.88	3.04	11.31	1.70	7.55	75.11	—
第四系土壤	平均值	10.51	5.73	9.79	25.71	18.02	5.51	14.13	3.49	7.13	600.71	1.78
白垩系土壤	平均值	18.24	6.91	6.03	7.42	6.87	3.05	24.91	6.50	20.09	88.83	—
侏罗系土壤	平均值	11.82	3.22	1.84	2.74	5.67	5.95	28.92	9.93	29.93	110.32	—
石炭系土壤	平均值	11.47	2.51	4.36	8.99	15.44	7.75	27.61	6.64	15.25	178.15	1.95
泥盆系土壤	平均值	9.79	2.63	2.59	6.00	16.35	8.02	28.43	6.84	19.33	61.94	—
花岗岩土壤	平均值	22.05	10.79	8.86	11.34	9.25	3.37	19.37	4.66	10.31	111.07	
总体样品统计特征	最大值	50.87	17.79	16.39	53.80	24.36	11.35	35.75	16.10	45.85	2649.57	1.94
	最小值	0.00	0.67	0.40	0.88	1.08	0.72	6.37	1.42	3.61	29.94	1.67
	中位数	14.92	7.11	7.34	10.37	9.88	4.12	23.39	5.00	12.64	111.17	1.80
	平均值	17.02	7.59	7.17	11.75	11.11	4.70	21.35	5.53	13.79	187.89	1.79
	标准差	11.22	4.55	3.89	9.30	6.25	2.76	7.72	2.70	9.19	399.98	0.08
	变异系数	0.66	0.60	0.54	0.79	0.56	0.59	0.36	0.49	0.67	2.13	0.04

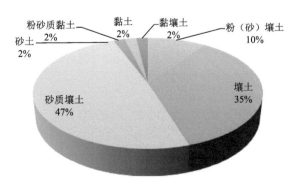

图 4.8.3 大鹏半岛自然保护区土壤质地类型统计

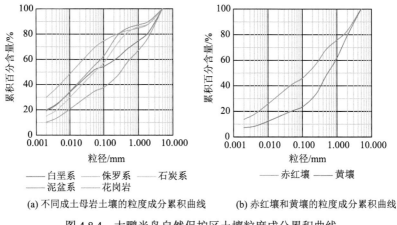

(a) 不同成土母岩土壤的粒度成分累积曲线　　(b) 赤红壤和黄壤的粒度成分累积曲线

图 4.8.4　大鹏半岛自然保护区土壤粒度成分累积曲线

2）剖面分布特征

大鹏半岛自然保护区不同剖面土壤的粒径＜0.01mm 的土粒含量和石砾含量如图 4.8.5（a）和（b）所示。图 4.8.5（a）和（b）表明随着深度的增加，土壤粒径＜0.01mm 的土粒含量没有明显的变化规律，分布散乱，但土壤内石砾的含量有随着深度增加而增大的趋势。

3. 土壤容重

土壤容重是土壤重要的物理性状指标，其大小反映土壤的松紧状况和孔隙多少，并可用来计算一定体积土体内某种物质的储量。土壤容重主要与土壤质地、结构、团聚状况、排列状况及有机质含量等因素有关。大鹏半岛自然保护区土壤容重为 $1.67 \sim 1.95 \text{g/cm}^3$，平均值为 1.79g/cm^3。如图 4.8.5（c）所示，土壤容重在垂向上有随着深度增加而增大的趋势。

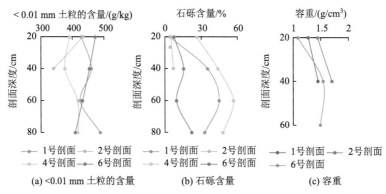

(a) ＜0.01 mm 土粒的含量　　　(b) 石砾含量　　　(c) 容重

图 4.8.5　大鹏半岛自然保护区土壤垂向剖面物性特征分布图

资料来源：《深圳市大鹏半岛自然保护区生物多样性综合科学考察》和实测资料

4.8.2　土壤母岩地球化学特征

1. 第四纪沉积物类型

一般而言，地表浅层的第四纪沉积物类型及物质成分是土壤形成、分布及发育的物质基础。同时，基岩的类型及化学性质对第四纪沉积物的发育特征又存在深刻的影响。按沉积物的形成原因分类，可将大鹏半岛自然保护区内第四纪沉积物划分为残积及坡积物、洪积物、冲积物、冲积及海积物、海积物等五种类型（表 4.8.3）。

表 4.8.3　大鹏半岛自然保护区第四纪沉积物类型统计

沉积物类型		地貌类型	岩性特征	
代号	成因及名称		物质	厚度/m
el + dl	残坡积角砾碎屑	火山岩、砂岩、变质岩低山和高丘陵	岩石角砾	1～3
		花岗岩低山	典型坡积物为黏土质砂和角砾	3～10
	残坡积花岗岩石蛋	花岗岩低丘及部分台地	花岗岩巨砾（直径1～3m，7～8m）夹杂在坡积红土之中	—
	残积薄层红壤型风化壳	花岗岩高丘陵及沿海花岗岩低丘陵、其他岩性的低丘陵、台地	构造残积层黏土碎屑（变质岩）砂质黏土（砂页岩）粗砂黏土（花岗岩）	3～19 15～20 5～23
	残积厚层红壤型风化壳	花岗岩台地及部分花岗岩低丘陵	中砂黏土碎屑黏土	30～50（高台地）20～30（低台地）
pl	洪积物　洪积砂砾	二级洪积阶地一级洪积阶地现代洪积扇	砂砾（粒径2～5cm或30～50cm），泥质胶结，局部红土化	1～2 或 3～5
al	冲积物　冲积黏土质砂及砾砂	二级冲积阶地一级冲积阶地	上部黏土质砂下部砂砾	1～5 5～7
al + m	冲积及海积物	冲积海积黏土（淤泥）	冲积海积平原	黏土或淤泥	12～22
		冲积海积砂质黏土	冲积海积平原	砂质黏土	11～21
		冲积海积砂	冲积海积平原	中粗砂、含黏土中粗砂及砾砂	7～12
m(ml)	海积物	海积淤泥质砂	海积阶地、潟湖平原	淤泥与砂互层	13～20
		海积砂	沙堤和沙滩	中粗砂、中细砂	12
		海积淤泥	泥滩	粉砂淤泥	4.5～5

资料来源：根据《深圳地貌》及实测资料整理。

2. 土壤母岩地球化学特征

大鹏半岛自然保护区的成土母质主要由花岗岩、砂岩和火山岩风化（残坡积）

而成，仅大鹏半岛自然保护区的东涌、西涌和坝光等地土壤母质类型为海相和冲积相松散沉积物。总体而言，大鹏半岛自然保护区的各类岩石风化层的结构松散程度从大到小依次为松散沉积物＞花岗岩风化物＞火山岩风化物＞砂岩风化物。地质钻探结果表明，大鹏半岛自然保护区鹅公岭一带的花岗岩残坡积层厚度为0.6～4.2m，坝光一带的第四纪沉积物厚度为0.8～11.3m。

对大鹏半岛自然保护区29件岩石样品进行地球化学分析测试，并统计各地层岩石元素含量的平均值，结果如表 4.8.4 所示。与深圳 [《土壤环境背景值》（DB4403/T 68—2020）] 相比，大鹏半岛自然保护区的成土母岩在风化成土过程中，As 和 Hg 存在富集倾向。大鹏半岛自然保护区内砂岩的元素含量平均值与中国东部砂岩元素丰度（迟清华和鄢明才，2007）对比，砂岩的 Pb 和 Cr 元素富集（自然保护区砂岩元素含量/中国东部砂岩元素含量≥2），As 则呈相对贫化状态（自然保护区砂岩重金属元素含量/中国东部砂岩元素含量≤0.5）；大鹏半岛自然保护区南山村组凝灰岩和流纹岩的岩石化学元素含量平均值与中国流纹岩的平均值相比，Ni、Cr 和 Cu 元素富集（自然保护区流纹岩元素含量/中国流纹岩元素含量≥2），Cd、As 和 Hg 呈相对贫化状态（自然保护区流纹岩元素含量/中国流纹岩元素含量≤0.5）；大鹏半岛自然保护区内花岗岩的岩石化学元素含量平均值与中国花岗岩相比，Ni、Zn、Cu 和 Hg 元素富集（自然保护区花岗岩岩石元素含量/中国花岗岩元素含量≥2），As 呈相对贫化状态（自然保护区花岗岩岩石元素含量/中国花岗岩元素含量≤0.5）。

表 4.8.4　大鹏半岛自然保护区不同地层岩石元素含量平均值统计

岩石化学元素单位		Ni/ (mg/kg)	Zn/ (mg/kg)	Cd/ (mg/kg)	Pb/ (mg/kg)	Cr/ (mg/kg)	As/ (mg/kg)	Cu/ (mg/kg)	Hg/ (mg/kg)	K/ (g/kg)	P/ (g/kg)
流纹岩	K_1n	24.88	61.48	0.02	21.22	12.88	0.06	29.77	0.0031	51.24	0.25
砂岩	J_1j^1	21.38	28.65	0.03	52.87	66.49	0.10	23.09	0.0022	13.03	0.60
	C_1c^1	12.92	10.00	0.02	6.78	143.22	0.04	4.09	0.01	22.17	0.12
	$D_{2-3}c$	22.40	59.38	0.05	29.54	126.37	0.08	27.29	0.03	42.61	0.34
	D_2l	8.04	79.12	0.07	111.34	48.61	0.10	8.09	0.0022	23.07	0.26
	平均值	16.83	51.14	0.05	58.81	86.76	0.09	17.95	0.0097	25.83	0.37
花岗岩平均值		12.99	115.01	0.09	30.72	9.38	0.07	47.55	0.0140	47.05	0.49
赤红壤背景值		32.90	112.00	0.12	130.00	92.20	55.10	43.90	0.15	—	—
中国流纹岩		4.0	55	0.080	21	4.5	3.5	4.5	0.0070	—	—
中国东部砂岩		17	51	0.081	18	39	5	15	0.015	—	—
中国花岗岩		5.2	40	0.057	26	6.6	1.2	5.5	0.0064	—	—

大鹏半岛自然保护区不同风化程度成土母岩（质）的岩石地球化学特征见表 4.8.5。表 4.8.5 表明，成土母岩的 Cr 和 As 元素含量随风化程度的加深有较明显的提高。

表 4.8.5　大鹏半岛自然保护区各风化程度成土母岩元素含量平均值统计

岩石化学 元素单位	Ni/ (mg/kg)	Zn/ (mg/kg)	Cd/ (mg/kg)	Pb/ (mg/kg)	Cr/ (mg/kg)	As/ (mg/kg)	Cu/ (mg/kg)	Hg/ (mg/kg)	K/ (g/kg)	P/ (g/kg)
赤红壤背景值	32.90	112.00	0.12	130.00	92.20	55.10	43.90	0.15	/	/
强风化泥岩	25.12	51.23	0.09	26.52	104.88	10.83	25.21	0.045	37.89	0.35
中风化粉砂岩	12.90	80.62	0.34	29.58	36.15	3.67	13.33	0.046	23.61	0.63
花岗岩残坡积土	11.39	11.39	0.08	43.06	36.59	46.27	5.75	0.039	10.57	0.11
强风化花岗岩	1.38	78.51	0.02	37.91	1.25	0.85	2.93	0.126	40.71	0.31
中风化花岗岩	81.71	43.69	0.03	26.04	0.89	0.36	6.23	0.078	46.08	0.28
微风化花岗岩	4.87	4.87	0.27	55.04	2.91	0.49	8.00	0.066	10.51	1.56

4.8.3　土壤地球化学特征

1. 平面分布特征

大鹏半岛自然保护区土壤类型以赤红壤为主，按成土母岩类型划分为不同的地质单元，对大鹏半岛自然保护区 308 件表层土壤样品的元素含量进行统计分析，结果见表 4.8.6 和图 4.8.6，其中，深圳市土壤环境背景值数据引自《土壤环境背景值》（DB4403/T 68—2020）。从表 4.8.6 可以看出，同深圳市红壤环境背景值相比，大鹏半岛自然保护区红壤重金属元素总体呈相对富集（土壤元素含量/背景值 ≥2）的元素为 Ni，呈相对贫化（土壤元素含量/背景值 ≤0.5）的元素为 Cd、Pb、As、Cu 和 Hg；同深圳市赤红壤环境背景值相比（图 4.8.6），大鹏半岛自然保护区赤红壤重金属元素总体呈相对富集的元素为 Cd，样品富集率为 22%，最大富集系数为 5.35；呈相对贫化的元素为 Hg、Cu，贫化样品数的占比分别为 81.3%、78.1%。土壤酸碱性是土壤重要的化学性质，对营养元素的分解释放、植物的养分吸收、土壤肥力、微生物活动、土壤病虫害的发生及植物的分布与生长有重要影响。大鹏半岛自然保护区的土壤大多呈酸性，赤红壤的 pH 高于红壤，土壤的 pH 变异较小。

表 4.8.6　大鹏半岛自然保护区表层土壤重金属元素含量统计特征

土壤类型及样品统计特征		pH	Ni/(mg/kg)	Zn/(mg/kg)	Cd/(mg/kg)	Pb/(mg/kg)	Cr/(mg/kg)	As/(mg/kg)	Cu/(mg/kg)	Hg/(mg/kg)
第四系土壤	Q	5.93	34.04	48.15	0.108	41.16	35.39	37.30	10.72	0.05
流纹岩土壤	K_1n	4.86	26.95	55.92	0.283	81.88	54.67	44.02	4.13	0.03
砂质岩类土壤	J_1j	4.92	33.05	56.75	0.359	58.53	79.68	66.73	21.61	0.03
	C_1c^1	5.91	21.39	64.56	0.092	47.13	84.07	35.06	23.47	0.05
	$D_{2-3}c$	4.87	11.57	56.13	0.112	46.29	91.33	35.17	27.62	0.04
	D_2l	4.65	12.90	82.68	0.071	94.60	34.75	55.25	23.21	0.01
	平均值	5.09	19.73	65.03	0.159	61.64	72.46	48.05	23.98	0.03
花岗岩土壤平均值		5.02	16.47	73.26	0.147	71.68	24.92	43.77	16.33	0.06
红壤平均值		4.95	69.37	110.91	0.005	56.36	72.06	24.23	14.47	0.04
红壤背景值		—	19.4	84.1	0.11	124	70.2	59.2	42.4	0.131
赤红壤平均值		5.24	21.53	63.33	0.164	62.08	44.30	44.40	16.72	0.05
赤红壤背景值		—	32.90	112.00	0.12	130.00	92.20	55.10	43.90	0.15
总体土壤样品统计特征	最大值	8.09	294.85	369.98	0.642	233.73	213.12	219.33	79.28	0.16
	最小值	4.07	2.04	18.57	0.005	0.46	2.75	3.53	0.50	0.00
	平均值	5.23	22.28	64.07	0.162	61.99	44.74	44.09	16.68	0.05
	中位数	4.93	7.75	59.56	0.128	51.31	23.20	35.54	9.96	0.04
	标准差	0.95	41.23	47.54	0.125	49.49	48.74	36.04	17.23	0.03
	变异系数	0.18	1.85	0.74	0.771	0.80	1.09	0.82	1.03	0.71

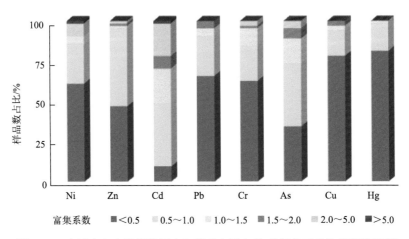

图 4.8.6　大鹏半岛自然保护区赤红壤重金属含量/背景值百分比堆积柱形图

　　大鹏半岛自然保护区土壤各元素含量平面分布特征如图 4.8.7 所示。从图 4.8.7 中可以看出，Ni 元素含量的高值区集中于西涌附近，Zn 元素含量的高值区集中于水头沙一带，Pb 元素含量的高值区集中于债头水库和香车水库附近，Cr 元素含量的高值区集中于火烧天东南、廖哥角和半天云一带，As 元素含量的高值区集中于鬼打坳水库和深圳市天文台一带，Cu 元素含量的高值区集中分布于犁壁山东南和岭澳水库周边，Hg 元素含量的高值区集中分布于径心水库和打马沥水库附近，Cd 元素为大鹏半岛自然保护区土壤的主要污染物，Cd 元素含量的高值区集中分布于笔架山西北部区域。

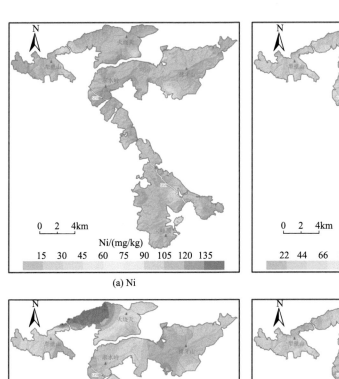
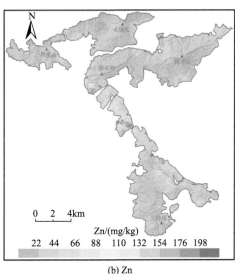

(a) Ni

(b) Zn

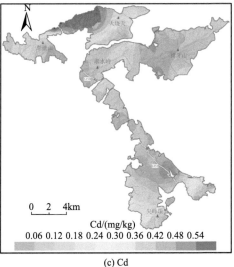
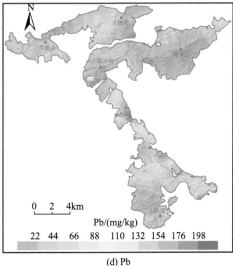

(c) Cd

(d) Pb

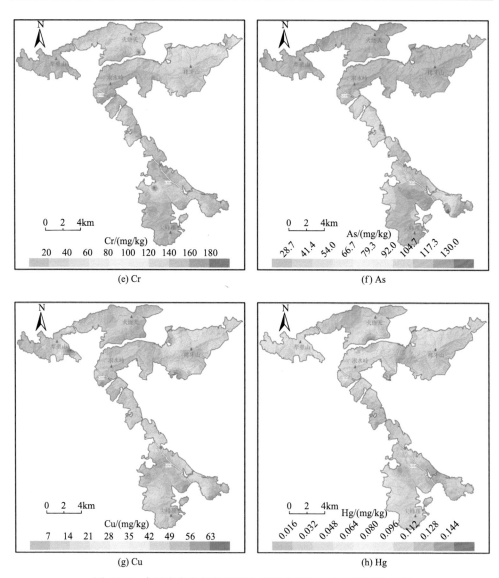

图 4.8.7　大鹏半岛自然保护区土壤重金属元素含量平面分布图

　　对大鹏半岛自然保护区土壤样品的各种重金属元素及 pH 进行相关性分析，分析结果见表 4.8.7。表 4.8.7 表明，土壤中 Zn 和 Pb 呈较强的正相关关系，其余相关系数均小于 0.4，说明大鹏半岛自然保护区内土壤的各重金属元素含量相对独立，共生性较弱。

　　2. 剖面分布特征

　　大鹏半岛自然保护区土壤剖面上各重金属元素的含量如图 4.8.8 所示。图 4.8.8

表明，大鹏半岛自然保护区的土壤 Ni、Cu 和 Hg 元素含量随着深度的增加而减小，Cd、Zn、Cr、Pb 和 As 元素含量则比较无序，呈杂乱分布状态。

表 4.8.7　大鹏半岛自然保护区土壤 pH 及重金属元素相关性一览表

	pH	Ni	Zn	Cd	Pb	Cr	As	Cu	Hg
pH	1								
Ni	0.165	1							
Zn	−0.083	−0.016	1						
Cd	−0.315*	−0.075	−0.082	1					
Pb	−0.105	−0.235	0.406**	0.042	1				
Cr	0.097	0.309*	−0.068	−0.187	−0.096	1			
As	0.039	0.191	−0.014	0.068	0.095	−0.033	1		
Cu	−0.052	0.294*	0.081	−0.070	−0.137	0.154	0.079	1	
Hg	−0.184	−0.222	−0.055	−0.005	−0.070	−0.235	−0.265*	−0.010	1

*−0.05 级别（双尾）相关性显著；**−0.01 级别（双尾）相关性显著。

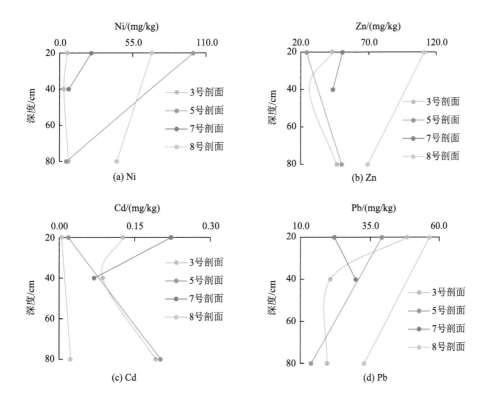

(a) Ni (b) Zn (c) Cd (d) Pb

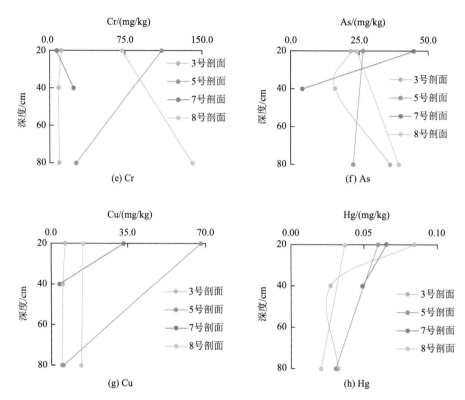

图 4.8.8　　大鹏半岛自然保护区土壤垂向剖面重金属元素含量分布图

资料来源:《深圳市大鹏半岛自然保护区生物多样性综合科学考察》和实测资料

4.8.4　土壤养分分布特征

1. 平面分布特征

土壤有机质（Org）是土壤的重要组成物质，影响土壤的物理、化学和生物学性质。森林土壤 Org 主要来源于森林凋落物，此外还有枯死根系、森林动物和土壤内小动物的排泄物、尸体以及微生物的代谢产物等。土壤的 Org 含量一般仅占土壤重量的 1%～10%，但它是土壤中最活跃的成分，对水、肥、气、热等肥力因子影响很大，成为土壤肥力的重要物质基础。

岩石矿物中不含 N 元素，所以自然土壤中的 N 主要来源于生物、雷电现象和降水等，其中，Org 是自然土壤 N 的最主要来源，凋落物的分解可使土壤 N 素含量明显增加。高等植物组织平均含 N 量为 2%～4%，是蛋白质的基本成分，影响植物的光合作用和根系生长。土壤含 N 的多少，也在一定程度上影响植物对 P 和其他元素的吸收。

大鹏半岛自然保护区土壤营养元素含量平面分布如图 4.8.9 所示。按《土地质量地球化学评价规范》(DZ/T 0295—2016),对自然保护区土壤养分的等级进行分类,结果见表 4.8.8。红壤的营养元素含量远低于赤红壤;各类土壤 N、P 和 Org 的含量以缺乏和较缺乏为主,约占样品总数的 69%;K 的含量分布不均,没有明显的优势分布区域。

对大鹏半岛自然保护区表层土壤的 N、P、K、Org 等营养元素及 pH 进行相关性分析,分析结果见表 4.8.9。表 4.8.9 表明,Org 和 N 呈高度正相关,这与深圳市其他自然保护区土壤营养元素表现出来的相关性特征基本一致。

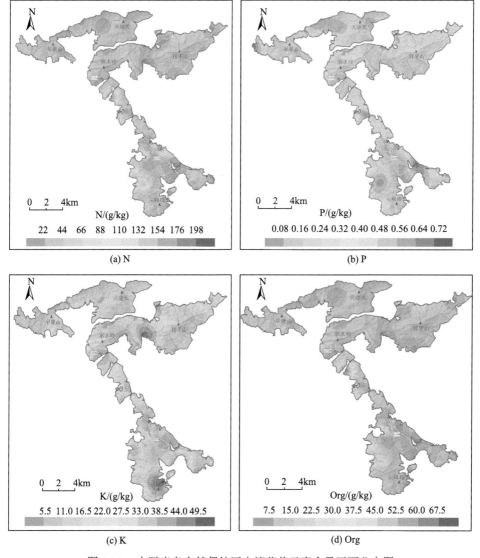

图 4.8.9　大鹏半岛自然保护区土壤营养元素含量平面分布图

表 4.8.8　大鹏半岛自然保护区表层土壤主要养分含量统计特征　　（单位：g/kg）

营养元素类别		N	P	K	Org
等级分类	丰富	>2	>1	>25	>40
	较丰富	1.5~2	0.8~1	20~25	30~40
	中等	1~1.5	0.6~0.8	15~20	20~30
	较缺乏	0.75~1	0.4~0.6	10~15	10~20
	缺乏	≤0.75	≤0.4	≤10	≤10
第四系土壤平均值	Q	0.99	0.29	13.26	22.17
砂岩土壤	J_1j	0.83	0.45	24.97	14.53
	C_1c^1	1.66	0.44	18.70	32.80
	$D_{2-3}c$	0.28	0.37	25.28	8.10
	D_2l	0.35	0.46	10.34	11.38
	平均值	0.78	0.43	19.82	16.70
火山岩土壤平均值	K_1n	0.50	0.18	19.41	10.78
花岗岩土壤平均值		0.96	0.30	24.25	18.28
红壤平均值		0.30	0.16	8.01	8.62
赤红壤平均值		0.94	0.33	21.28	18.80
总体样品统计特征	最大值	3.80	0.74	53.94	76.37
	最小值	0.00	0.01	2.93	1.72
	平均值	0.93	0.33	21.07	18.64
	中位数	0.60	0.30	18.83	12.15
	标准差	0.86	0.16	11.72	17.19
	变异系数	0.93	0.50	0.56	0.92

表 4.8.9　大鹏半岛自然保护区土壤 pH 及营养元素相关性一览表

	pH	Org	N	K	P
pH	1				
Org	−0.001	1			
N	0.024	0.890**	1		
K	−0.021	−0.098	−0.125	1	
P	−0.243	0.165	0.183	0.031	1

**−0.01 级别（双尾），相关性显著。

2. 剖面分布特征

对大鹏半岛自然保护区土壤各垂向剖面的营养元素含量及 pH 进行比较分析，分析结果见图 4.8.10。图 4.8.10 表明，土壤 Org 含量自表层往下呈明显下降趋势，这与 Org 主要来源于地上部分的生物残体有关；不同土壤剖面之间差异很大，4 号剖面表层土壤 Org 含量最高，表明该剖面地表凋落物较丰富；Org 是重要的土壤 N 源，N 含量的分布格局与 Org 相似。剖面上，土壤酸性由上层往下逐渐减弱。

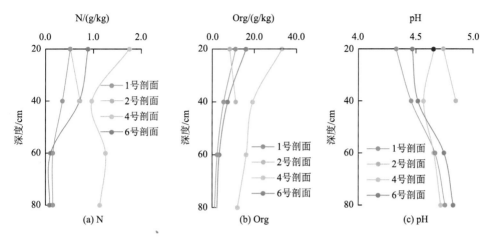

图 4.8.10　大鹏半岛自然保护区土壤垂向剖面营养元素含量及 pH 分布图

资料来源：《深圳市大鹏半岛自然保护区生物多样性综合科学考察》及实测资料

4.8.5　土壤地球化学特征与成土母岩关系

一般而言，岩石风化产物是土壤的主要来源，成壤过程中重金属的平均淋失比例由高至低依次为 Hg＞As＞Cu＞Zn＞Cd＞Ni＞Co＞Pb＞Cr，Cr 和 Pb 这两种元素的稳定性最高。整体上看，土壤重金属元素的淋失比例由表土向母质层降低，土壤形成过程中各重金属元素积累与迁移的差异同元素的活泼程度密切相关。地表环境土壤中的 Cu、Zn、Hg 和 As 多以非残留态形式存在，易受溶解、还原、络合等作用的影响而转变为可溶态，随降水和地表径流发生迁移；而 Pb、Cr、Ni 和 Co 多以残留态存在，与土壤矿物质结合紧密，不易随环境发生变化，故在地表环境中不易发生迁移（徐颖菲等，2019）。

岩石风化程度对成壤过程中重金属损失的影响也非常明显，一般是风化强的土壤重金属的迁移率较高，如花岗岩发育的土壤；而风化弱的土壤中重金属迁移率较低，如泥页岩和石英砂岩发育的土壤。这是因为多数重金属主要存在于黏土矿物晶格内，这些重金属元素只有当黏土矿物分解时才会释放，而亚热带成土环境下土壤风化强度的增加和土壤酸化正是促进黏土矿物风化的动力。随着矿物风化过程的深入，可溶态和胶体态的重金属元素可随流体淋溶迁出土体，但泥页岩和砂岩因土壤剖面的风化程度较低，相应的重金属元素损失较少。

对大鹏半岛自然保护区土壤元素含量及其母岩的元素含量进行对比分析，结果见图 4.8.11。图 4.8.11 表明，土壤中 Ni、Zn、Cu 元素与其母岩元素含量具有较好的共消共长关系，说明大鹏半岛自然保护区土壤的这些元素含量与地质背景关系密切，一定程度上受控于成土母质。土壤中 As 的富集与母岩背景相关性不大，保护区土壤 As 元素富集，具有南方典型地带性土壤特征，这主要是大鹏半岛自然保护区所处地理位置和生物气候条件所致。大鹏半岛自然保护区地处富铝风化壳，气候湿热、高温多雨，土壤母岩的化学风化和淋溶作用强烈，造成碱金属、碱土金属等易溶性物质淋失，而移动性较差的 Fe、Al 等元素残留积聚下来，As 能够被土壤中的 Fe、Al、Ca、Mg 固定。As 不仅可以和 Fe、Al、Ca、Mg 结合生成复杂的难溶性化合物，而且能够与无定形 Fe、Al 的氢氧化物产生共沉淀（赵述华等，2020）。

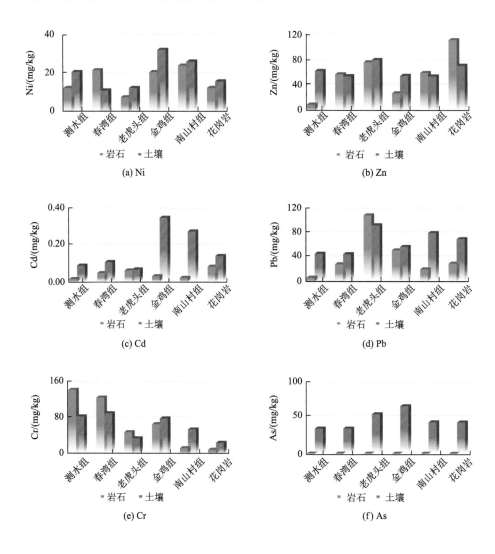

(a) Ni

(b) Zn

(c) Cd

(d) Pb

(e) Cr

(f) As

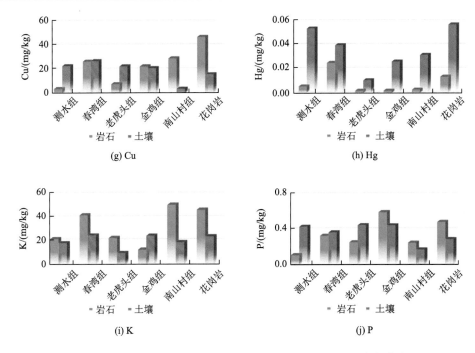

(g) Cu

(h) Hg

(i) K

(j) P

图 4.8.11　大鹏半岛自然保护区土壤与成土母岩元素含量关系图

不同地质背景的土壤，其成土母岩存在着差异，元素富集情况也不一样。图 4.8.11 表明大鹏半岛自然保护区成土母质为金鸡组和南山村组风化物的土壤富集 Cd，成土母质为测水组和花岗岩风化物的土壤富集 Hg。成土母质（岩）的种类、风化成土作用过程和风化程度强弱等自然因素和土地利用类型等人为因素均为土壤重金属空间分布的重要影响因素。

4.8.6　土壤质量分析评价

大鹏半岛自然保护区土壤质量评价方法如 2.6 节所示。重金属元素在土壤中一般不易随水淋失，不能被微生物分解，而常常在土壤中累积，甚至有的可以转化成毒性更强的化合物，通过食物链在人体内蓄积，严重危害人体健康。根据大鹏半岛自然保护区的土壤环境地球化学等级评价结果，大鹏半岛自然保护区土壤的重金属元素含量表现较好，自然保护区内仅深圳市天文台 1 处土壤样品的 As 污染风险较高。C、H、O、N、P、K 是植物正常生长所必需的大量营养元素，一般占植物干物质重量的十分之几到百分之几，除 C、H、O 三者主要来自空气和水外，其余 N、P、K 主要靠土壤提供。根据大鹏半岛自然保护区的土壤养分地球化学等级评价结果，大鹏半岛自然保护区土壤养分综合等级以贫乏—较贫乏为主，占全部土壤样品总量的 73%，无养分丰富等级的土壤。

　　根据前述大鹏半岛自然保护区土壤环境和土壤养分等级评价自然保护区的土壤质量，综合分析评价结果如图 4.8.12 所示。从图 4.8.12 可以看出，大鹏半岛自然保护区土壤质量等级以中等（三等）和差等（四等）为主，优质至劣等的土壤面积分别为优质（一等）面积 0.006km²，占比 0.004%；良好（二等）面积 5.61km²，占比 3.855%；中等（三等）面积 105.419km²，占比 72.032%；差等（四等）面积 34.950km²，占比 23.881%；五等（劣等）面积 0.334km²，占比 0.228%。劣等（五等）土壤仅分布于大鹏半岛自然保护区南部的深圳市天文台附近。

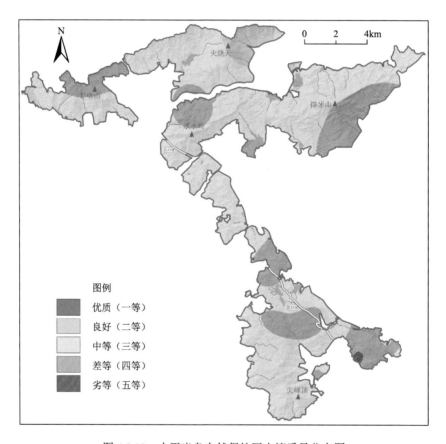

图 4.8.12　大鹏半岛自然保护区土壤质量分布图

4.9　水资源环境特征与评价

4.9.1　地表水环境特征与水质评价

以地表分水岭为界，大鹏半岛自然保护区的水系分属深圳市坪山河水系、大鹏湾水系和大亚湾水系三个水系分区（图 4.9.1）。大鹏半岛自然保护区西北部的小部分区域属坪山河水系分区，面积约为 1.80km^2，占自然保护区总面积的1.24%；大鹏半岛自然保护区的西部属于大鹏湾水系分区，面积约为 73.42km^2，占自然保护区总面积的 50.37%；大鹏半岛自然保护区的东部属于大亚湾水系分区，面积约为 70.53km^2，占自然保护区总面积的 48.39%。

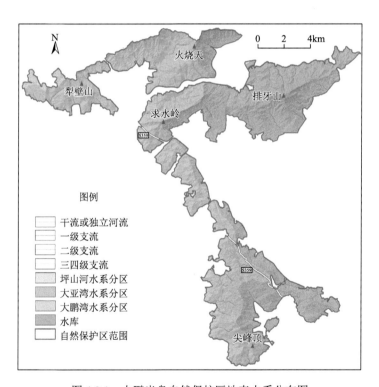

图 4.9.1　大鹏半岛自然保护区地表水系分布图

1. 地表水分布特征

大鹏半岛自然保护区水文条件较好，分布有多座中小型人工水库，是深圳市重要的水源涵养区之一，地表水主要类型为溪流、水库和水塘等。

1）溪流

大鹏半岛自然保护区内溪流众多（图4.9.1和表4.9.1），溪流汇合或直接注入水库，也有部分溪流流入大海。自然保护区境内河流坡陡流短，其径流量、流量、洪峰与降水量密切相关，均属于雨源型河流，河水暴涨暴落。受地形地貌的影响，大鹏半岛的河流呈放射状，北部的求水岭至南部的尖峰顶构成大鹏半岛自然保护区水系的主要分水岭。由于山系逼近海岸，因此，大鹏半岛的河流源短流急，大多独流入海。这些河流的长度皆小于10km，河道的分级也较少，一般为2～3级。东涌河是大鹏半岛自然保护区内最大的河流（图4.9.2）。

表 4.9.1　大鹏半岛自然保护区地表河流基本特征

河流名称	级别	流域	长度/m
罗屋田河	干流或独立河流	大鹏湾流域	4129.54
下洞河	干流或独立河流	大鹏湾流域	1166.03
大坑水	干流或独立河流	大鹏湾流域	1903.74
鹅公水	干流或独立河流	大鹏湾流域	1418.24
上洞河	干流或独立河流	大鹏湾流域	1851.24
长毛湖坑水	干流或独立河流	大鹏湾流域	1346.24
天龙坑水	干流或独立河流	大鹏湾流域	2024.63
无名河	干流或独立河流	大鹏湾流域	1096.93
乌泥河	干流或独立河流	大鹏湾流域	1148.22
南澳河	干流或独立河流	大鹏湾流域	4985.84
水头沙河	干流或独立河流	大鹏湾流域	417.74
土洋河	干流或独立河流	大鹏湾流域	754.08
鹏城河	干流或独立河流	大亚湾流域	2719.42
淡水涌	干流或独立河流	大亚湾流域	518.60
江屋山水	干流或独立河流	大亚湾流域	1282.93
西涌河	干流或独立河流	大亚湾流域	1820.17
河背坑水	干流或独立河流	大亚湾流域	2393.35
岭澳河	干流或独立河流	大亚湾流域	1657.09
大坑槽水	干流或独立河流	大亚湾流域	1003.93
新大河	干流或独立河流	大亚湾流域	1037.52
上新屋水	干流或独立河流	大亚湾流域	1084.13

续表

河流名称	级别	流域	长度/m
横路坑水	干流或独立河流	大亚湾流域	604.36
水磨坑河	干流或独立河流	大亚湾流域	1910.86
东涌河	干流或独立河流	大亚湾流域	5281.79
大坑河	干流或独立河流	大亚湾流域	2104.89
龙仔陂涌	干流或独立河流	大亚湾流域	95.44
大亚湾电站排洪渠	干流或独立河流	大亚湾流域	1041.31
岭澳西排洪渠	干流或独立河流	大亚湾流域	1133.96
双坑水	干流或独立河流	大亚湾流域	1427.46
王母河	干流或独立河流	大亚湾流域	280.53
盐灶水	干流或独立河流	大亚湾流域	2592.44
南门头河	干流或独立河流	大亚湾流域	578.87
坝光水	干流或独立河流	大亚湾流域	737.51
福华德电力排水渠	干流或独立河流	大亚湾流域	2.93
溪涌河东支	一级支流	大鹏湾流域	722.93
西边洋河	一级支流	大鹏湾流域	528.71
三溪河	一级支流	大鹏湾流域	1106.60
径心河	一级支流	大鹏湾流域	4924.36
长毛湖左支	一级支流	大鹏湾流域	1624.26
迭福河右支	一级支流	大鹏湾流域	824.14
松山河	一级支流	大亚湾流域	253.65
河背坑水左支	一级支流	大亚湾流域	2522.28
东涌河左一支	一级支流	大亚湾流域	291.11
西贡河	一级支流	大亚湾流域	584.42
东涌河左二支	一级支流	大亚湾流域	400.25
大陇水	一级支流	大亚湾流域	3.10
上新屋水左支	一级支流	大亚湾流域	1147.52
猪头山支流	二级支流	大鹏湾流域	1304.04
上禾塘支流	二级支流	大鹏湾流域	63.33
新屋仔涌左支	二级支流	大亚湾流域	245.10

图 4.9.2 大鹏半岛自然保护区东涌河入海河口段景观特征

大鹏半岛自然保护区内的溪流水量随降水季节变化明显，4～9 月为丰水期，10 月至次年 3 月为枯水期，雨季地表径流顺坡而下，流量大增；旱季缺乏地表径流补给，流量减少，部分溪流甚至断流。

2）水库

大鹏半岛自然保护区现有水库 21 座（表 4.9.2），其中中型水库两座，包括东涌水库和径心水库；小（1）型水库 10 座，包括枫木浪水库、铁扇关门水库、香车水库、罗屋田水库、盐灶水库、洞梓水库、岭澳水库、大坑水库、打马沥水库和水磨坑水库；另有小（2）型水库 9 座。

根据深圳市水资源规划，大鹏半岛自然保护区内的径心水库、枫木浪水库、打马沥水库、罗屋田水库为生活饮用水地表水源保护区。大鹏半岛自然保护区的森林植被覆盖程度高，对自然保护区水源的涵养有非常重要的保护效果。野外实地调查发现位于大鹏半岛自然保护区内原生森林植被地带的溪流，常年流水量往往大于受人工活动干扰地区的溪流。因此，加强对大鹏半岛自然保护区森林资源，尤其是原生植被的保护，有利于保证各水库的水源供应。

表 4.9.2 大鹏半岛自然保护区水库基本特征

序号	水库名称	控制流域面积/km²	工程规模	总库容/万 m³	防洪	发电	供水	灌溉	养殖	其他
1	径心水库	10.09	中型	1493.71			1			
2	东涌水库	9.6	中型	1190.99			1			
3	枫木浪水库	5.43	小（1）型	604.84			1			
4	岭澳水库	3.42	小（1）型	596			1			
5	洞梓水库	2.94	小（1）型	588			1			
6	香车水库	2.89	小（1）型	428.26			1			
7	罗屋田水库	7.86	小（1）型	422.16			1			
8	盐灶水库	4.09	小（1）型	396.1						1
9	打马沥水库	4.12	小（1）型	378.5			1			

续表

序号	水库名称	控制流域面积/km²	工程规模	总库容/万 m³	防洪	发电	供水	灌溉	养殖	其他
10	水磨坑水库	2.3	小（1）型	163.96			1			
11	大坑水库	5.2	小（1）型	150			1			
12	铁扇关门水库	2.18	小（1）型	144.06						1
13	债头水库	0.73	小（2）型	39.49						1
14	鬼打坳水库	0.39	小（2）型	30.7						1
15	龙子尾水库	3.28	小（2）型	30.36						1
16	大毛田水库	0.46	小（2）型	28.21			1			
17	长坑水库	0.65	小（2）型	26.28						1
18	上洞水库	1.86	小（2）型	25.01						1
19	猪头山水库	2.13	小（2）型	20.75						1
20	禾塘仔水库	0.19	小（2）型	18.86						1
21	响水水库	0.2	小（2）型	10.04						1

2. 地表水水化学特征

大鹏半岛自然保护区内共采集地表水样 90 个，采集样品的水体类型主要为河流、水库和景观池塘等。大鹏半岛自然保护区地表水样品的水化学统计特征如表 4.9.3 所示。大鹏半岛自然保护区的地表水（不含东涌河入海口的咸淡混合水）pH 为 6.36～7.75，电导率为 75～175μS/cm，溶解性总固体为 11.94～154.00mg/L，总硬度为 5.96～68.05mg/L。

表 4.9.3　大鹏半岛自然保护区地表水水化学统计特征

统计指标类别	pH	电导率/(μS/cm)	K⁺/(mg/L)	Na⁺/(mg/L)	Ca²⁺/(mg/L)	Mg²⁺/(mg/L)	Cl⁻/(mg/L)	SO₄²⁻/(mg/L)	HCO₃⁻/(mg/L)	CO₃²⁻/(mg/L)	总硬度/(mg/L)	溶解性总固体/(mg/L)
最大值	7.75	175.00	10.36	17.53	20.60	3.25	35.60	12.21	77.01	1.20	68.05	154.00
最小值	6.36	75.00	0.37	1.89	0.80	0.32	1.25	0.66	7.93	0.00	5.96	11.94
平均值	7.11	132.65	3.59	6.00	4.25	0.98	13.09	4.05	20.21	0.03	20.99	64.06
中位数	7.23	139.40	2.12	4.62	3.58	0.72	9.94	3.43	18.30	0.00	17.61	40.00
标准差	0.41	31.29	2.80	3.96	3.33	0.63	8.12	2.60	11.34	0.20	12.20	48.93
变异系数	0.06	0.24	0.78	0.66	0.79	0.64	0.62	0.64	0.56	5.92	0.58	0.76

3. 地表水水质评价

对大鹏半岛自然保护区采集的 27 个地表水样品进行水质全分析检测，检测指标包括 K^+、Na^+、Ca^{2+}、Mg^{2+}、Cl^-、NO_4^{2-}、HCO_3^-、CO_3^{2-}、游离 CO_2、总硬度、总碱度、溶解性总固体、pH 和 NH_3-N、Cd、Pb、Hg、Cr、As、Cu、Zn、Fe、Al、Mn、Ni、Mo、B、TP、TN、氟化物、硫化物及水温、颜色、电导率、Eh、溶解氧、NO_2^-、NO_3^-、耗氧量（COD）等。依照《地表水环境质量标准》（GB 3838—2002）规定的地表水水质评价标准和方法对大鹏半岛自然保护区的地表水样品进行分析评价，评价结果见图 4.9.3 和表 4.9.4。

图 4.9.3　大鹏半岛自然保护区地表水水质分布图

表 4.9.4　大鹏半岛自然保护区地表水水质一览表

采样点编号	采样位置	pH	COD/ (mg/L)	DO/ (mg/L)	TP/ (mg/L)	NH₃-N/ (mg/L)	TN/ (mg/L)	F⁻/ (mg/L)	水质 等级
DP-S10	径心水库	7.75	5	7.2	0.048	0.088	0.56	0.155	III
DP-S72	枫木浪水库	7.49	6	8.3	0.055	<0.025	0.38	0.012	IV
DP-S64	打马沥水库	7.45	7	7.7	0.071	0.115	0.27	0.012	IV
DP-S54	罗屋田水库	7.73	6	10.0	0.064	0.068	0.13	0.085	IV
DP-S51	上洞水库	7.40	12	9.6	0.076	<0.025	0.06	0.018	IV
DP-S53	猪头山水库	7.39	9	9.3	0.054	<0.025	0.11	0.087	IV
DP-S73	香车水库	7.45	9	9.7	0.074	0.098	0.19	0.036	IV
DP-S23	铁扇关门水库	7.33	7	9.3	0.047	0.121	0.23	0.019	III
DP-LWT6.9	罗屋田水库	7.52	5	9.2	0.048	0.047	0.12	0.065	III
DP-S08	洞梓水库	7.08	5	9.2	0.055	0.141	0.57	0.024	IV
DP-S61	盐灶水库	7.23	5	7.4	0.066	0.081	0.20	0.028	IV
DP-S62	龙子尾水库	7.09	8	8.4	0.062	0.121	0.29	0.079	IV
DP-S65	水磨坑水库	7.31	15	9.2	0.056	0.095	0.31	0.016	IV
DP-S19	大坑水库	7.26	6	7.9	0.057	<0.025	0.20	0.012	IV
DP-S18	岭澳水库	7.56	5	9.7	0.043	<0.025	0.08	0.018	III
DP-S45	响水水库	7.45	7	7.2	0.038	0.376	0.36	0.059	III
DP-S67	禾塘仔水库	7.55	10	7.9	0.046	0.075	0.18	0.050	III
DP-S68	鬼打坳水库	7.42	5	9.7	0.056	0.125	0.23	0.062	IV
DP-S69	债头水库	7.44	12	9.8	0.065	0.065	0.16	0.068	IV
DP-S70	长坑水库	7.36	6	9.2	0.064	0.295	0.35	0.016	IV
DP-S46	大毛田水库	7.45	12	8.9	0.057	0.457	0.27	0.021	IV
DP-S24	东涌红树林湿地公园入口东涌河	8.43	/	9.9	0.071	0.088	0.13	1.040	IV
DP-DC6.8	东涌家园旁东涌河	8.23	/	9.7	0.085	0.098	0.16	1.230	IV
BG-S06	坝光银叶树湿地园西侧池塘	7.41	27	7.5	0.084	0.039	0.10	<0.006	IV
BG-S6.9	坝光银叶树湿地园东侧池塘	7.27	28	7.9	0.079	0.028	0.09	0.017	IV
BG-S08	盐灶水下游	7.33	5	9.2	0.071	0.036	0.12	0.031	II
DP-LZW6.9	龙子尾水库上游	7.53	6	8.9	0.059	0.108	0.19	0.036	II
DP-EG6.8	天龙坑水	7.44	7	9.8	0.039	0.134	0.32	0.046	II
DP-S41	鹅公至西涌登山道	7.26	7	8.1	0.043	0.262	0.16	0.021	II

注：　　　Ⅰ类水；　　　　Ⅱ类水；　　　　Ⅲ类水；　　　　Ⅳ类水。

大鹏半岛自然保护区地表水的水质为 II～IV 类水，其中，东涌河的水质为IV类水，未达到地表III类水质的水功能区划水质目标，造成东涌河水质为IV类水的污染物为 F$^-$，这可能与海水混入有关；大鹏半岛自然保护区各级水库的水质以IV类水为主，导致IV类水质的污染物为 TP，其未达到《地表水环境质量标准》（GB 3838—2002）湖、库水的特殊要求。大鹏半岛自然保护区地表水的 As、Cd、Cr、Pb、Hg 等毒理学指标和 Mn、Fe、Cu、Zn 等金属元素指标表现较好，符合 I 类地表水的水质标准；硫化物及 NO$_3^-$、Cl$^-$、SO$_4^{2-}$ 等也符合 I 类地表水的水质标准。

4. 地表水水质变化特征

大鹏半岛自然保护区主要水库库水的历年污染物浓度及水质评价结果如表 4.9.5 所示，至 2020 年，自然保护区各水库的历年水质均达到III类水的水质目标，水质优良。

表 4.9.5　大鹏半岛自然保护区重要水库历年水质一览表（2011～2020 年）

水库	年份	pH	DO/(mg/L)	COD$_{Mn}$/(mg/L)	NH$_3$-N/(mg/L)	TP/(mg/L)	TN/(mg/L)	类大肠菌/(mg/L)
枫木浪水库	2011	7.22	6.75	1.14	0.04	0.022	0.33	22
	2012	7.51	8.04	1.28	0.02	0.006	0.2	35
	2013	7.3	8.1	1.84	0.03	0.017	0.28	120
	2016	7.14	7.58	1.5	0.05	0.01	0.23	250
	2017	7.29	8.39	1.3	0.05	0.009	0.19	180
	2018	7.29	8.12	1.2	0.05	0.008	0.17	230
	2019	7.30	7.84	1.5	0.07	0.014	0.18	340
	2020	7.05	8	1.3	0.02	0.011	0.2	140
径心水库	2011	7.17	6.83	1.01	0.05	0.021	0.36	32
	2012	7.5	8.35	1.26	0.02	0.006	0.2	29
	2013	7.18	8.09	1.5	0.03	0.016	0.29	76
	2014	7.16	7.69	1.42	0.03	0.013	0.27	84
	2015	7.24	7.55	1.52	0.03	0.013	0.37	120
	2016	7.12	8	1.5	0.04	0.014	0.38	160
	2017	7.32	8.23	1.4	0.02	0.009	0.14	210
	2018	7.15	8.34	1.1	0.07	0.007	0.18	140
	2019	7.18	8.08	1.4	0.06	0.009	0.21	260
	2020	7.08	7.95	1.1	0.02	0.012	0.25	110
打马沥水库	2016	7.18	8.64	1.9	0.03	0.013	0.43	330
	2017	7.4	8.7	1.9	0.04	0.009	0.3	370
	2018	7.05	8.07	2.4	0.18	0.015	0.3	120
	2019	7.22	8.61	1.6	0.08	0.016	0.21	240
	2020	7.32	8.31	1.8	0.05	0.014	0.25	82

续表

水库	年份	pH	DO/ (mg/L)	COD_Mn/ (mg/L)	NH₃-N/ (mg/L)	TP/ (mg/L)	TN/ (mg/L)	类大肠菌/ (mg/L)
罗屋田水库	2016	7.2	8.97	2.0	0.03	0.015	0.34	170
	2017	7.33	8.56	2.0	0.02	0.015	0.21	300
	2018	7.24	8.76	1.8	0.08	0.015	0.25	160
	2019	7.15	8.28	1.9	0.05	0.025	0.21	120
	2020	7.16	8.10	2.5	0.06	0.021	0.30	120
香车水库	2016	7.29	8.24	1.4	0.06	0.013	0.54	290
	2017	7.32	8.32	1.2	0.03	0.008	0.32	350
	2018	7.25	8.01	1.0	0.06	0.01	0.2	160
	2019	7.23	8.16	1.2	0.06	0.014	0.38	88
	2020	7.11	7.78	1.2	0.02	0.018	0.17	72
大坑水库	2016	7.41	7.32	1.6	0.06	0.021	0.37	240
	2017	7.02	7.10	2.0	0.19	0.009	0.47	200
	2018	7.11	7.46	1.7	0.17	0.017	0.35	390
	2019	7.22	7.32	1.6	0.3	0.01	0.50	270
	2020	7.04	8.32	1.3	0.02	0.013	0.20	110
岭澳水库	2016	7.30	7.20	1.3	0.04	0.007	0.25	280
	2017	6.86	6.78	1.5	0.06	0.008	0.40	450
	2018	7.31	7.40	1.3	0.15	0.018	0.33	330
	2019	7.2	7.55	1.5	0.15	0.010	0.37	400
	2020	7.08	8.36	0.7	0.02	0.015	0.17	250

注：　　　　　Ⅰ类水质；　　　　　Ⅱ类水质；　　　　　Ⅲ类水质。

资料来源：《深圳市环境质量报告书》（2011～2019 年）和《深圳市生态环境质量报告书》（2016～2020 年）。

4.9.2　地下水环境特征与水质评价

大鹏半岛自然保护区气候温和湿润、雨量充沛，多年平均降水量1948.4mm，自然保护区内河流及水库众多，地下水位动态变化特征主要受降水影响，坝光、东涌和西涌等滨海平原地带的地下水位还受到潮汐的影响。大鹏半岛自然保护区的地下水位高程等值线如图 4.9.4 所示，地下水位较高的区域位于大鹏半岛自然保护区中北部的花山仔附近。受地表水系分布格局的影响，大鹏半岛自然保护区的地下水系统也划分为坪山河水系、大鹏湾水系和大亚湾水系三个系统。

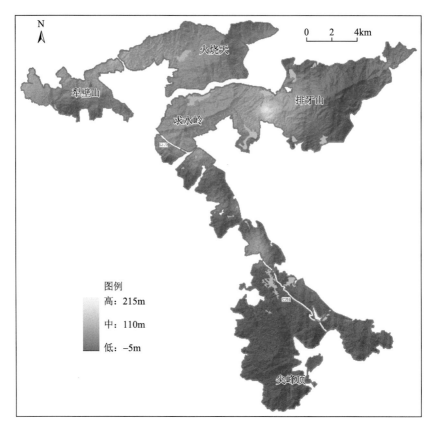

图 4.9.4　大鹏半岛自然保护区地下水水位高程等值线图

大鹏半岛自然保护区西北部水系属于坪山河水系分区，为丘陵地貌，区域岩石主要为晚侏罗世黑云母二长花岗岩（$\eta\gamma J_3$），地下水赋存于花岗岩裂隙之中（图 4.9.5）。大鹏半岛自然保护区西部水系属于大鹏湾水系分区，以低山丘陵地貌为主，北部罗屋田水库的西南部为冲洪积平原，区域岩石以晚侏罗世侵入岩为主，另有下侏罗统金鸡组（J_1j）、泥盆系春湾组（$D_{2-3}c$）和老虎头组（D_2l）的砂岩、泥岩、粉砂岩和石英砂岩等地层，地下水主要赋存于这些基岩的裂隙之中（图 4.9.5）。大鹏半岛自然保护区的东部水系属于大亚湾水系分区，地貌类型以低山丘陵为主，坝光、东涌和西涌等地为滨海平原，区域岩石有晚侏罗世（$\eta\gamma J_3$）和早白垩世（$\eta\gamma K_1$）黑云母二长花岗岩；地层除了泥盆系老虎头组（D_2l）、春湾组（$D_{2-3}c$）、下石炭统测水组（C_1c^1）和下侏罗统金鸡组（J_1j）的砂岩、泥岩、粉砂岩及石英砂岩外，还有下白垩统南山村组（K_1n）的流纹岩、流纹质凝灰岩和第四系的松散沉积物（Q_h^{al}、Q_h^{pl}、Q_h^{ml} 和 Q^s）等（图 4.9.5），地下水赋存于这些岩石的裂隙和砂层的孔隙中。

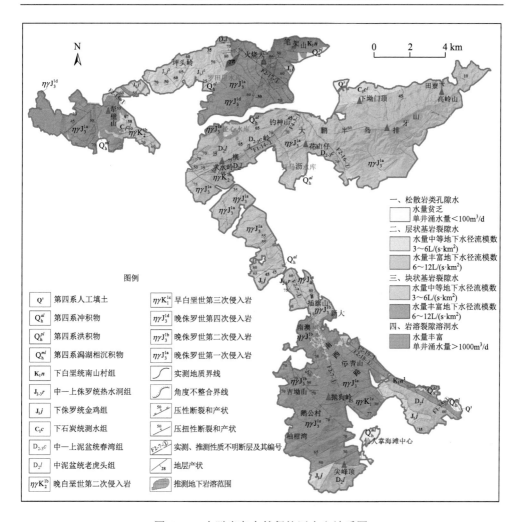

图 4.9.5　大鹏半岛自然保护区水文地质图

1. 地下水类型及富水性

大鹏半岛自然保护区的地下水类型主要可分为松散岩类孔隙水和基岩裂隙水两种类型,其中,基岩裂隙水可细分为块状基岩裂隙水和层状基岩裂隙水(图 4.9.5)。松散岩类孔隙水主要分布于大鹏半岛自然保护区的坝光、东涌和西涌等滨海平原一带及罗屋田一带的河谷两侧;基岩裂隙水是大鹏半岛自然保护区的主要地下水类型,分布范围广泛。大鹏半岛自然保护区的地下水类型和含水层富水性见表 4.9.6。

表 4.9.6 大鹏半岛自然保护区地下水类型及富水性特征

地下水类型	含水地层代号	岩性	富水性等级	面积/km²	径流模数/[L/(s·km²)]
松散岩类孔隙水	Q_h^{al}、Q_h^{pl}、Q_h^{ml}、Q^s	粉细砂、中砂、粗砂及砾石层等	水量贫乏	2.53	—
层状基岩裂隙水	J_1j、C_1c^1	石英砂岩、粉砂岩、泥岩、砂砾岩等	水量中等	15.12	3～6
	D_2l、$D_{2-3}c$	变质细砂岩、长石石英砂岩、粉砂岩等	水量丰富	40.29	6～12
块状基岩裂隙水	$J_{2-3}r$、$\eta\gamma J_3$、$\eta\gamma K_2$	火山碎屑岩、黑云母二长花岗岩	水量中等	26.81	3～6
	K_1n、K_1n^1、$\eta\gamma K_1$、$\eta\gamma J_3$	流纹岩、流纹质凝灰岩及黑云母二长花岗岩等	水量丰富	58.23	6～12

1）松散岩类孔隙水

松散岩类孔隙水主要分布于大鹏半岛自然保护区的坝光、东涌和西涌等滨海平原及罗屋田一带的河谷两侧，总面积约 2.53km²，含水层多为海积和冲洪积的细砂、粗砂及砾石层等。根据外业调查资料和水文地质钻探揭露，坝光滨海平原的含水层岩性主要为灰白色、褐黄色砂砾石、中粗砂、细砂等，含水层厚 0.8～11.3m；东涌滨海地带的含水层岩性主要为褐黄、褐灰色砂砾层，局部夹薄层粉质黏土，含水层厚 0.8～19.0m。砂砾层为松散岩类孔隙水的赋存提供了良好的存储空间和透水通道，但由于松散岩类孔隙含水层分布较零星，呈分散状，总体水量较贫乏；局部地段的砂砾层厚度大，富水性好。据钻孔抽水试验资料，松散岩类含水层的渗透系数（K）为 4.85～14.15m/d，钻孔单位涌水量 0.249～0.303L/(s·m)。

大鹏半岛自然保护区的孔隙含水层受大气降水和潮水顶托的影响，地下水位动态变化较明显。坝光一带的地下水位埋深为 1.1～3.2m，分布高程为 −4.3～4.3m；东涌一带的地下水位埋深为 0.0～4.20m，分布高程为 0.20～2.60m。从区域上看，大鹏半岛自然保护区孔隙含水层的地下水位年际变化幅度为 0.5～3m。

2）基岩裂隙水

（1）层状基岩裂隙水。

层状基岩裂隙水主要分布于大鹏半岛自然保护区的北部和南部的中泥盆统老虎头组（D_2l）、中—上泥盆统春湾组（$D_{2-3}c$）、下石炭统测水组（C_1c^1）、下侏罗统金鸡组（J_1j）等地层中。该岩组以硬脆性砂岩为主，夹泥岩、页岩和千枚岩等，岩层在构造应力作用下形成的裂隙以开启为主，并具有一定的延伸性，为地下水赋存和径流提供了较好的空间，因此该含水岩组透水性大多较好，属水量中等—丰富的含水层组。

富水地段主要分布于北部的排牙山、横头岭和南部的尖峰顶、穿鼻岩一带，总面积约为 40.29km^2。排牙山、横头岭一带的含水层岩性为老虎头组（D$_2l$）长石石英砂岩和春湾组（D$_{2-3}c$）的薄层状粉砂岩及泥质粉砂岩，尖峰顶、穿鼻岩一带的含水层岩性为老虎头组（D$_2l$）长石石英砂岩。富水地段的岩体径流模数为 6.01～12.16L/(s·km^2)。

中等富水地段主要分布于北部的坪头岭与坝光、中部的水头沙和南部的墨岩角一带，总面积约为 15.12km^2。坝光一带的含水层岩性为测水组（C$_1c^1$）的细粒长石石英砂岩，坪头岭、水头沙和墨岩角一带的含水层岩性为金鸡组（J$_1j$）的细粒石英砂岩、粉砂岩。中等富水地段的岩体径流模数为 3.22～5.24L/(s·km^2)。

（2）块状基岩裂隙水。

大鹏半岛自然保护区的块状基岩裂隙水分布广泛，主要分布于晚侏罗世（$\eta\gamma$J$_3$）和白垩纪侵入的花岗岩（$\eta\gamma$K$_1$、$\eta\gamma$K$_2$）风化裂隙中，另外在笔架山、东涌一带的下白垩统南山村组（K$_1n$）火山碎屑岩、流纹岩和凝灰岩及中部中—上侏罗统热水洞组（J$_{2-3}r$）流纹质火山碎屑岩的风化裂隙中也有分布。富水性强弱因岩石的风化程度和裂隙发育程度不同而异。花岗岩岩性主要以细粒、细粒斑状花岗岩、中—粗粒黑云母花岗岩和细粒斑状黑云母二长花岗岩为主，富水性因不同地段的裂隙发育强弱而存在差异。火山岩多为硬脆性岩石，在构造应力的作用下形成的裂隙一般较稀疏，呈开启状态，延伸较长，相互穿插连通，岩体内易形成网脉状的赋水及透水空间，有利于地下水的赋存与运移；由于构造作用的差异性，火山岩裂隙发育程度存在差别，富水性极不均一，局部地段的富水性较差。

富水地段分布面积较广，主要分布于大鹏半岛自然保护区北部笔架山、犁壁山和南部抛狗岭、东涌一带的晚侏罗世花岗岩（$\eta\gamma$J$_3$）和南山村组（K$_1n$）流纹岩、凝灰岩中，总面积约为58.23km^2；富水地段的径流模数为7.19～12.99L/(s·km^2)。中等富水地段分布于大鹏半岛自然保护区中部晚侏罗世、晚白垩世花岗岩和中—上侏罗统火山碎屑岩及熔岩（J$_{2-3}r$）中，总面积约为 26.81km^2；中等富水地段花岗岩的岩体径流模数为 3.35～5.73L/(s·km^2)，花岗岩块状基岩裂隙水的水位埋深为 1.85～5.5m。

大鹏半岛自然保护区的基岩裂隙水水位主要受大气降水影响，每年5～9月处于高水位期，高峰期出现于6～9月，10月以后，随着降水量的减少，地下水位缓慢下降，每年12月至次年4月处于低水位期，2月出现低谷。地下水位年际变化山区一般为3～5m，平原区一般小于1m。

2. 地下水补给、径流及排泄特征

一般而言，地下水的补给、径流及排泄特征主要受降水、地形地貌、岩性、地质构造等条件的控制，既有区域性的普遍规律，又存在特定地段的差异性，很难严格区分地下水的补给区、径流区和排泄区。同一地区既可以接受降水的渗入补给形成径流，同时又可能是地下水的排泄区。

1）地下水的补给

大鹏半岛自然保护区为亚热带季风气候区，雨量丰沛，降水补给量大。自然保护区的地下水主要靠降水和地表滞水渗入补给，丘陵山区是主要的补给区域。孔隙水含水层主要受大气降水、地表水入渗和周围山区基岩裂隙水侧向径流的补给；山区基岩裂隙水直接接受大气降水入渗补给。此外，大鹏半岛自然保护区的水库大部分均建于山间洼地，基岩裂隙较发育，且部分水库底部分布有断层，对地下水也有一定的补给，如径心水库和罗屋田水库。大鹏半岛自然保护区的降水入渗系数为 0.056～0.247。

2）地下水径流与排泄特征

大鹏半岛自然保护区的地形地貌总体南北高中部低，地下水排泄与地形基本相一致。地势较高的丘陵地区地下水获得降水渗入补给后，通常沿坡潜流到平原地区及地势相对较低的洼地。另外，地下水通道畅通的山体斜坡坡脚部位可形成泉水排泄 [图 4.9.6（a）]，或者排泄于河流或溪流中 [图 4.9.6（b）]，形成地下水溢出带。

(a) 观音山公园的泉水　　　　　　　　　(b) 冬季鹅公村附近的泉水

图 4.9.6　大鹏半岛自然保护区的泉水出露点

大鹏半岛自然保护区北部属于坪山河流域的地段，地形南高北低，上游地形坡降大，地下水接受降水入渗补给后，由南向北部的坪山河河谷渗流排泄。

自然保护区西部属于大鹏湾水系分区，地下水径流路径短，由海岸山系向南、向西渗流。由于花岗岩的阻隔，区内大部分地区地下水与海水无直接水力联系，而是以泄流的形式流入区内各短小的河流中，最终汇入大鹏湾。自然保护区东部的大亚湾水系分区整体地形西高东低，区内地下水径流路径也较短，转换快，由半岛中部山区分水岭向区内河谷渗流，最后汇入大亚湾海域。总体上看，除北部小部分属于坪山河流域的地区外，大鹏半岛自然保护区地下水的潜流流程一般较短，地下水的补给区与径流区基本相一致，地下水主要沿岩石间的节理、裂隙、层理和构造破碎带流边，径流坡度一般较陡，排泄比较迅速，多在阶地前缘或低洼地、断裂构造、风化裂隙中溢出排泄，部分直接排泄于河流、河谷之中。

　　总之，降水是大鹏半岛自然保护区地下水的主要补给来源，丘陵山体的风化壳，断层，岩石节理、裂隙，各类破碎带等有利于降水的渗透，第四系由于黏性土层覆盖较厚，降水渗透相对较差。旱季地下水补给地表水，雨季地表水补给地下水。

　　3. 地下水水化学特征

　　1）水化学类型及分布特征

　　大鹏半岛自然保护区的地下水化学组分主要来自溶滤作用。由于大鹏半岛自然保护区的侵入岩以酸性岩为主，其中含有较多的钠长石，而风化及淋滤作用易使岩石中的钠离子进入地下水，因此，地下水中往往形成低矿化度的以 Na^+、HCO_3^- 为主的地下水水化学类型（图 4.9.7）。

　　大鹏半岛自然保护区的滨海平原等地势平坦区，地下水以松散岩类孔隙水为主。受海水影响，地下水的水化学类型复杂多样，常见的水化学类型为 HCO_3-Ca 型、$HCO_3 \cdot Cl$-Na 型、$HCO_3 \cdot Cl$-Na·Ca·Mg 型、$HCO_3 \cdot Cl$-Na·Ca 型、$HCO_3 \cdot Cl$-Ca·Mg 型及 Cl-Ca 型等；大鹏半岛自然保护区的低山-丘陵地区地下水主要为块状或层状基岩裂隙水，地下水的水化学类型主要为 $HCO_3 \cdot Cl$-Na·Ca 型、$HCO_3 \cdot Cl$-Na 型和 HCO_3-Na·Ca 型等（图 4.9.7）。

　　2）地下水水化学特征

　　大鹏半岛自然保护区共采集地下水样 17 件，结合收集的地下水水质资料，大鹏半岛自然保护区地下水的水化学统计特征如表 4.9.7 所示。表 4.9.7 表明，位于滨海平原区的坝光银叶树湿地园和东涌红树林湿地公园一带地下水的 pH 为 6.05～11.73，矿化度为 65.70～898.55mg/L，总硬度为 19.00～302.11mg/L，总碱度为 17.50～256.10mg/L。低山丘陵区以基岩裂隙地下水为主，pH 为 5.91～7.30，矿化度为 28.66～569.08mg/L，总硬度为 7.01～285.79mg/L，总碱度为 11.84～130.13mg/L。

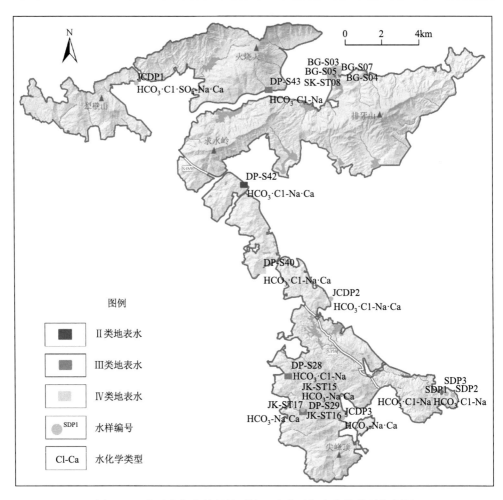

图 4.9.7　大鹏半岛自然保护区地下水水质与水化学类型分布图

表 4.9.7　大鹏半岛自然保护区地下水水化学统计特征

区域	统计项目	pH	$K^+ + Na^+$/(mg/L)	Ca^{2+}/(mg/L)	Mg^{2+}/(mg/L)	Cl^-/(mg/L)	SO_4^{2-}/(mg/L)	HCO_3^-/(mg/L)	总碱度/(mg/L)	总硬度/(mg/L)	总矿化度/(mg/L)
	最大值	11.73	194.74	109.05	37.74	349.00	108.74	305.10	256.10	302.11	898.55
	最小值	6.58	7.55	6.99	0.48	10.64	3.82	0.00	25.65	34.03	73.73
坝光银叶树湿地园	平均值	7.55	48.21	45.01	11.69	91.66	43.15	131.79	140.10	164.00	306.40
	中位数	6.96	21.35	36.60	5.77	63.07	23.25	117.12	103.55	127.06	216.77
	标准差	1.72	62.19	32.81	13.53	110.36	42.21	109.69	91.56	102.24	278.70

续表

区域	统计项目	pH	K⁺+Na⁺/ (mg/L)	Ca²⁺/ (mg/L)	Mg²⁺/ (mg/L)	Cl⁻/ (mg/L)	SO₄²⁻/ (mg/L)	HCO₃⁻/ (mg/L)	总碱度/ (mg/L)	总硬度/ (mg/L)	总矿化度/ (mg/L)
坝光银叶树湿地园	变异系数	0.23	1.29	0.73	1.16	1.20	0.98	0.83	0.65	0.62	0.91
东涌红树林	最大值	6.43	20.50	5.20	2.30	21.10	14.40	27.70	22.50	20.00	73.80
	最小值	6.05	17.00	3.80	1.50	18.60	11.00	21.60	17.50	19.00	65.70
	平均值	6.21	19.10	4.67	1.87	20.00	12.77	24.67	20.00	19.33	70.97
	中位数	6.15	19.80	5.00	1.80	20.30	12.90	24.70	20.00	19.00	73.40
	标准差	0.20	1.85	0.76	0.40	1.28	1.70	3.05	2.50	0.58	4.57
	变异系数	0.03	0.10	0.16	0.22	0.06	0.13	0.12	0.13	0.03	0.06
低山丘陵区	最大值	7.30	66.46	98.20	9.84	186.34	120.00	158.65	130.13	285.79	569.08
	最小值	5.91	3.37	1.47	0.40	3.55	2.50	14.43	11.84	7.01	28.66
	平均值	6.79	15.39	14.57	2.33	33.77	14.81	41.97	34.90	49.18	140.72
	中位数	6.85	10.24	4.21	1.45	12.42	5.72	22.58	18.77	22.42	71.93
	标准差	0.45	16.93	26.38	2.48	54.30	31.78	40.42	32.87	74.63	155.00
	变异系数	0.07	1.10	1.81	1.06	1.61	2.15	0.96	0.94	1.52	1.10

　　总体而言，大鹏半岛自然保护区的基岩裂隙水矿化度低、硬度低、碱度低；第四系松散岩类孔隙水由于其来源多样，地下水的水化学特征具复杂多样性。

4. 地下水水质评价

　　共采集大鹏半岛自然保护区 11 件地下水样品进行水质全分析检测。依照《地下水质量标准》（GB/T 14848—2017）对大鹏半岛自然保护区的地下水水质进行综合分析评价，结果见图 4.9.7 和表 4.9.8。大鹏半岛自然保护区地下水的水质为Ⅱ～Ⅳ类水。Ⅱ类水主要分布于大鹏半岛自然保护区中部的观音山公园一带。导致水质为Ⅳ类水的污染物主要为 Mn，其次为 NO₃⁻、Cl⁻、Ni 和 pH 等。地下水 Pb、Hg、Cr 等毒理学指标和 Al、Fe、Cu、Zn 等金属元素指标表现较好，符合Ⅰ类水的水质标准，氟化物也符合Ⅰ类水的水质标准。

表4.9.8 深圳市大鹏半岛自然保护区地下水水质一览表

样品编号	采样位置	pH	TDS/(mg/L)	S/(mg/L)	NH$_3$-N/(mg/L)	NO$_2^-$/(mg/L)	NO$_3^-$/(mg/L)	Cl$^-$/(mg/L)	SO$_4^{2-}$/(mg/L)	GH/(mg/L)	B/(μg/L)	Mn/(μg/L)	Ni/(μg/L)	As/(μg/L)	Mo/(μg/L)	Cd/(μg/L)
DP-S43	铁屎湖东北角	7.30	23	0.009	0.121	<0.016	0.423	8.31	2.87	7.00	5.31	<0.01	0.09	0.15	0.13	<0.05
BG-S04	坝光银叶树湿地园 JK-ST14钻孔	6.85	122	0.006	0.050	<0.016	0.478	44.60	23.60	116.00	15.30	0.98	10.00	<0.12	0.38	<0.05
BG-S02	坝光银叶树湿地园 JK-ST12钻孔	6.58	258	<0.005	0.064	<0.016	0.064	87.50	68.90	138.11	32.53	0.59	2.09	0.19	0.12	<0.05
BG-S01	坝光银叶树湿地园 SK-ST01钻孔	7.39	746	0.009	0.196	<0.016	0.084	349.00	97.50	266.61	438.54	0.53	1.52	2.55	4.17	<0.05
SK-ST06	坝光银叶树湿地园 SK-ST06钻孔	7.56	822	0.008	0.160	<0.016	0.076	335.26	103.75	236.00	392.00	0.45	1.53	1.89	3.28	<0.05
DP-S42	观音山公园泉水	7.01	46	0.006	0.036	<0.016	0.971	19.31	5.70	26.02	5.04	<0.01	0.30	0.22	0.22	<0.05
DP-S40	水头沙社区党群中心西	6.05	19	<0.005	0.087	<0.016	0.258	8.08	2.87	10.00	6.79	0.03	1.03	0.62	0.06	<0.05
DP-S28	公湾东南侧	7.26	146	<0.005	0.168	0.086	0.122	15.84	3.16	22.42	8.53	<0.01	<0.06	0.18	0.12	<0.05
JK-ST15	大鹏湾 JK-ST15钻孔	6.92	184	0.006	0.029	<0.016	27.300	16.52	9.14	91.60	18.60	0.53	27.80	0.46	0.89	0.67
JK-ST16	鹅公村 JK-ST16钻孔	6.80	158	0.008	0.021	<0.016	24.700	24.20	8.96	87.10	22.40	0.31	25.40	0.20	0.98	0.10
DP-S29	鹅公村鹅公水	7.25	160	<0.005	0.108	0.106	0.069	12.38	2.50	22.02	8.80	0.02	<0.06	0.19	0.12	<0.05

注：I类水； II类水； III类水； IV类水。

4.10　矿产资源特征

4.10.1　稀土资源特征

大鹏半岛自然保护区的稀土资源主要为风化壳淋积型稀土矿，矿源岩石为各类侵入岩，稀土资源主要分布于大鹏半岛南澳街道办的鹅公岩体和葵涌街道办的径心岩体等岩体内部。

1. 岩石地球化学特征

大鹏半岛自然保护区及周边一带的岩浆侵入活动集中于中侏罗世至晚白垩世，侵入活动频繁，其中，晚侏罗世至早白垩世是区内岩浆活动的高峰期，形成的侵入岩面积大、分布广，常形成大小不一的复式岩体。晚侏罗世侵入岩出露较广泛，先后可划分 3 次侵入活动。稀土矿产资源主要分布于晚侏罗世第一次侵入活动形成的鹅公岩体和径心岩体中。整体上看，鹅公岩体和径心岩体呈不规则状，与泥盆系、石炭系、下侏罗统地层呈侵入接触，并使其角岩化。第一次侵入岩以细中粒斑状黑云母花岗岩为主要岩石类型，局部可出现二长花岗岩及混染岩，中粒斑状花岗结构，基质具变余花岗结构、轻微变晶结构（图 4.10.1～图 4.10.4）。岩石中似斑晶主要由钾长石及少量石英、斜长石组成。主要矿物含量为钾长石 40%～45%、斜长石 25%、石英 30%、黑云母 3%～5%，微量矿物主要有磷灰石、锆石、褐帘石、榍石。钾长石斑晶较粗大，半自形宽板柱状，边缘常包嵌有基质组分而不规则。斜长石斑晶呈较自形的板柱状，石英多为等轴状或他形粒状，但多已重结晶。基质主要由钾长石、斜长石、石英及少量黑云母组成。矿物的自形程度基本同似斑晶，分布均匀。石英及黑云母受后期热力影响多已重结晶为细小颗粒和细小鳞片状集合体。

图 4.10.1　鹅公岩体正交镜下矿物结构特征　　图 4.10.2　鹅公岩体单偏光镜下矿物结构特征

 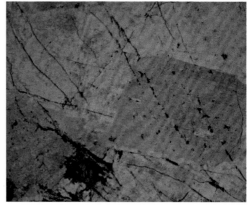

图 4.10.3　径心岩体正交镜下矿物结构特征　　图 4.10.4　径心岩体单偏光镜下矿物结构特征

根据深圳市大鹏半岛自然保护区鹅公岩体的岩石化学分析结果，可以发现岩石富含 SiO_2、Na_2O、K_2O，而 CaO、MgO、FeO、Al_2O_3 等含量随 SiO_2 增加而降低，主要氧化物含量与 SiO_2 相互制约、互为消长的关系明显。$Na_2O + K_2O$ 含量总体上随 SiO_2 增加而减少，但变化微弱。岩石的 A/NKC 平均值大于 1，投影点主要落于碱性区，部分在钙碱性区，属 SiO_2 过饱和、铝过饱和的岩石类型。光谱定量分析结果表明：①侵入体以 MnO、Zr、Pb、Ga、Ba 等较高，并普遍出现 P_2O_5 为特征；②从侵入体外部向中心 V、Cr、Li、Sr、TiO_2、MnO 等趋于增加，其他元素相反；③与世界花岗岩（克拉克值）相比，侵入体中 B、Pb、Sn、Nb、Mo、Cr、Li、Sr 等明显高于克拉克值，Zr、Ga、Y 等略高，其他元素均较低。侵入体中不同单矿物的微量元素含量也有不同变化。黑云母中的氧化物以 TiO_2、K_2O、P_2O_5 低，Al_2O_3、CaO 高，FeO 含量低，MnO、MgO 含量高为特征；微量元素以 Ni、Co、Ba 高，Mg 普遍出现，Zr、Nb、Cu 及 CaO 较低为特征。磁铁矿以 Ni 的含量高，Co、Y、Ag、Cu、V 及 TiO_2、MnO 等含量低为特征，Ni/Co 比值明显大于 1，说明岩浆可能来自壳下。磷灰石中 TiO_2、Pb、Zn、Sn、Mo 等含量较高，MnO、Zr、Y 等含量较低。榍石的微量元素 Zr、Be 含量高，其他元素含量较低。锆石中以 Sn、Y 的含量较高，其他元素的含量较低为特征。

2. 花岗岩风化壳特征

一般而言，稀土资源主要赋存于花岗岩风化壳层内部。花岗岩风化壳的风化程度主要受气候、地形及原岩特征等因素的控制，花岗岩的结构、构造、矿物成分及其数量等都制约着风化的进程。矿物的生成环境与地表环境差异越大，矿物越易风化。因此，花岗岩主要造岩矿物中抗风化能力的大小次序为：钙长石＜钠长石＜黑云母＜钾长石＜石英。花岗岩中含抗风化能力强的矿物越多，岩石越难风化。花岗岩岩体的节理发育程度也影响风化作用，节理破坏了花岗岩的连续性和完整性，增强了水溶液在岩体中的渗透能力，加快了花岗岩的风化速度，故花岗岩节理密集的地方往往风化最为强烈。

由于深圳市大鹏半岛自然保护区地处湿热气候带，化学风化作用进行得较为彻底。矿物中的钙、镁、钾、钠等元素全部被析出，硅也大量迁移，水溶液呈酸性反应，使硅酸盐、铝硅酸盐矿物分解，形成高岭土、蒙脱石等黏土矿物。花岗岩的主要造岩矿物，如钾长石、钠长石、黑云母等风化的最终或中间产物为高岭土、水云母、蛭石、蒙脱石等，形成了典型的硅铝黏土型风化壳。从垂向看，大鹏半岛的花岗岩风化壳层可分为表土层（坡残积层）、全风化层和中风化层，最底部为微风化—新鲜基岩，花岗岩风化壳三层之间无明显界面，呈渐变过渡关系。风化壳垂直分层结构特征如下。

（1）表土层：厚度一般为 0～3m，最厚可达 8～13m。表土层风化程度高，以化学风化为主，铝硅酸盐矿物已黏土化，铁质氧化为高价铁，因而呈灰黄、黄褐或略带砖红色，由黏土（含量为 40%～70%）、石英砂、花岗岩及脉石英碎块等组成，结构疏松，孔隙发育，不保留原岩结构。表土层的浅部保存 0.1～0.45m 厚的腐殖层。表土层一般稀土含量较低，仅局部构成工业矿体。

（2）全风化层：厚度一般为 5～20m，最厚可达 30m 以上。大鹏半岛自然保护区施工的钻孔揭露花岗岩风化壳厚达 35～78m，全风化层以化学风化为主，铝硅酸盐矿物已黏土化，呈灰白、灰黄色，主要由石英、黏土组成，局部保留长石外形，见有少量云母及电气石。呈疏松多孔状，易粉碎，尤其是全风化层下部较明显。全风化层的稀土含量高，为稀土矿的主要赋存部位。

（3）中风化层：厚度一般为 0.5～5m。中风化层的化学风化弱，部分长石黏土化。呈黄白、黄褐或略带红色，原岩结构基本保留，长石晶体保留完好。中风化层上部尚可形成稀土矿体，但矿石品位和矿石质量相对较差。

3. 稀土矿产资源特征

通过实地调查，结合前期工作资料，大鹏半岛自然保护区的稀土矿点主要有径心水库矿点和枫木浪矿点两处。

1）大鹏半岛自然保护区径心水库稀土矿点

径心水库稀土矿点位于大鹏新区葵涌街道 Y243 乡道北侧，该处花岗岩全风化壳厚约 8m，为黄色—红色中粗粒花岗岩风化壳。该矿点施工探槽取样 13 个，外围取样 11 个，矿体平均品位 0.12%（表 4.10.1），花岗岩风化壳稀土分布范围为 10879m² （图 4.10.5），估算稀土矿产资源量约为 146t。

表 4.10.1　大鹏半岛自然保护区径心水库稀土矿点样品分析化验结果（单位：%）

样品编号	稀土含量	样品编号	稀土含量	样品编号	稀土含量
DP-TC2-01	0.038	DP-TC2-09	0.064	DP-TC2-17	0.059
DP-TC2-02	0.175	DP-TC2-10	0.092	DP-TC2-18	0.037
DP-TC2-03	0.127	DP-TC2-11	0.111	DP-TC2-19	0.080
DP-TC2-04	0.165	DP-TC2-12	0.056	DP-TC2-20	0.190
DP-TC2-05	0.042	DP-TC2-13	0.095	DP-TC2-21	0.086
DP-TC2-06	0.105	DP-TC2-14	0.094	DP-TC2-22	0.157
DP-TC2-07	0.042	DP-TC2-15	0.144	DP-TC2-23	0.110
DP-TC2-08	0.060	DP-TC2-16	0.105	DP-TC2-24	0.190

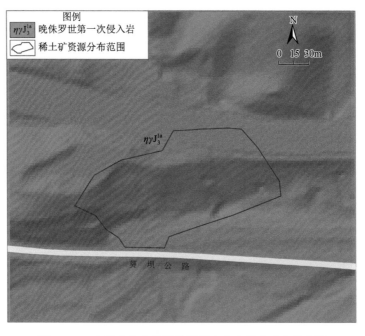

图 4.10.5　大鹏半岛自然保护区径心水库稀土矿点分布图

2）大鹏半岛自然保护区枫木浪稀土矿点

枫木浪稀土矿点位于大鹏新区南澳街道南西公路东侧，该处花岗岩全风化壳厚约 4m，为黄色—红色中粗粒花岗岩风化壳。该矿点施工探槽取样 26 个，外围取样 1 个，矿体平均品位 0.10%（表 4.10.2），花岗岩风化壳稀土分布范围为 13496m^2（图 4.10.6），估算稀土矿产资源量约为 76t。

表 4.10.2　大鹏半岛自然保护区枫木浪稀土矿点样品分析化验结果（单位：%）

样品编号	稀土含量	样品编号	稀土含量	样品编号	稀土含量
DP-TC5-01	0.022	DP-TC5-10	0.094	DP-TC5-19	0.081
DP-TC5-02	0.031	DP-TC5-11	0.110	DP-TC5-20	0.072
DP-TC5-03	0.057	DP-TC5-12	0.081	DP-TC5-21	0.078
DP-TC5-04	0.058	DP-TC5-13	0.078	DP-TC5-22	0.052
DP-TC5-05	0.036	DP-TC5-14	0.095	DP-TC5-23	0.058
DP-TC5-06	0.162	DP-TC5-15	0.091	DP-TC5-24	0.066
DP-TC5-07	0.074	DP-TC5-16	0.088	DP-TC5-25	0.054
DP-TC5-08	0.056	DP-TC5-17	0.088	DP-TC5-26	0.087
DP-TC5-09	0.038	DP-TC5-18	0.065	DP-TC5-27	0.099

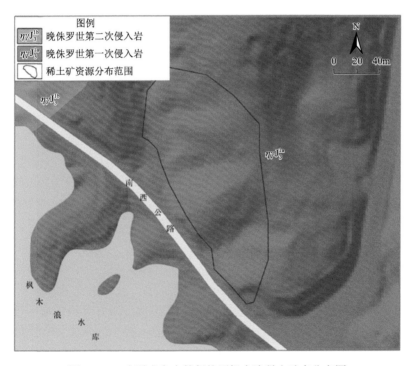

图 4.10.6　大鹏半岛自然保护区枫木浪稀土矿点分布图

4.10.2　矿泉水资源特征

大鹏半岛自然保护区的矿泉水类型为偏硅酸型矿泉水，主要分布于自然保护区观音山周边与西涌河中上游一带两个片区，分布面积分别约为 10.5km² 和 7.3km²。

1. 矿泉水赋存的地质环境背景

观音山周边与西涌河中上游一带出露的地层主要为第四系冲积、冲洪积层和海积层，岩性为灰黄色粉质黏土、黏土质砂砾及含砾中细砂等，分布于丘间谷地及洼地。观音山周边一带局部可见呈北西带状展布的埋藏型下石炭统石磴子组灰岩，岩性为深灰色条纹状、厚层状灰岩、白云质灰岩（白云质大理岩）与泥质、硅质灰岩互层，夹薄层泥炭质灰岩、生物碎屑白云岩、粉砂岩、细粒石英砂岩及钙质砂岩薄层或透镜体。观音山周边与西涌河中上游一带的主要侵入岩体为晚侏罗世中粒、中细粒斑状角闪石黑云母二长花岗岩，分布广泛。区内断层构造主要为北北西向和北北东向两组，其中，北北西向断层最为发育。观音山周边一带的矿泉水主要赋存于花岗岩构造裂隙带和断层交会部位，西涌河中上游一带的矿泉水主要形成于北东向与北西向断层的交会处。

2. 矿泉水补给、径流及排泄特征

矿泉水分布于观音山南东坡脚与西涌河中上游的坡脚一带，处于花岗岩的剥蚀丘陵部位。从区域上看，属于深圳断裂带的北西向次一级断层构造交会部位。地表为第四系坡积层覆盖，地形总体东低西高，地面自然径流条件好。晚侏罗世花岗岩为矿泉水的形成提供了高硅的地球化学环境，受区域断裂影响的构造裂隙和风化裂隙为矿泉水的运移、储存和富集提供了有利的空间通道，地下水的长期循环过程不断溶解花岗岩内部的可溶性硅，最终于特定的地形地貌及水文地质环境部位汇集形成矿泉水。

3. 矿泉水的水质特征

采集观音山周边与西涌河中上游一带的 15 组地下水样品进行矿泉水指标检测，其中 10 组地下水样品检测结果为矿泉水（表 4.10.3）。从表 4.10.3 中可以看出，观音山与西涌河一带的矿泉水溶解性固体含量为 92.23～287.65mg/L，钠为 6.28～7.58mg/L，偏硅酸为 28.38～52.13mg/L，属低钠、低矿化度偏硅酸矿泉水。阴离子以重碳酸根为主，阳离子以钠钙为主。水化学类型为 HCO_3-Na·Ca，pH 为 6.13～7.62。观音山周边与西涌河中上游一带的矿泉水除含偏硅酸外，还含有钾、钠、钙、镁、氯、硫等人体必需的常量元素，氟化物和溴酸盐等有害元素未超标。

表 4.10.3　深圳市大鹏半岛自然保护区矿泉水样品指标检测结果统计

位置	样品	偏硅酸/(mg/L)	游离 CO_2/(mg/L)	矿化度/(mg/L)	锶/(mg/L)	氟/(mg/L)	锂/(mg/L)	钠/(mg/L)	pH	溶解性总固体/(mg/L)
观音山周边	GYS-1	32.13	712.56	97.88	0.31	1.32	0.66	6.52	6.18	92.23
	GYS-2	35.19	698.37	103.62	0.55	1.23	0.35	6.55	6.55	165.78
	GYS-3	52.13	723.79	112.78	0.81	0.65	0.45	7.11	6.13	176.33
	GYS-4	45.27	487.85	107.93	0.38	0.58	0.59	7.32	6.72	179.67
	GYS-5	39.52	888.23	187.86	1.31	0.59	0.92	7.29	6.45	287.65
西涌河中上游	XC-1	28.38	904.31	238.45	1.19	1.15	0.85	7.58	6.48	190.37
	XC-2	30.76	789.43	258.62	0.79	0.39	0.33	6.28	7.43	257.32
	XC-3	33.59	709.56	177.82	0.68	0.68	0.49	6.47	6.39	175.86
	XC-4	38.36	693.52	198.81	0.49	1.39	0.78	7.32	7.62	188.92
	XC-5	35.65	952.38	125.68	0.83	1.08	0.69	6.92	6.85	195.23

4.11　红树林生态地质资源特征

大鹏半岛自然保护区的红树林主要分布于东涌村的东涌红树林湿地公园和盐灶村的坝光银叶树湿地园等两处入海河口区。前者主要为红树林，后者有银叶树（半红树）和红树林两种类型。大鹏半岛自然保护区的红树林湿地资源丰富，风光秀丽，景色宜人，具有重要的旅游和科学研究价值。

4.11.1　东涌红树林生态地质资源特征

东涌红树林位于深圳市大鹏半岛自然保护区南澳街道东涌红树林湿地公园一带的东涌河入海河口处，南面临海，其中心地理坐标为 114°34′23.4″E，22°29′40.9″N。东涌拥有丰富的红树林湿地资源（图 4.11.1），特别是东涌的海漆林，为国内保存较完整、面积较大、具有典型海漆景观外貌的红树林。

1. 东涌红树林地质环境背景

1）气象及水文

大鹏半岛自然保护区的东涌红树林湿地公园地处亚热带地区，属南亚热带海洋性季风气候，受海陆分布和地形等因素的影响，气候温和，夏长而不酷热，冬暖而时有阵寒。雨量充沛，但季节分配不均、干湿季节明显。春秋季是季风转换季节，夏秋季有台风。东涌红树林湿地公园一带的灾害性天气有热带气旋、风暴潮、暴雨、强对流、干旱、短期寒潮及低温阴雨等。

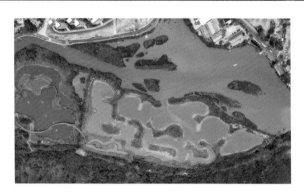

图 4.11.1　大鹏半岛自然保护区东涌红树林湿地公园全景图

根据深圳市气象局的资料，大鹏半岛东涌河流域一带的年平均气温为 22.3℃，1 月最冷，月平均最低气温为 14.3℃；7 月最热，月平均最高气温为 28.7℃；极端最高气温为 38.7℃（1980 年 7 月），最低气温为 0.2℃（1957 年 2 月），最高气温大于 30℃的天数为 132d；无霜期为 355d。年日照时数 1935.8h，太阳年辐射量 5235MJ/m²。多年平均相对湿度 79%，多年最小日平均相对湿度 25%；每年 4～9 月为雨季，且 6～9 月多为台风型暴雨，多年平均降水量 1978.2mm，最大年降水量 2751.0mm（2001 年），最小年降水量 936.5mm（1963 年）。多年平均蒸发量为 1331mm，最小年蒸发量为 1103mm。

2）地形地貌

从地貌类型来看，东涌红树林湿地公园东涌河及两岸洼地的上游为潟湖平原，下游为沙堤，西南部和东北部为低山。西南侧低山坡度为 25°～35°，局部坡度较陡，可达 50°左右，地形起伏较大，相对高差最大约 102m。东涌河由北西向南东方向穿过自然保护区，红树林主要分布于东涌河两岸滩涂和河心滩上（图 4.11.1 和图 4.11.2），总体地形平坦，红树林一带的地面高程一般小于 3m。

3）地层与岩性

根据现场地质调查及钻探揭露，大鹏半岛自然保护区东涌红树林湿地公园一带发育的地层主要为下白垩统南山村组（$K_1 n^1$）下段的灰色及青灰色流纹岩、第四系残积层（Q_h^{el}）、第四系潟湖相沉积层（Q_h^{ml}）和人工填土层（Q^s）（图 4.11.2）。

（1）下白垩统南山村组（$K_1 n^1$）。

在东涌红树林湿地公园及外围分布广泛，岩性主要为灰色及青灰色流纹岩，细粒结构、块状构造，主要矿物成分为石英、长石和云母等。地质钻孔控制深度内，按风化程度及力学性质可分为全风化、强风化及中风化等三个风化层。钻孔揭露厚度大于 15m，基岩面埋深 5.60～26.30m，基岩面起伏变化较大。

全风化流纹岩：褐黄色，原岩结构基本破坏，岩芯呈土柱状。该层分布广泛，揭露厚度 3.10～4.30m，平均 3.65m，层顶埋深 2.50～15.50m。

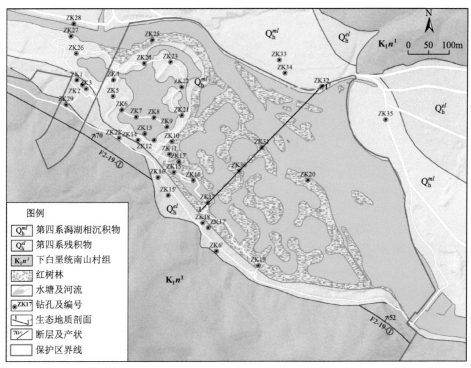

图 4.11.2　大鹏半岛自然保护区东涌红树林湿地公园生态地质图

强风化流纹岩：褐黄色，原岩结构大部分已破坏，风化裂隙极发育，岩芯呈土状、砂砾状或土夹碎块状，岩块易折断，岩体极破碎。东涌红树林湿地公园一带分布广泛，揭露厚度 8.00～12.10m，平均 10.6m，层顶埋深 2.60～17.90m。

中风化流纹岩：灰褐色及青灰色，裂隙较发育，裂面被铁浸染严重，岩芯呈碎块状。属较软岩，岩体破碎，层顶埋深 5.60～26.30m。

（2）第四系（Q）。

大鹏半岛自然保护区东涌红树林湿地公园及周边的第四系地层由残积层（Q_h^{el}）、潟湖相沉积层（Q_h^{ml}）和人工填土层（Q^s）组成（图 4.11.3）。

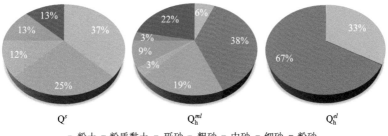

图 4.11.3　深圳市大鹏半岛自然保护区东涌红树林湿地公园第四系土层质地类型统计

残积层（Q_h^{el}）主要由粉质黏土（占比 67%）和粉土（占比 33%）组成，呈灰黄色，稍湿，可塑—硬塑状，风化残积土的黏性稍差，含较多粉细砂颗粒。揭露层厚 0.60～8.00m，平均层厚 3.53m。

潟湖相沉积层（Q_h^{ml}）主要由粉质黏土（占比 38%）、粉砂（占比 22%）和砾砂（占比 19%）组成，总体呈黄褐色，可塑—硬塑状态，土质较均匀，切面较光滑。揭露层厚 2～15.8m，平均层厚 9.35m。

人工填土层（Q^s）主要由粉土（占比 37%）和砾砂（占比 25%）组成，局部顶部为杂填土，呈褐黄、褐灰色，松散，湿—饱和，级配一般。揭露层厚 0.8～3m，平均层厚 2.75m。

4）断裂构造

断层发育于东涌红树林湿地公园西侧，从区域上看，自然保护区一带的断裂构造属东涌—大排头断裂（F2-19-①）的东段，该断裂分布于大鹏半岛东南部东涌—大排头一线，沿东涌河负地形延展，延伸约 6km，遥感影像图具明显的线性构造特征。断层两侧岩层破碎强烈，呈碎块状，劈理发育，地貌上为冲沟负地貌。

东涌红树林湿地公园东南角旧采石场断层露头的流纹岩断层面发育有擦痕（图 4.11.4），断层破碎带岩石裂隙密集，隙壁浅灰色黏土发育。据擦痕指示方向，断层性质为逆断层。断层上盘为灰色块状流纹岩，下盘为紫红色块状流纹岩。断层面产状 38°∠52°～65°，断层面擦痕指示右行走滑活动，灰色块状流纹岩的断层岩劈理发育，局部片理化明显，断层面小褶皱及碎斑表明断层力学性质呈右行压扭性。断层破碎带发育的浅灰色断层泥遇水极易软化，X 射线衍射分析结果表明断层泥的矿物成分主要为蒙脱石、高岭石、绿泥石、伊利石等，其中，蒙脱石 12%～17%，高岭石 15%～26%，绿泥石 8%～15%，伊利石 11%～18%，矿物结晶程度较差，结构层之间的结构力较弱。

图 4.11.4　东涌红树林湿地公园东南角旧采石场断层露头

2. 土壤环境质量分析与评价

一般而言，土壤为生态系统所涉及的岩石圈、水圈、大气圈、生物圈等多圈层物质和能量的交换载体，岩石风化既是土壤形成的基础，又是化学元素生物地球化学循环过程的重要组成部分。成土母岩的矿物成分、化学成分、结构及裂隙等都不同程度地影响土壤的形成过程。东涌红树林湿地公园的生态地质结构剖面如图 4.11.5 所示。

1）土壤母岩化学特征

大鹏半岛自然保护区东涌红树林湿地公园及邻近区域的岩石重金属元素含量见表 4.11.1 和表 4.11.2。表 4.11.2 中的 DP-Y13 为东涌红树林湿地公园的岩石样品，同大鹏半岛自然保护区的其他岩石样品相比，东涌红树林湿地公园岩石的 Pb、Cd 等重金属元素含量明显低于周边地区的岩石。

2）土壤地球化学特征

东涌红树林湿地公园表层土壤的重金属元素含量平面分布特征和地球化学统计特征见图 4.11.6 和表 4.11.3，其中，深圳市土壤环境背景值的数据来源为《土壤环境背景值》（DB4403/T 68—2020）。东涌红树林湿地公园内的土壤类型以滨海盐渍沼泽土和滨海砂土为主，周边分布的土壤类型为赤红壤。东涌红树林湿地公园土壤各元素含量分布如图 4.11.6 所示。同深圳市赤红壤环境背景值相比，东涌红树林湿地公园表层土壤呈相对贫化（土壤重金属含量/背景值≤0.5）的元素有 Cr 和 Hg，样品贫化率均为 100%，无总体呈相对富集（土壤重金属含量/背景值≥2）的元素，但个别样点的 Cd 呈富集状态。

3）土壤养分分布特征

按《土地质量地球化学评价规范》（DZ/T 0295—2016）进行土壤养分分类等级划分，东涌红树林湿地公园土壤主要养分含量的统计特征如表 4.11.4 所示。区内土壤 N、P、$CaCO_3$ 和 Org 的含量均以缺乏和较缺乏为主，二者合计占土壤样品总数的 100%；K 的含量以中等和较丰富为主，样品数约占样品总数的 75%。

4）土壤环境质量分析评价

（1）评价依据与评价指标。

根据《农用地土壤污染风险管控标准（试行）》（GB15618—2018）的技术要求，对东涌红树林湿地公园的土壤环境质量进行综合分析评价。针对东涌红树林湿地公园土壤的实际情况，筛选的具体评价指标如表 4.11.5 所示。

（2）评价方法。

采用内梅罗综合污染指数法对东涌红树林湿地公园的土壤环境质量进行分析评价，其中，土壤的单项污染因子计算公式为

$$P_i = C_i/S_i$$

式中，P_i 为第 i 种重金属的污染指数；C_i 为第 i 种重金属的实测值；S_i 为第 i 种重金属的标准值。

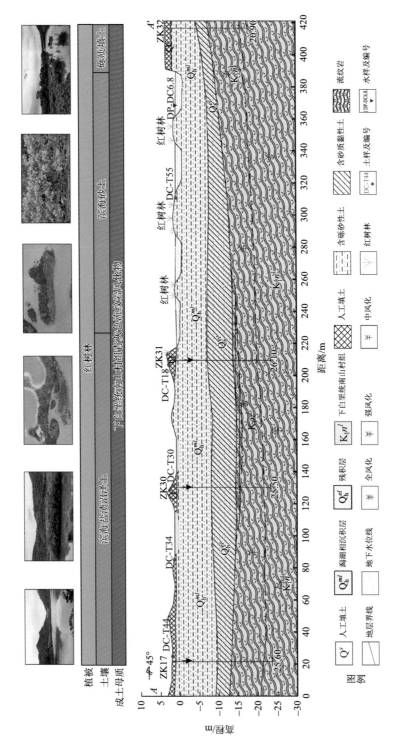

图 4.11.5 深圳市大鹏半岛自然保护区东涌红树林湿地公园生态地质剖面图

表 4.11.1　深圳市大鹏半岛自然保护区东涌红树林湿地公园生态地质剖面各类样品分析测试结果

地表水

样品号	pH	$K^+ + Na^+$/(mg/L)	NH_4^+/(mg/L)	Ca^{2+}/(mg/L)	Mg^{2+}/(mg/L)	Cl^-/(mg/L)	SO_4^{2-}/(mg/L)	HCO_3^-/(mg/L)	CO_3^{2-}/(mg/L)	总碱度/(mg/L)	总硬度/(mg/L)	暂时硬度/(mg/L)	永久硬度/(mg/L)	溶解性总固体/(mg/L)
DP-DC6.8	8.230	3484.40	0.098	373.97	742.20	8429.00	1360.32	80.55	25.21	101.10	867.00	101.10	765.90	5912.27

地下水

样品号	pH	$K^+ + Na^+$/(mg/L)	NH_4^+/(mg/L)	Ca^{2+}/(mg/L)	Mg^{2+}/(mg/L)	Cl^-/(mg/L)	SO_4^{2-}/(mg/L)	HCO_3^-/(mg/L)	CO_3^{2-}/(mg/L)	总碱度/(mg/L)	总硬度/(mg/L)	暂时硬度/(mg/L)	永久硬度/(mg/L)	地下水化学类型
ZK17孔	6.049	20.50	0.22	5.23	1.47	21.09	11.16	27.67	0.00	18.23	19.11	18.23	0.88	$HCO_3 \cdot Cl$-Na
ZK30孔	6.430	17.00	0.300	3.80	2.30	18.60	12.90	21.60	0.00	17.50	19.00	17.50	1.50	$HCO_3 \cdot Cl$-Na
ZK31孔	6.150	19.80	0.100	5.00	1.80	20.30	14.40	24.70	0.00	20.00	20.00	20.00	0.00	$HCO_3 \cdot Cl$-Na

土壤

样品号	pH	Cl/(mg/kg)	S/(mg/kg)	F/(mg/kg)	P/(mg/kg)	N/(mg/kg)	As/(mg/kg)	Cr/(mg/kg)	Cd/(mg/kg)	Hg/(mg/kg)	Pb/(mg/kg)	Cu/(mg/kg)	Zn/(mg/kg)	有机碳/(g/kg)
DC-T44	5.115	8.57	0.984	263.31	0.28	0.40	494.29	168.70	0.14	0.12	74.33	63.15	228.61	4.665
DC-T34	5.161	2.38	0.573	79.36	0.15	0.02	160.92	361.75	0.12	0.07	142.89	34.12	139.84	1.290
DC-T30	4.930	3.28	1.298	326.25	0.31	0.99	208.87	374.72	0.24	0.05	91.57	59.86	200.58	13.697
DC-T18	4.754	26.86	0.609	308.18	0.19	0.59	465.03	319.67	0.08	0.01	62.72	93.03	207.80	10.881
DC-T55	5.482	1.04	1.61	74.932	0.36	0.20	609.37	290.53	0.31	0.02	106.03	35.27	187.72	3.672

表 4.11.2 东涌红树林湿地公园及周边不同地层岩石重金属元素含量

样品号	地层	Cr/(mg/kg)	Ni/(mg/kg)	Cu/(mg/kg)	Zn/(mg/kg)	As/(mg/kg)	Pb/(mg/kg)	Cd/(mg/kg)
DP-Y13	K_1n^1	2.72	2.94	3.25	18.31	0.07	5.77	0.01
DP-Y05	J_1j	66.86	16.69	25.42	28.33	0.04	124.81	0.03
DP-Y06	K_1n^1	2.75	41.00	37.81	102.23	0.07	11.47	0.03
DP-Y08	D_2l	22.81	13.95	6.95	48.35	0.16	120.13	0.08
DP-Y12	D_2l	110.90	5.95	11.79	101.08	0.07	172.31	0.07
DP-Y14	D_2l	12.11	4.21	5.53	87.94	0.07	41.58	0.05

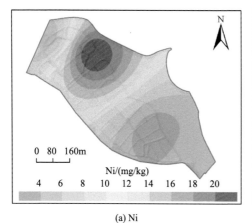

(a) Ni

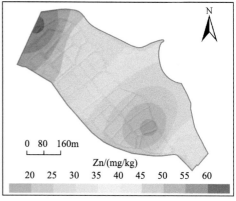

(b) Zn

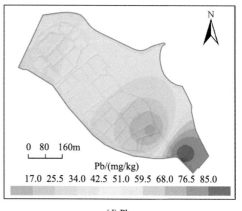

(c) Cd

(d) Pb

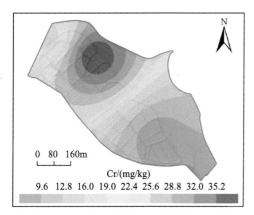

(e) Cr

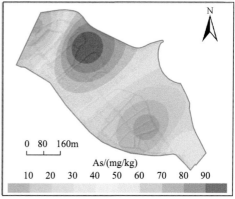

(f) As

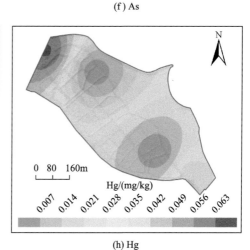

(g) Cu

(h) Hg

图 4.11.6　东涌红树林湿地公园土壤重金属元素含量平面分布图

表 4.11.3　东涌红树林湿地公园表层土壤重金属元素含量统计特征

土壤重金属元素类别		Ni/ (mg/kg)	Zn/ (mg/kg)	Cd/ (mg/kg)	Pb/ (mg/kg)	Cr/ (mg/kg)	As/ (mg/kg)	Cu/ (mg/kg)	Hg/ (mg/kg)
赤红壤背景值		32.90	112.00	0.12	130.00	92.20	55.10	43.90	0.151
土壤 重金属 元素 含量 统计 特征	最大值	21.99	60.75	0.31	88.56	37.89	99.68	23.53	0.064
	最小值	2.26	18.57	0.04	15.12	7.83	4.59	5.65	0.003
	平均值	8.64	40.85	0.13	52.66	18.17	40.00	12.83	0.036
	中位数	5.16	42.03	0.09	53.48	13.48	27.86	11.07	0.039
	标准差	9.01	17.32	0.12	30.23	13.95	44.40	7.77	0.028
	变异系数	1.04	0.42	0.94	0.57	0.77	1.11	0.61	0.767

表 4.11.4　东涌红树林湿地公园表层土壤主要养分含量统计特征（单位：g/kg）

土壤营养元素类别		N/(g/kg)	P/(g/kg)	K/(g/kg)	CaCO₃/(g/kg)	Org/(g/kg)
营养等级分类	丰富	>2	>1	>25	>50	>40
	较丰富	1.5~2	0.8~1	20~25	30~50	30~40
	中等	1~1.5	0.6~0.8	15~20	10~30	20~30
	较缺乏	0.75~1	0.4~0.6	10~15	2.5~10	10~20
	缺乏	≤0.75	≤0.4	≤10	≤2.5	≤10
养分含量统计特征	最大值	0.88	0.60	21.41	7.39	15.10
	最小值	0.10	0.01	10.53	0.19	3.79
	平均值	0.39	0.29	16.53	2.95	8.34
	中位数	0.29	0.28	17.09	2.12	7.23
	标准差	0.35	0.25	4.49	3.12	4.84
	变异系数	0.89	0.87	0.27	1.06	0.58

表 4.11.5　东涌红树林湿地公园土壤污染风险筛选值　（单位：mg/kg）

序号	污染物类别	风险筛选值			
		pH≤5.5	5.5<pH≤6.5	6.5<pH≤7.5	pH>7.5
1	镉	0.3	0.3	0.3	0.6
2	汞	1.3	1.8	2.4	3.4
3	砷	40	40	30	25
4	铅	70	90	120	170
5	铬	150	150	200	250
6	铜	50	50	100	100
7	镍	60	70	100	190
8	锌	200	200	250	300

注：重金属和类金属砷均按元素总量计。

内梅罗综合污染指数全面反映各污染物对土壤污染的不同程度，同时又突出高浓度对土壤环境质量的影响，因此，采用该指数评定和划分土壤环境质量等级更加客观，其计算公式为

$$P_{综} = \left\{ \left[(P_i)_{max}^2 + (P_i)_{ave}^2 \right] / 2 \right\}^{\frac{1}{2}} = \left\{ \left[\left(\frac{C_i}{S_i} \right)_{max}^2 + \left(\frac{C_i}{S_i} \right)_{ave}^2 \right] / 2 \right\}^{\frac{1}{2}}$$

式中，P_i 为第 i 种重金属的污染指数；$(C_i/S_i)_{max}$ 为土壤污染指数中的最大值；$(C_i/S_i)_{ave}$ 为土壤污染指数中的平均值。

内梅罗污染指数的分级标准如表 4.11.6 所示。

表 4.11.6　内梅罗综合污染指数法分级标准

等级划分	$P_综$	污染等级	污染水平
1	$P_综 \leq 0.7$	安全级	清洁
2	$0.7 < P_综 \leq 1$	警戒级	尚清洁
3	$1 < P_综 \leq 2$	轻污染	土壤开始受到污染
4	$2 < P_综 \leq 3$	中污染	土壤受中污染
5	$P_综 > 3$	重污染	土壤受污染已经十分严重

（3）土壤环境质量评价结果。

依照内梅罗综合污染指数法对东涌红树林湿地公园表层土壤进行土壤环境质量评价，评价结果如图 4.11.7 所示。图 4.11.7 表明，东涌红树林湿地公园土壤污染等级为安全级的面积为 0.23km²，约占总面积的 45.08%；土壤污染等级为警戒级的面积为 0.19km²，约占总面积的 36.96%；土壤污染等级为轻污染的面积为 0.09km²，约占总面积的 17.96%。受污染的土壤以 As、Cd 污染为主，平均污染指数为 0.78，最大污染指数为 1.81。综合前述评价结果，东涌红树林湿地公园土壤的主要环境问题：一为 N、P、$CaCO_3$、Org 等营养元素缺乏；二为受到 As、Cd 等元素的污染。

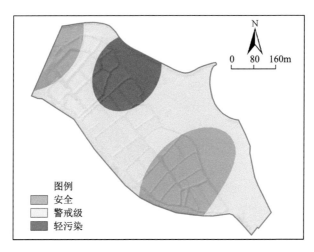

图 4.11.7　东涌红树林湿地公园土壤环境质量分布图

3. 水资源环境特征与评价

1）地表水环境特征

（1）地表水的水文特征。

大鹏半岛自然保护区东涌红树林湿地公园及周边的地表水系发育，周边水域主要为东涌水库、东涌河和区内水塘。其中，东涌水库位于红树林公园外西北侧，为中型水库,设计总库容 1190.99 万 m³,集雨面积为 9.6km²。东涌河属于大亚湾水系,全长 5.28km,具有短小、感潮和雨源性等特点。

大鹏半岛自然保护区东涌红树林湿地公园位于东涌水库下游,属东涌河口区域。东涌河由北西—南东方向穿过东涌村及红树林湿地公园,上游涌宽为 25～30m,下游入海口处河道逐渐变宽,最宽约为 130m,水深一般 2～5m,最深约 6m,区内东涌河水位主要受汐、上游水库泄洪和降水影响。东涌河的河岸主要为自然形成的土质岸堤,岸堤边坡的坡度为 30°～50°,稳定性好,高出水面 0.5～1.5m。

大鹏半岛自然保护区东涌红树林湿地公园东北侧原为村民围改旧河道形成的养虾塘,整体呈"田"字形分布,水深为 0.5～1.5m,东涌红树林湿地公园建设时,虾塘全部被改造成形态各异的水塘,并通过河渠及箱涵与东涌河相连通,形成人工种植红树林的地表水文环境。

(2)地表水的水化学特征。

大鹏半岛自然保护区东涌红树林湿地公园一带地表水的水化学特征见表 4.11.7。东涌红树林湿地公园的地表水由淡水与海水混合而成,地表水酸碱度偏弱碱性,盐度总体上从上游至下游逐步增加。东涌红树林湿地公园地表水中重金属含量极低,甚至部分低于检出限。

表 4.11.7　东涌红树林湿地公园地表水水化学特征　　　（单位:mg/L）

样品编号	pH	K^+	Na^+	Ca^{2+}	Mg^{2+}	Cl^-	SO_4^{2-}	HCO_3^-	CO_3^{2-}
DP-S25	8.45	30.26	130.85	51.74	217.35	1242.24	505.55	30.07	11.83
DP-S26	8.03	338.33	5420.15	437.79	1014.29	14729.4	1860.06	149.75	12.42
DP-S27	8.05	418.92	6841.56	437.79	1304.09	18367.4	2193.91	72.17	8.87

2)地下水环境特征

(1)地下水类型及特征。

根据大鹏半岛自然保护区东涌红树林湿地公园的水文地质条件、地下水的形成与赋存特征、水力特征及水理性质等因素,东涌红树林湿地公园一带及周边的地下水可划分为松散岩类孔隙水和基岩裂隙水两类。

松散岩类孔隙水:东涌红树林湿地公园内广泛分布,第四系潟湖相沉积砂层为主要含水层,属中等—强透水层,水量较丰富;淤泥、粉质黏土层富水性好,透水性弱。地下水位埋深一般 0.0～4.20m,分布高程为 0.20～2.60m。

基岩裂隙水:基岩裂隙水主要赋存于流纹岩的强—中风化带内,多具承压性,由于岩石裂隙发育不均匀且多被泥质充填,地下水赋存条件较差;局部裂隙发育地段水量较丰富。基岩裂隙水与上部松散岩类孔隙水及地表水之间存在一定的水力联系。

（2）地下水的补给、径流、排泄及动态变化特征。

东涌红树林湿地公园为潟湖平原/沙堤及丘陵混合地貌，不同地段的地形地貌、岩性、风化程度及植被覆盖情况等各不相同，导致地下水的补给、径流、排泄和动态特征也有所不同，总体上区内可分为丘陵区和潟湖平原/沙堤两种类型。

丘陵区主要分布于东涌红树林湿地公园的西南侧一带，基岩节理裂隙较发育，植被繁茂，入渗条件较好，地下水主要受大气降水补给。由于丘陵地貌地形起伏变化较大，地形切割较深，地下水以垂直循环为主，地下水径流途径较短，径流方向与坡向总体一致，地下水多以泉水或散流形式向附近沟谷排泄，部分以地表蒸发和植被叶面蒸腾的方式排泄。据区域水文地质资料，区内地下水动态变化具季节性，主要受降水的季节性支配。雨季补给大于排泄量，地下水位上升，旱季随着降水减少，地下水位下降。地下水位及流量高峰期具有滞后性，普遍比雨季滞后约 1 个月；地下水位年变化幅度小于 5m。

潟湖平原/沙堤为东涌红树林的生长地带，地形平坦，周边水体密布，地下水的补给来源除大气降水渗入补给外，还有基岩裂隙水、地表水侧向补给和涨潮期河水及海水顶托补给，整体方向大致由西向东排泄，汇入东涌河。雨季地下水位升高，旱季地下水位降低，但季节变化不明显，地下水位年变幅一般小于 2m。

（3）地下水的水化学类型与水质特征。

据钻孔的水质检测结果（表 4.11.8），东涌红树林湿地公园一带地下水的 pH 为 6.05～6.43，矿化度为 65.7～73.8mg/L，总硬度为 19～20mg/L，总体上属于低矿化度、低硬度的淡水；地下水化学类型为 $HCO_3 \cdot Cl-Na$ 型。结合东涌红树林湿地公园一带的地下水补给、径流和地表水质特征，推测旱季因咸潮上溯，地下水的矿化度与盐度会增高。

表 4.11.8   东涌红树林湿地公园地下水水化学特征

样品编号	pH	$K^+ + Na^+$/(mg/L)	Ca^{2+}/(mg/L)	Mg^{2+}/(mg/L)	NH_3-N/(mg/L)	Cl^-/(mg/L)	SO_4^{2-}/(mg/L)	HCO_3^-/(mg/L)	总硬度/(mg/L)	矿化度/(mg/L)	地下水化学类型
ZK17	6.05	20.5	5.2	1.5	0.2	21.1	11	27.7	19	73.4	$HCO_3 \cdot Cl-Na$
ZK30	6.43	17	3.8	2.3	0.3	18.6	12.9	21.6	19	65.7	$HCO_3 \cdot Cl-Na$
ZK31	6.15	19.8	5	1.8	0.1	20.3	14.4	24.7	20	73.8	$HCO_3 \cdot Cl-Na$

4. 东涌红树林植被生态特征

1）红树林植被类型

东涌红树林属于湿地生态系统中的红树林地（图 4.11.8 和图 4.11.9），分布的红树林面积约 0.08km^2，主要种类有海漆、秋茄、桐花树、老鼠簕、白骨壤、木榄、黄槿等，其中海漆为优势物种，是深圳现存面积最大的海漆群落。每年 4～6 月，海漆叶子在花果期逐渐变黄最终变红，形成极具观赏价值的彩叶红树林景观，是大鹏半岛自然保护区重要的旅游资源。

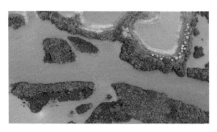

图 4.11.8　大鹏半岛自然保护区东涌红树林生长现状

图 4.11.9　大鹏半岛自然保护区东涌红树林生长态势

2）植被质量特征及存在问题

红树林叶片营养元素和景观面积分别是红树林植物生长质量及生态系统稳定性的主要决定因素。从植物叶片营养元素上看，东涌红树林生态质量良好，植物叶片营养较为丰富；从景观面积上看，东涌红树林斑块连接度较高，但最大斑块指数较低，其生态系统稳定性较福田红树林差。此外，东涌红树林与居民区、公路相邻，缺乏缓冲带及保护措施，部分红树林生态系统稳定性受其影响而下降。

5. 岩石-土壤-植物间的元素迁移特征

为了充分认识岩石、土壤、红树林植物之间元素的迁移规律，系统地采集东涌河下游红树林分布区的岩石、土壤和植物样品共计 25 件进行测试分析。岩石、土壤和植物之间各元素的占比见图 4.11.10。

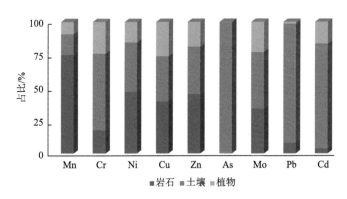

图 4.11.10　东涌红树林湿地公园岩石-土壤-植物系统的重金属元素分布特征

（1）土壤母岩是构成土壤物质的基本材料，也是植物生长所需矿物质营养元素的初始来源。母岩的矿物组成影响着土壤的化学成分及土壤内部的化学过程。从图 4.11.10 可以看出，东涌红树林土壤中 As、Cd 和 Pb 强烈富集，与母岩之间的相关性小，或存在外来污染源；Mn、Ni、Cu 和 Zn 在成土过程中逐渐淋失，但其含量仍受母岩含量高低的制约，与母岩的相关性较大；Mo、Cr 在土壤中的含量明显高于岩石中的含量，表明土壤对上述元素具有一定的富集能力。

（2）红树林植物体内富集的元素主要是从土壤吸收的，植物对重金属的生物富集系数，也称吸收系数，是指植物地上部分某种重金属的含量与其生长介质中某种重金属含量之比。生物富集系数是植物将重金属吸收转移到体内并在体内累积的能力大小的评价指标，一般常用该指标反映重金属元素在土壤-植物体系中迁移的难易程度（孙现领和贾黎黎，2020），计算公式为

$$CF = HM_P/HM_S$$

式中，CF 为生物富集系数；HM_P 为植物体内某重金属含量；HM_S 为土壤中某重金属含量。

经计算可得东涌红树林生物富集系数均小于 1，其中，红树对 Cu 的吸收能力相对较强，其次为 Mn、Mo 和 Zn；与之相反，对 As、Cd 和 Pb 的富集系数较小，除红树对上述元素的吸收能力较弱外，结合研究区土壤地球化学特征，也是受土壤中的 Cd、As 在该处较为富集的影响所致。

4.11.2　坝光红树林生态地质资源特征

坝光红树林位于深圳市大鹏半岛自然保护区东北部坝光盐灶村的坝光银叶树湿地园的滨海地带，中心地理坐标为 114°30′47.47.3″E，22°39′2.40.5″N。坝光银叶树湿地园的南部与坝核公路相接，红树林的北侧和西侧临海呈"L"形展布（图 4.11.11）。银叶树（*Heritiera littoralis*）是典型的耐盐半红树植物，分布在亚热带、热带海岸红树林内缘，一般都生长于陆地与潮间带之间，隶属于梧桐科银叶树属。古银叶树群落对于研究物种更新与群落演替具有重要价值。由于海岸经济发展导致的生态环境破坏，目前中国现存具有 20 株以上成年个体的野生银叶树种群极少，仅在广西防城港、海南清澜港以及广东的深圳市盐灶和海丰县香坑出现（简曙光等，2004）。其中，深圳市盐灶村具有分布最完整、树龄最长的银叶树群落，其中多株古树树龄超过百年，全国罕见（陈晓霞等，2015），具有非常重要的科学研究价值。

图 4.11.11　大鹏半岛自然保护区坝光银叶树湿地园全景图

1. 坝光红树林地质环境背景

1）气象

深圳市大鹏半岛自然保护区坝光红树林分布区地处北回归线以南，受亚热带海洋性季风气候影响，长夏短冬，气候温和，雨量丰沛，阳光充足，四季常青。

每年会不同程度受到暴雨、热带气旋、高温、雷暴、干旱、大雾、灰霾等灾害性天气的影响。坝光红树林及周边一带的年平均气温约 21.8℃，1 月平均气温 14.5℃，最低气温为 0.2℃，7 月平均气温 28.2℃，最高气温为 39.8℃。深圳市坝光红树林分布区的气候明显受海洋影响，台风频繁，台风影响时间为 5～12 月，以 6～10 月较多，尤以 7～9 月为高峰期。坝光红树林分布区年平均降水量为 2113mm。每年 4～9 月为雨季，降水量占全年降水量的 87.2%，其中 49.2% 分布于 7～9 月。降水日数与降水量一样，主要集中于汛期，4～9 月平均降水日数为 99d，第四季度降水日数最少，平均仅有 23 天。

2）地形地貌

大鹏半岛自然保护区坝光银叶树湿地园一带属大鹏半岛山地丘陵区海岸地貌，为低山—冲洪积扇—海陆交互相—滨海相，湿地园内海拔为 -0.5～18m。第四纪沉积物物质组成较复杂，南侧近丘陵区沉积物以残积层为主，其沉积物颗粒相对较粗，主要为碎石土；北侧近海岸线一带区域为海相沉积环境，沉积物颗粒相对较细，以砂类土、淤泥质土为主。

3）地层与岩性

大鹏半岛自然保护区坝光银叶树湿地园及周边地表出露的地层有下石炭统测水组（C_1c^1）和第四系（Q）（图 4.11.12）。

（1）下石炭统测水组（C_1c^1）。

下石炭统测水组下段分布于坝光银叶树湿地园的北侧靠海一带，为园区内主要的沉积地层。岩性主要为浅紫色—浅灰色泥质粉砂岩、浅灰白色—灰色粉砂岩及灰白色细粒石英砂岩等，地层产状 320°～355°∠35°～62°。测水组地层下部与老虎头组呈整合接触，上部被第四系冲洪积物覆盖。

（2）第四系（Q）。

第四系（Q）按成因类型可划分为残积层（Q_h^{el}）、海相沉积层（Q_h^m）、冲洪积层（Q_h^{alp}）和人工填土层（Q^s）等四种成因类别，为一套灰色、灰黑色含有丰富腐殖质和贝壳碎片的淤泥、粉砂及细砂沉积物。

残积层（Q_h^{el}）：坝光银叶树湿地园南侧一带的风化残积土分布较广泛，主要包括粉质黏土、含砂（砾）黏土及黏土等，钻探揭露残积土层厚度为 5.2～31.5m。

海相沉积层（Q_h^m）：分布于坝光银叶树湿地园内的入海河道及两侧，大部分为人工填土和冲洪积层所覆盖，由淤泥质砂、细砂、中砂、粗砂、砾砂等组成，以中砂为主，厚度 0.9～4.6m，顶层埋深 0～11m。

冲洪积层（Q_h^{alp}）：坝光银叶树湿地园北侧及河道一带广泛分布，岩性为灰—深灰色含砂淤泥或淤泥质砂，局部富含贝壳（蚝壳），夹较多的碎石、砾石，厚 0.38～41.52m。碎石、砾石含量为 35%～75%，粒径 0.2～17cm，分选性及磨圆度差；砾石成分为泥质粉砂岩、细粒石英砂岩、岩屑晶屑凝灰岩和少量粉砂质泥岩、

泥岩等，包括冲洪积卵石和冲洪积碎石两种类型。钻探揭露冲洪积卵石层厚度
0.50～11.20m，平均4.93m，层底埋深为2.8～20.2m，层底高程为−15.85～13.86m；
冲洪积碎石厚度1.10～4.50m，平均3.43m，层底埋深为3.7～6.1m，层底高程
为 0.02～2.99m。砂土层主要分布于坝光银叶树湿地园内的入海河道地段，除
河口漫滩呈裸露状态，其余地段均埋藏于其他土体之下或夹于其中，冲洪积砂
土主要为粉砂、细砂、中砂、粗砂和砾砂等，钻探揭露粉砂、细砂层厚2.10～
4.05m，平均2.73m，层底高程为−3.12～0.63m；中砂、粗砂、砾砂的揭露厚度
2.00～3.30m，平均 2.50m，层底高程为−0.4～8.02m。坝光银叶树湿地园内黏
性土分布较广泛，主要包括粉质黏土、含砂黏土、含砂粉质黏土等，局部夹薄
层状或透镜状的砂土。

人工填土层（Q^s）：以杂色为主，可见灰黄色、褐黑色，主要由建筑垃圾、粉
粒、黏粒、中粗砂组成，混角砾及碎石、块石，少量生活垃圾，硬杂质含量大于
32%，稍湿、湿，松散、稍密状，厚度为0.9～5.0m。人工填土层主要分布于坝光
银叶树湿地园内部及北侧海岸线一带。

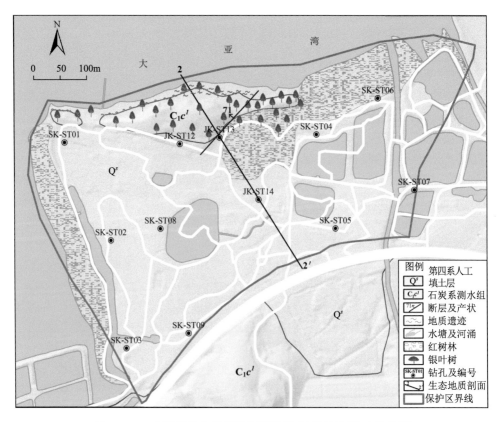

图4.11.12　大鹏半岛自然保护区坝光银叶树湿地园生态地质图

4）断裂构造

大鹏半岛自然保护区坝光银叶树湿地园园区内主要发育一条北东向断裂构造，断裂走向北东 52°，倾向北西，倾角 52°～71°。断裂分布于下石炭统测水组（C_1c^1）地层内，地表出露长度约 25m，延伸 1.2km，宽 2～5m，断层展布连续性较差。断层具张扭性力学性质，断面呈舒缓波状，以强烈破碎带为特色，地表可见硅化岩及碎裂岩（图 4.11.13）；断裂面构造阶步擦痕发育，显示反时针方向滑移，具多期活动的特征。断裂经历多期活动，使早期断层角砾岩重新蚀变，形成构造角砾岩，局部演化成断层泥（图 4.11.14）。断层破碎带可见有强烈挤压片理化带并伴有相互平行排列的构造透镜体，构造岩主要为片理化砂岩及砂质泥岩，局部见构造角砾岩，构造岩具片状构造特征，矿物定向排列明显。断层发育有走向北西 330°、北西 275°（扭性）及走向北东 35°（张性）等三组节理，沿节理有网络状的泥质风化岩脉穿插发育。

图 4.11.13　大鹏半岛自然保护区坝光银叶树湿地园地表断层面露头

图 4.11.14　大鹏半岛自然保护区坝光银叶树湿地园 JK-ST13 钻孔揭露
的蚀变角砾岩和断层泥

2. 地质遗迹

大鹏半岛自然保护区坝光银叶树湿地园一带的海滩具有丰富的海岸地貌地质遗迹，类型多样，如潟湖、泥滩、滩涂等海积地貌和海蚀穴、海蚀洞等海蚀地貌（图 4.11.15），另有科普价值和观赏价值较高的断层破碎带、断层面、泥质粉砂岩节理、龟裂、浸染及矿化地质现象等地质遗迹（图 4.11.16～图 4.11.19），具有较高的旅游开发和地球科学研究价值。

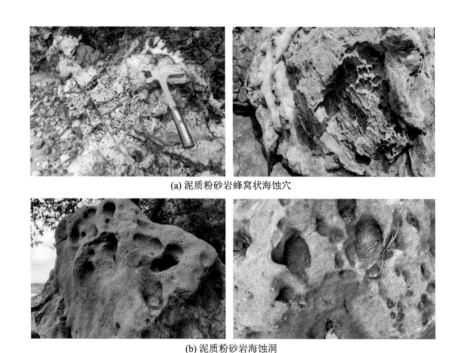

(a) 泥质粉砂岩蜂窝状海蚀穴

(b) 泥质粉砂岩海蚀洞

图 4.11.15　大鹏半岛自然保护区坝光银叶树湿地园的海蚀地貌

图 4.11.16　大鹏半岛自然保护区坝光银叶树湿地园的断裂破碎带及断层面

图 4.11.17　大鹏半岛自然保护区坝光银叶树湿地园的泥质粉砂岩节理

(a)

(b)

(c)

图 4.11.18　大鹏半岛自然保护区坝光银叶树湿地园的泥质粉砂岩龟裂、浸染及矿化现象

图 4.11.19　大鹏半岛自然保护区坝光银叶树湿地园的菜花状磁铁矿化现象

3. 土壤环境质量分析与评价

1）土壤母岩地球化学特征

大鹏半岛自然保护区坝光银叶树湿地园及周边岩石的重金属元素含量见表 4.11.9。坝光银叶树湿地园岩石样品（DP-Y01）的 Cu、Zn、Pb 元素含量明显低于大鹏半岛自然保护区其他地段的岩石。据地质钻探结果，大鹏半岛自然保护区坝光银叶树湿地园的生态地质结构剖面特征如图 4.11.20 所示。

表 4.11.9　大鹏半岛自然保护区坝光银叶树湿地园及周边岩石的重金属元素含量

（单位：mg/kg）

样品号	地层	Cr	Ni	Cu	Zn	As	Pb	Cd
DP-Y01	C_1c^1	143.22	12.92	4.09	10.00	0.04	6.78	0.02
DP-Y10	K_1n	33.17	30.71	48.23	63.91	0.05	46.42	0.03
DP-Y03	$D_{2-3}c$	81.43	21.58	22.89	78.34	0.09	29.60	0.07
DP-Y04	$D_{2-3}c$	192.97	16.82	8.80	36.28	0.07	10.68	0.02

2）土壤地球化学特征

大鹏半岛自然保护区坝光银叶树湿地园的土壤类型以滨海砂土为主，湿地公园广泛分布；银叶树林周边分布最为广泛的土壤类型为赤红壤，由粉砂岩、泥质砂岩、变质砂岩等风化残积而成，局部仍可见少量未完全风化的碎屑残骸，赤红壤的粗颗粒以及细颗粒含量较多，中间颗粒含量较少，由粗粒构成土骨架，粗颗粒之间主要以游离氧化物的包裹和填充实现联结，孔隙比较大，且具有各向异性。坝光银叶树湿地园及周边表层土壤的地球化学统计特征如表 4.11.10 所示，其中，深圳市土壤环境背景值数据引自《土壤环境背景值》(DB4403/T 68—2020)。同深圳市赤红壤环境背景值相比,坝光银叶树湿地园表层土壤的 Cu、Zn、Ni、Pb 和 Hg 元素总体呈相对贫化的状态(土壤重金属含量/背景值≤0.5),其样品数占样品总数的 71%以上;无呈相对富集(土壤重金属含量/背景值≥2)的元素。土壤各重金属元素含量的平面分布特征见图 4.11.21。

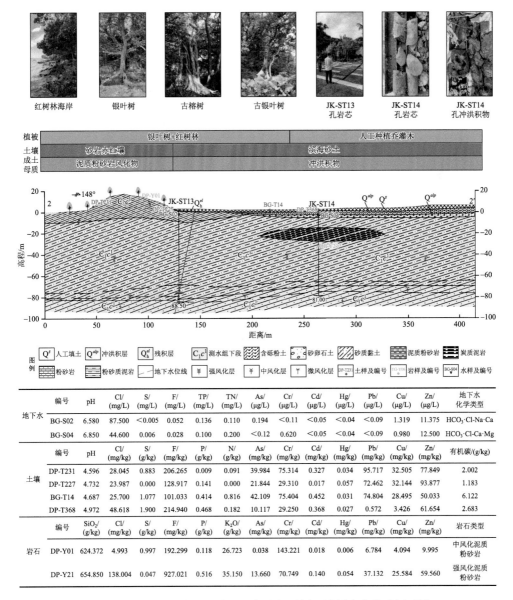

	编号	pH	Cl/ (mg/L)	S/ (mg/L)	F/ (mg/L)	TP/ (mg/L)	TN/ (mg/L)	As/ (μg/L)	Cr/ (μg/L)	Cd/ (μg/L)	Hg/ (μg/L)	Pb/ (μg/L)	Cu/ (μg/L)	Zn/ (μg/L)	地下水 化学类型
地下水	BG-S02	6.580	87.500	<0.005	0.052	0.136	0.110	0.194	<0.11	<0.05	<0.04	<0.09	1.319	11.375	HCO₃·Cl-Na·Ca
	BG-S04	6.850	44.600	0.006	0.028	0.100	0.200	<0.12	0.620	<0.05	<0.04	<0.09	0.980	12.500	HCO₃·Cl-Ca·Mg
	编号	pH	Cl/ (g/kg)	S/ (g/kg)	F/ (g/kg)	P/ (g/kg)	N/ (g/kg)	As/ (mg/kg)	Cr/ (mg/kg)	Cd/ (mg/kg)	Hg/ (mg/kg)	Pb/ (mg/kg)	Cu/ (mg/kg)	Zn/ (mg/kg)	有机碳/(g/kg)
土壤	DP-T231	4.596	28.045	0.883	206.265	0.009	0.091	39.984	75.314	0.327	0.034	95.717	32.505	77.849	2.002
	DP-T227	4.732	23.987	0.000	128.917	0.141	0.000	21.844	29.310	0.017	0.057	72.462	32.144	93.877	1.183
	BG-T14	4.687	25.700	1.077	101.033	0.414	0.816	42.109	75.404	0.452	0.031	74.804	28.495	50.033	6.122
	DP-T368	4.972	48.618	1.900	214.940	0.468	0.182	10.117	29.250	0.368	0.027	0.572	3.426	61.654	2.683
	编号	SiO₂/ (g/kg)	Cl/ (mg/kg)	S/ (g/kg)	F/ (mg/kg)	P/ (g/kg)	K₂O/ (g/kg)	As/ (mg/kg)	Cr/ (mg/kg)	Cd/ (mg/kg)	Hg/ (mg/kg)	Pb/ (mg/kg)	Cu/ (mg/kg)	Zn/ (mg/kg)	岩石类型
岩石	DP-Y01	624.372	4.993	0.997	192.299	0.118	26.723	0.038	143.221	0.018	0.006	6.784	4.094	9.995	中风化泥质 粉砂岩
	DP-Y21	654.850	138.004	0.047	927.021	0.516	35.150	13.660	70.749	0.140	0.054	37.132	25.584	59.560	强风化泥质 粉砂岩

图 4.11.20　大鹏半岛自然保护区坝光银叶树湿地园生态地质剖面图

表 4.11.10 大鹏半岛自然保护区坝光银叶树湿地园表层土壤重金属元素含量统计特征

（单位：mg/kg）

土壤重金属元素类别		Ni	Zn	Cd	Pb	Cr	As	Cu	Hg
赤红壤背景值		32.90	112.00	0.12	130.00	92.20	55.10	43.90	0.151
土壤重金属元素含量统计特征	最大值	33.96	68.35	0.10	109.66	103.80	66.29	21.87	0.122
	最小值	4.45	23.73	0.04	11.50	31.30	3.53	3.80	0.006
	中位数	6.88	35.09	0.07	23.80	53.61	26.25	10.08	0.058
	平均值	11.70	40.30	0.08	39.42	63.58	27.10	11.42	0.065
	标准差	10.91	18.14	0.02	37.60	30.67	20.96	6.28	0.045
	变异系数	0.93	0.45	0.31	0.95	0.48	0.77	0.55	0.686

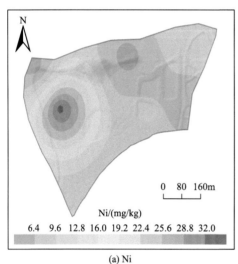

(a) Ni

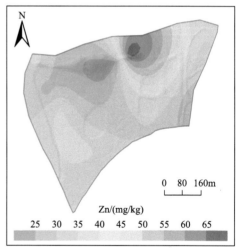

(b) Zn

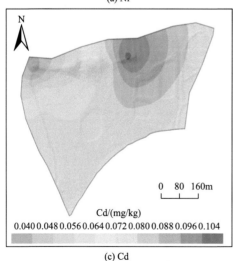

(c) Cd

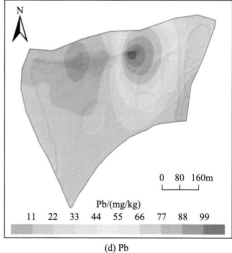

(d) Pb

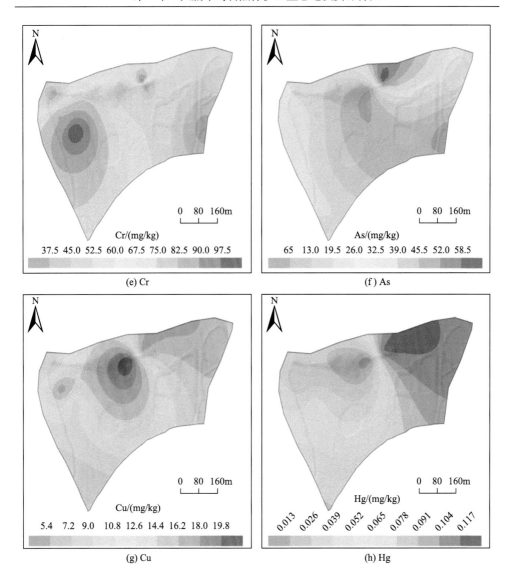

图 4.11.21　大鹏半岛自然保护区坝光银叶树湿地园土壤重金属元素含量平面分布图

3）土壤养分分布特征

大鹏半岛自然保护区坝光银叶树湿地园一带红树林的表层土壤主要养分含量统计特征如表 4.11.11 所示。

按《土地质量地球化学评价规范》（DZ/T 0295—2016）进行土壤养分分类等级划分，坝光银叶树湿地园表层土壤 N 和 Org 的含量以丰富和较丰富为主，二者合计样品数占样品总数的 70%以上；P 和 CaCO₃ 以缺乏和较缺乏为主，样品数合计占样品总数的 71%以上；K 的含量呈不均匀分布状态。

表 4.11.11 大鹏半岛自然保护区坝光银叶树湿地园表层土壤主要养分含量统计特征

（单位：g/kg）

土壤营养元素类别		N	P	K	CaCO₃	Org
营养等级分类	丰富	>2	>1	>25	>50	>40
	较丰富	1.5～2	0.8～1	20～25	30～50	30～40
	中等	1～1.5	0.6～0.8	15～20	10～30	20～30
	较缺乏	0.75～1	0.4～0.6	10～15	2.5～10	10～20
	缺乏	≤0.75	≤0.4	≤10	≤2.5	≤10
土壤养分含量统计特征	最大值	3.80	0.74	22.13	45.11	76.37
	最小值	0.78	0.23	5.39	2.09	11.55
	平均值	2.22	0.41	13.51	13.15	46.12
	中位数	2.34	0.42	10.82	7.10	47.01
	标准差	1.10	0.15	6.05	13.71	23.22

4）土壤环境质量评价

按照内梅罗综合污染指数法对坝光银叶树湿地园表层土壤进行土壤环境质量评价，评价结果见图 4.11.22。图 4.11.22 表明，坝光银叶树湿地园土壤污染等级以安全为主，分布面积为 0.38km²，占坝光银叶树湿地园总面积的 70.59%；土壤污染等级为警戒级的面积为 0.12km²，占坝光银叶树湿地园总面积的 22.47%；土壤污染等级为轻污染的面积为 0.04km²，占坝光银叶树湿地园总面积的 6.94%。受污染的土壤以 As 和 Pb 污染为主，平均污染指数 0.67，最大污染指数为 1.23。综合前述分析评价结果，大鹏半岛自然保护区坝光银叶树湿地园一带土壤的主要环境问题为 P、CaCO₃ 等营养元素的缺乏及受到 As、Pb 等元素的污染。

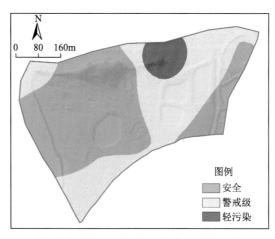

图 4.11.22 大鹏半岛自然保护区坝光银叶树湿地园土壤环境质量分布图

4. 水资源环境特征与评价

1）地表水环境特征

（1）地表水的水文特征。

大鹏半岛自然保护区坝光银叶树湿地园属于大亚湾水系分区，园内地表水系主要为几处景观池塘和盐灶水（下游）。盐灶水位于湿地园的东侧，从南至北向海径流，现为盐灶水库的泄洪渠，在园区内的长度约 360m（全长 2.59km）。银叶树湿地园内共有景观池塘十余座，多数坐落于银叶树湿地园的东部和中部，总面积约 0.05km^2，约占坝光银叶树湿地园总面积的 17.10%。

（2）地表水的水化学及水质特征。

大鹏半岛自然保护区坝光银叶树湿地园地表水体总体呈碱性，pH 为 7.27～7.41，溶解性总固体为 78～88mg/L，总硬度为 34～68mg/L，总碱度为 25.65～65.69mg/L。景观池塘水质为 Ⅳ 类水（表 4.11.12），造成 Ⅳ 类水质的污染物为 COD（27～28mg/L）。盐灶水下游河口的水质为 Ⅱ 类水，导致 Ⅱ 类水质的污染元素为 TP（0.071mg/L）。总体上看，大鹏半岛自然保护区坝光银叶树湿地园地表水的 As、Cd、Cr、Pb、Hg 等毒理学指标表现较好，符合 Ⅰ 类水的水质标准。

表 4.11.12　大鹏半岛自然保护区坝光银叶树湿地园地表水水质一览表

样品编号	采样位置	水质评价等级	pH	COD/(mg/L)	DO/(mg/L)	TP/(mg/L)
BG-06	坝光银叶树湿地园西侧池塘	Ⅳ	7.41	27	7.5	0.084
BG-6.9	坝光银叶树湿地园东侧池塘	Ⅳ	7.27	28	7.9	0.079
BG-08	盐灶水下游沟口	Ⅱ	7.33	5	9.2	0.071

注：　　　　Ⅰ 类水；　　　　Ⅱ 类水；　　　　Ⅳ 类水。

2）地下水环境特征

（1）地下水类型及富水性特征。

大鹏半岛自然保护区坝光银叶树湿地园位于珠江三角洲东南部，东临大亚湾，属大鹏半岛山地丘陵区山地海岸地貌，气候温和湿润、雨量充沛，植被茂密，断裂及节理发育，为地下水的赋存提供了有利的地貌环境条件。坝光银叶树湿地园及周边的地下水类型按含水岩组可分为第四系孔隙水和基岩裂隙水两类。

a. 第四系孔隙水。冲洪积孔隙含水层：由卵（漂）石构成，结构中密—密实，孔隙发育，透水性好，但厚度较小，受限于含水层厚度富水性较弱，钻孔揭露水量一般，受大气降水影响明显；水位埋深 1.1～3.2m，高程–4.3～4.3m，水力性质以潜水为主，局部地段孔隙水具微弱承压性。

　　b. 基岩裂隙水。基岩裂隙水主要赋存于各类砂岩的风化裂隙及构造裂隙中，以断裂破碎带为相对富水带，其余地段富水性差，总体水量贫乏。

　　（2）地下水的补给、径流、排泄及动态变化特征。

　　a. 地下水的补给。坝光银叶树湿地园内地下水的补给来源主要为大气降水及地表水的入渗补给。坝光银叶树湿地园一带雨水充沛，多年平均降水量为2113mm，4～9月降水量占全年降水量的87.2%。降雨雨型属于短历时、高强度的前锋雨型，降水多以暴雨的形式出现。降水产流速度快，易造成雨水径流峰值流量高，这为地下水补给提供了充足的来源；地表水入渗补给主要是河水和盐灶水库的渗流沿着风化裂隙和孔隙渗入补给地下水；坝光银叶树湿地园南侧地下水也接受基岩裂隙水的侧向补给。此外，坝光银叶树湿地园面朝海湾，地下水易受潮水顶托，涨潮期间海水补给地下水。

　　b. 地下水的径流。坝光银叶树湿地园园区内地形南高、北低，自然坡度较大，竖向排水条件较好，地表径流流速较快、流程短，雨水容易快速通过。区内松散岩类孔隙水的运移方向总体上由东南向西北径流（图 4.11.23），同时因垄状丘陵地形的限制，流向受区内砂土层分布位置的控制。由于地表起伏大，丘陵区浅部基岩裂隙水的径流途经短，径流不远便排向沟谷；深层基岩裂隙水则通过风化裂隙或断裂向低洼处汇流。

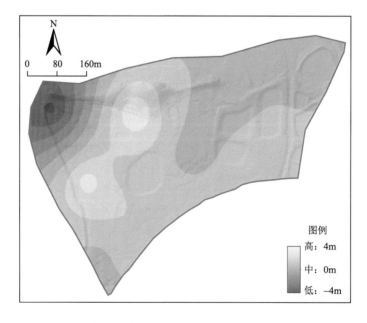

图 4.11.23　大鹏半岛自然保护区坝光银叶树湿地园地下水位高程等值线图

　　c. 地下水的排泄及动态变化特征。坝光银叶树湿地园外南部的基岩区地势较高，地下水水力坡度大，加上沟谷切割较深且岩石节理裂隙发育，地下水获得补给后经过短暂的径流，便以渗流的形式排入附近的溪流。坝光银叶树湿地公园北侧整体地形相对平坦，地下水水力坡度小，径流减缓，主要向大海排泄，地下水具有矿化度向海岸线逐渐变高、水化学类型复杂等特点。地下水动态主要受大气降水及潮汐的影响，具有明显的周期性，每年 5～9 月处于高水位期，12 月至次年 4 月处于低水位期。

　　松散岩类孔隙水动态特征：据现有钻孔观测资料，坝光银叶树湿地园一带松散岩类孔隙水水位升降与大气降水的丰水期与枯水期基本吻合，具有明显的季节性。丘间谷地孔隙水含水层一般上覆有人工填土和黏性土，径流缓慢，地下水位变化幅度较小，一般每年 6～9 月为高水位期，出现高峰 1～2 次，10 月前后地下水位缓慢下降，2 月水位最低，水位年变幅为 0.5～2.1m。由于松散岩类孔隙水埋藏一般较浅，地下水位对降水反应迅速，每次暴雨后 10 多个小时就可升至高峰。由于地势低平，地下水受河水及海水补给，并有潮汐顶托影响，地下水位变化较小。水质的季节性变化主要表现为从丰水期到枯水期水中氯离子含量及矿化度增高，这与地下水蒸发浓缩和海水上溯补给有关。

　　基岩裂隙水动态特征：由于风化裂隙是基岩区地下水的主要储存空间，故裂隙水容易获得补给的同时排泄也较快，大气降水对地下水的动态变化影响最大。丘陵区少见基岩裂隙泉水，泉水流量普遍较小，动态变化较难观测，主要依靠监测井观测基岩裂隙水动态。据地下水位观测资料，基岩裂隙地下水位对降水反应较灵敏，地下水位及流量与大气降水基本同步变化，水位年变化幅度 0.5～1.8m。

　　总体而言，大鹏半岛自然保护区坝光银叶树湿地园一带的地下水主要接受降水补给，向滨海地段排泄，而在近岸地段，地下水与海水的水力联系较密切，涨潮时海水淹没入海河口，海入入渗补给地下水，退潮后地下水向海排泄。

　　（3）地下水水化学特征。

　　由于近岸受海水的影响，坝光银叶树湿地园地下水的水化学类型复杂多样，常见有 $HCO_3 \cdot Cl \text{-} Na \cdot Ca \cdot Mg$ 型、$HCO_3 \cdot Cl \text{-} Na$ 型、$HCO_3 \cdot Cl \text{-} Na \cdot Ca$ 型、$HCO_3 \cdot Cl \text{-} Ca \cdot Mg$ 型、$HCO_3 \text{-} Ca$ 型、$Cl \text{-} Ca$ 型等水化学类型。地下水 pH 为 6.58～11.73，矿化度为 73.73～898.5·5mg/L，总硬度为 34.03～302.11mg/L，总碱度为 25.65～256.10mg/L。

　　（4）地下水水质评价。

　　对采集于坝光银叶树湿地园地质钻孔的 12 件地下水样品进行测试分析，并依照《地下水质量标准》（GB/T 14848—2017）对地下水的水质进行综合评价，结果如图 4.11.24 所示。大鹏半岛自然保护区坝光银叶树湿地园的地下水质均为Ⅳ类水，造成Ⅳ类水质的污染物主要为 Mn 和 Cl⁻；同地表水相似，地下水的 Cd、Cr、Pb、Hg 等毒理学指标表现较好，符合Ⅰ类地下水的水质标准。

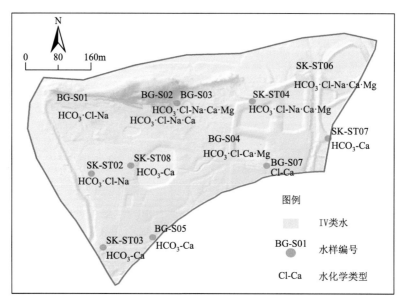

图4.11.24　大鹏半岛自然保护区坝光银叶树湿地园地下水水质与水化学类型分布图

5. 红树林植被生态特征

1）植被类型及生长状态

银叶树为梧桐科银叶树属的热带、亚热带海岸半红树植物，多分布于高潮线附近的海滩内缘、大潮或特大潮才能淹没的滩地或海岸陆地，属于典型的海陆两栖的红树植物（王伯荪等，2003）。坝光银叶树湿地园内银叶树生长现状见图4.11.25。

图4.11.25　大鹏半岛自然保护区坝光银叶树湿地园银叶树林生长现状

大鹏半岛自然保护区坝光银叶树湿地园的红树林总面积约 7.5hm²，其中银叶树分布面积约 3hm²，现为国家珍稀植物（银叶树）群落小区。银叶树群落内包含多棵树龄超过百年的银叶树（图 4.11.26），其中树龄超过 200 年的银叶树 32 棵，超过 500 年的银叶树 1 棵，同时蕨类植物和林下草本分布广泛，多样性较强（李一凡等，2020）。

图 4.11.26　大鹏半岛自然保护区坝光银叶树湿地园古银叶树生长态势

银叶树湿地园的红树林可划分为两片：一片为小丘地（陆生环境）及海湾沼泽（海生环境），形成以银叶树为主的森林群落，其中，海湾沼泽内的银叶树常年被海水浸泡，周围零星生长有少量秋茄、卤蕨、老鼠簕和木榄等；另一片则在邻海面沿海岸线间断分布（海生环境），人工种植有桐花、木榄、秋茄、卤蕨、老鼠簕、海漆、白骨壤、黄槿、海杧果等红树半红树植物（孙红斌等，2019；王佐霖等，2019）。

2）植被质量特征及存在问题

实地调查研究结果表明，植物叶片营养元素和景观面积分别是坝光银叶树湿地园红树植物生长质量和生态系统稳定性的主要决定因素。从叶片营养元素上看，坝光红树林生态质量良好（图 4.11.27），红树林叶片营养在深圳市所有自然保护区中最为丰富；从景观面积上看，坝光银叶树湿地园红树林的斑块形状复杂度和破碎度最高，红树林受到人为负向干扰的程度较大，其生态系统稳定性仅优于内伶仃岛红树林，明显弱于福田红树林。此外，由于旅游、经济开发等人为干扰，大鹏半岛自然保护区坝光银叶树湿地园红树林群落的银叶树分布区域逐渐缩减、更新缓慢，红树林出现濒危特征。

图 4.11.27　大鹏半岛自然保护区坝光银叶树湿地园红树林生长现状

　　由于大鹏半岛自然保护区坝光银叶树湿地园及周边一带的各种人类工程活动强烈，坝光银叶树湿地园海滩一带的垃圾污染较严重。盐灶村北部的银叶树林内散布有较多的建筑垃圾，对银叶树的正常生长有较大的危害；海滩及潮间带分布有多种垃圾（图 4.11.28），这些垃圾不仅直接影响银叶树湿地园的景观，还一定程度上破坏了红树林的生长环境。

图 4.11.28　大鹏半岛自然保护区坝光银叶树湿地园海滩垃圾

6. 岩石-土壤-植物的元素迁移特征

对大鹏半岛自然保护区坝光银叶树湿地园岩石、土壤和植物样品的重金属元素含量进行比较分析，结果见图 4.11.29。图 4.11.29 表明土壤中 As 强烈富集，与母岩之间的相关性较小，可能存在外来污染源；Mn、Cr、Ni、Cu、Zn 和 Cd 在成土过程中逐渐淋失，其含量受母岩含量高低的制约，与母岩物质成分的相关性较大；Mo、Pb 在土壤中的含量明显高于岩石中，表明土壤对上述元素具有一定的富集能力。

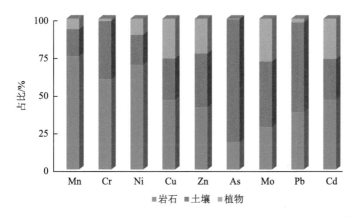

图 4.11.29　坝光银叶树湿地园岩石-土壤-植物系统的重金属元素分布特征

经计算，大鹏半岛自然保护区坝光银叶树湿地园的银叶树生物富集系数 Cd 大于 1，Cu 接近 1，说明银叶树对 Cd 和 Cu 元素的吸收能力较强；其余元素的富集系数均小于 0.66，特别是 As、Pb、Cr 的富集系数极小，结合研究区土壤地球化学特征，该结果是受银叶树对上述元素的吸收能力较弱及土壤中的 As、Pb 在该处较为富集共同影响所致。

研究岩石-土壤-植物系统中地球化学元素的迁移机理是一项复杂的系统工程，影响元素在岩、土、植物中迁移的要素极为丰富，如土壤酸碱度、元素的有效性、元素互补拮抗等（陈文德等，2009），入海河口地区的土壤母质及元素含量来源极其复杂更加剧了研究的难度。因此，研究红树林生态环境系统中重金属元素的迁移机理需要更多的数据支撑和进一步深入研究。

第5章 田头山自然保护区生态地质资源特征

5.1 田头山自然保护区概况

    田头山自然保护区处于亚洲热带北缘与南亚热带的过渡地带，植被类型以南亚热带常绿阔叶林为主，植被组成种类、群落外貌和结构特点等均表现出从热带到亚热带过渡的特点，典型植被群落如"浙江润楠-子凌蒲桃＋鸭脚木群落"和"黄樟＋厚壳桂-鸭脚木＋猴耳环群落"等。自然保护区的沟谷地带分布有大面积保护良好的黑桫椤群落和苏铁蕨群落，种群更新良好。植被主要包括自然植被和人工植被两种。人工植被主要是荔枝林、桉树林，其中以荔枝林面积最大，主要分布于田头山低海拔地区与各主要公路间的山坡地带。自然植被主要分布于中低海拔的沟谷及山地之上，主要类型为天然次生常绿阔叶林，其中局部山地还有保存较好的原生植被，植被类型包括沟谷常绿阔叶林、低地常绿阔叶林、低山常绿阔叶林和山地常绿阔叶林等（凡强等，2017）。植被种类组成的优势科主要为樟科、山茶科、壳斗科、桑科、桃金娘科及大戟科等，以热带亚热带植物区系成分为主。田头山自然保护区内共有维管植物201科792属1455种，各类珍稀濒危保护植物45种，隶属于20科42属，其他各类资源植物也非常丰富。植物区系组成以热带、亚热带分布属为主，其中种子植物热带性属占81.17%，温带性属占18.83%（赵晴等，2016）。

    田头山自然保护区属于深圳市市级自然保护区，可分为核心区、缓冲区和实验区三个部分（图5.1.1）。核心区分布于田头山、寨顶、燕子尾等周边山体一带，分布面积约为6.6896km²，占田头山自然保护区总面积的33.4%。核心区外围划定一定规模的缓冲区，面积约为2.5965km²，占田头山自然保护区总面积的13.0%。实验区位于缓冲区以外，面积约为10.7228km²，占田头山自然保护区总面积的53.6%。核心区为田头山自然保护区内保存完好的天然状态生态系统以及珍稀、濒危动植物的集中分布地，禁止任何单位和个人进入。受现状道路和规划快速路的切割影响，田头山自然保护区的核心区分离为两个部分（图5.1.1）。缓冲区的外围划定为实验区，同时，存在人为使用需求的用地基本都划入实验区，包括道路及市政基础设施等。实验区受人为干扰较为严重，植被主要为人工种植的桉树林、相思林、荔枝林和村庄附近的风水林等。

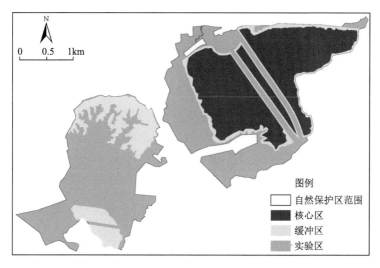

图 5.1.1　田头山自然保护区功能区划图

5.2　地形地貌特征

5.2.1　地形与地貌类型

深圳市田头山自然保护区整体海拔表现为东高西低，东部以东面边缘区域为最高点，向西逐渐降低，最低点位于自然保护区西面水域。海拔为 43～689.84m，平均海拔 234.5m。海拔 0～250m、250～500m 及 500m 以上的区域分别占田头山自然保护区总面积的 62.5%、31.7%及 5.8%。

田头山自然保护区地势较为陡峭。地形坡度范围为 0°～55°，平均坡度约 19°。坡度 6°～15°、15°～25°和大于 25°的范围分别占田头山自然保护区总面积的 26.0%、36.4%和 29.5%。东部地势较为陡峭，主要是大于 25°及以上的陡坡，几乎没有平坡。西部较为平缓，以 6°～15°的缓坡为主，由南向北坡度逐渐趋于平缓（图 5.2.1）。

田头山自然保护区的坡向以西、西北及北向为主，分布面积分别占田头山自然保护区总面积的 15.9%、20.0%及 15.5%；其次是东北、南和西南方向，分布面积分别占田头山自然保护区总面积的 9.6%、9.8%和 12.4%。东和东南方向分布面积所占比例均为 7.9%，平地（坡向为平面的区域）所占比例约为 1.0%。阴坡、半阴坡、半阳坡和阳坡的分布面积分别约为田头山自然保护区总面积的 25.4%、28.2%、24.0%和 22.4%（图 5.2.1）。

田头山自然保护区的地貌类型包括低山、丘陵、台地和人为地貌。丘陵为田头山自然保护区的主要地貌，面积约占田头山自然保护区总面积的 93.9%；其次是低山，面积所占比例约为 6.1%，分布于田头山自然保护区的东面。台地与人为地貌的分布面积所占比例较少，均不超过 0.01%，主要分布于自然保护区北部的边缘区域（图 5.2.1）。

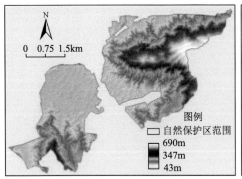

(a) 田头山自然保护区高程图　　　　　　(b) 田头山自然保护区坡度图

(c) 田头山自然保护区坡向图　　　　　　(d) 田头山自然保护区地貌图

图 5.2.1　田头山自然保护区地形地貌分布图

　　丘陵地貌的地层与岩性主要为侵入岩、沉积岩和第四系等；低山主要分布于田头山自然保护区东部，其地层与岩性主要为沉积岩。台地的地层与岩性主要为第四系，人为地貌的岩性主要为侵入岩、沉积岩和第四系松散沉积物等（表 5.2.1）。

表 5.2.1　田头山自然保护区地貌类型划分表

形态类型	岩石、地层与岩性组成	分布范围	面积及比例	主要特征
低山	沉积岩（砂岩、石英砂岩、砂质泥岩、泥岩、粉砂岩、泥质灰岩、页岩等）	自然保护区东部	1.22km² (6.08%)	海拔大于 500m，相对高度大于 200m，呈椭圆及斧头状。地势较为险要，坡度为 20°～50°。坡向以北向、西北向为主

续表

形态类型	岩石、地层与岩性组成	分布范围	面积及比例	主要特征
丘陵	侵入岩(花岗岩)、沉积岩(砂岩、石英砂岩、砂质泥岩、泥岩、粉砂岩、泥质灰岩、页岩等)、第四系(砂、黏土及砾石等)	自然保护区内分布广泛	18.79km²(93.91%)	海拔 50～500m,相对高度不超过200m 的山丘呈大块面状。地势较为险要,坡度 0°～40°。水系简单,以赤坳水库为主。坡向以西向、西北向为主
台地	第四系(砂、黏土及砾石等松散沉积物)	自然保护区北部	0.00047km²(0%)	海拔 10～50m,呈细小点状。地形平坦,坡度约 5°。坡向为西向
人为地貌	侵入岩(花岗岩)、沉积岩(砂岩、石英砂岩、粉砂岩、页岩、泥岩等)、第四系(砂、粉砂、黏土及砾石等)	自然保护区西北部	0.0013km²(<0.01%)	整体呈细小点状的分布特征,地形坡度为 0°～25°,主要受人类生产活动及各种工程活动的影响。坡向大多以东南向为主

5.2.2　湿地资源特征

根据 2021 年田头山自然保护区遥感解译的结果,得到田头山自然保护区的湿地资源分布状况,如图 5.2.2 所示。田头山自然保护区的湿地资源主要包括内陆滩涂,其分布面积约 0.10km²,主要分布于赤坳水库周边一带。

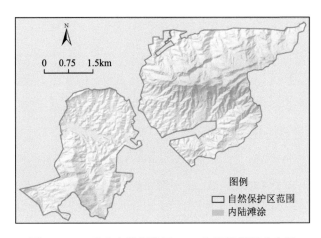

图 5.2.2　田头山自然保护区 2021 年湿地资源分布图

5.3　地层与岩性

深圳市田头山自然保护区发育的地层有下侏罗统金鸡组、中—上泥盆统春湾组和中泥盆统老虎头组等(图 5.3.1)。

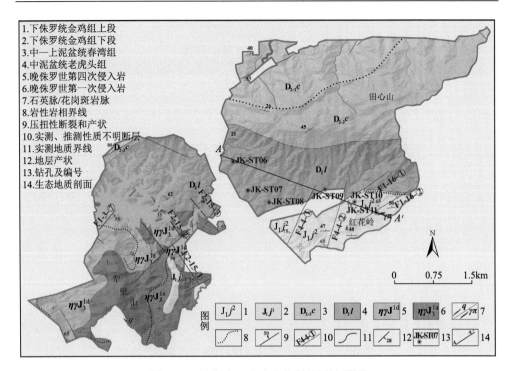

1.下侏罗统金鸡组上段
2.下侏罗统金鸡组下段
3.中—上泥盆统春湾组
4.中泥盆统老虎头组
5.晚侏罗世第四次侵入岩
6.晚侏罗世第一次侵入岩
7.石英脉/花岗斑岩脉
8.岩性岩相界线
9.压扭性断裂和产状
10.实测、推测性质不明断层
11.实测地质界线
12.地层产状
13.钻孔及编号
14.生态地质剖面

图 5.3.1　深圳市田头山自然保护区地质图

5.3.1　泥盆系

田头山自然保护区泥盆系地层主要分布于石井—田头山、赤坳水库北侧一带。自下而上划分为中泥盆统老虎头组（D_2l）和中—上泥盆统春湾组（$D_{2-3}c$）。

1. 中泥盆统老虎头组（D_2l）

中泥盆统老虎头组（D_2l）分布于田头山自然保护区赤坳水库北侧和石井—田头山一带中—上泥盆统春湾组（$D_{2-3}c$）地层的南侧。岩性主要有紫灰、灰褐、灰白、黄白色中厚层状块状长石石英砂岩（含砾）、石英砂岩（含砾），夹砾岩、砂砾岩、粉砂岩、泥岩等，砾岩或砂砾岩中砾石成分的成熟度高，主要为石英质砾和石英砂岩砾，偶见复成分砾石，呈圆状—次棱角状，分选较好，砾径大小一般为 0.5~2cm。岩层总厚度为 158~559m。坪头岭一带钻探揭露岩性主要为细粒石英砂岩、石英质粉砂岩夹少量粉砂质板岩、砂质千枚岩等。

2. 中—上泥盆统春湾组（$D_{2-3}c$）

中—上泥盆统春湾组（$D_{2-3}c$）分布于田头山自然保护区赤坳水库北侧边缘和

石井—田头山一带。春湾组由粉砂岩、泥质粉砂岩、粉砂质泥岩、泥岩与细砂岩组成，砂岩以长石石英砂岩为主，厚层状，碎屑主要为长石和石英，分选性好，变余砂状结构，粒级有粗、中、细粒，圆度中—差，接触式胶结，多呈颗粒支撑。具低角度斜层理、水平层理、水平纹理和透镜状层理；产有沟蕨、锉拟鳞木、奇异亚鳞木相似种等植物化石组合。

5.3.2　侏罗系

侏罗系地层主要分布于田头山自然保护区的红花岭一带，犁壁山东侧呈零星分布，岩性主要由细粒石英砂岩、粉砂岩、粉砂质泥岩组成不等厚互层状，夹砂砾岩、炭质泥岩、劣质煤及煤线，含菱铁矿结核，并富含菊石及双壳类，其底部以砾状砂岩或含砾砂岩为标志与小坪组整合接触。可分为下侏罗统金鸡组上段和下段。

1. 新塘—坪头岭地质剖面描述

新塘—坪头岭地质剖面未见顶底，只代表本组下段的部分岩性（图 5.3.2）。主要特点是以深灰色，中—薄层状的砂泥质岩为主，下粗上细。往北至葵涌坪头岭一带，本组下段出露的岩石泥质成分增高，砂质减少。

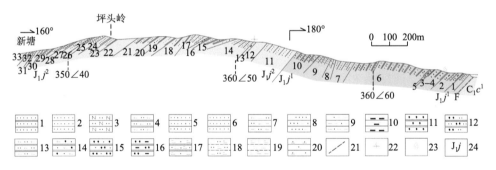

图 5.3.2　新塘—坪头岭下侏罗统金鸡组实测地质剖面图

1-变质石英砂岩；2-砂岩；3-长石石英砂岩；4-变质硬绿泥石英砂岩；5-细砂质石英粉砂岩；6-交质石英粉砂岩；7-硬绿泥石质石英粉砂岩；8-泥质粉砂岩；9-变质细粒石英岩；10-含炭质页岩；11-斑点板岩；12-硅质斑点板岩；13-硬绿泥石砂质板岩；14-硬绿泥石质砂质斑点板岩；15-砂质斑点板岩；16-含炭质斑点板岩；17-砂质绢云母板岩；18-石英绢云母千枚岩；19-绢云母千枚岩；20-黑云母蚀变岩；21-推测断层；22-植物化石；23-动物化石；24-下侏罗统金鸡组

金鸡组上段（J_1j^2）（未见顶）　　　　　　　　　　　　　　　　　＞1017.8m

33-黄褐色厚层状变质粉砂质细粒石英砂岩　　　　　　　　　　　　　　18.4m

32-浅粉红色厚层状中细粒石英砂岩　　　　　　　　　　　　　　　　　22.5m

31-灰白色厚层状粉砂质绢云母板岩 6.7m

30-浅灰色薄层状绢云母千枚岩 17.9m

29-厚层状变质细粒石英砂岩，层理微显 61.4m

28-灰黑色厚层状变质中—细粒石英砂岩 6.6m

27-浅灰白色厚层状长石石英砂岩 15.1m

26～25-灰白、灰绿色石英砂质板岩与角岩化粉砂质石英砂岩互层 0.2m

24-紫红色厚层状变质石英粉砂岩 63.4m

23-灰白色厚层状变质细粒石英砂岩 62.1m

22-浮土 96.6m

21-灰白色厚层状硬绿泥石砂质板岩 70.8m

20-紫红色厚层状硬绿泥石粉砂质斑点板岩 27.5m

19-紫红色厚层状变质石英粉砂岩、泥岩 50.0m

18-青灰色厚层状变质细粒硬绿泥石石英砂岩 38.1m

17-紫红色薄层状石英砂质绢云母千枚岩 73.9m

16-紫红—青灰色厚层状粉砂质斑点板岩 17.3m

15-紫红色厚层状硬绿泥石粉砂质斑点板岩 73.2m

14-灰绿色厚层状硬绿泥石泥质石英粉砂岩 84.2m

13-灰黑色含炭质页岩，含植物化石 *Equisetites* sp.、*Neocalamites* sp. 5.6m

12-浮土 43.2m

11-青灰色厚层状细砂质石英粉砂岩，沿走向变为细砂岩，局部出现含砾粗粒石英砂岩 63.1m

下侏罗统金鸡组下段（$J_1 j^1$） ＞852.5m

10-深灰、紫红色薄层状粉砂质斑点板岩 123.6m

9-灰白、灰黄色细粒石英砂岩 62.2m

8-黄白色强烈风化黑云母蚀变岩 26.9m

7-黄褐色细砂质泥质砂岩、条带状构造，可见水平层理 94.0m

6-灰黑色、紫红色中—厚层状粉砂质斑点板岩夹蚀变细粒石英砂岩，可见水平层理，砂岩具条带状构造 367.5m

5-深灰、紫红色中—厚层状含炭质斑点板岩 9.8m

4-黄褐色厚层状粉砂质斑点板岩 4.1m

3-紫红、紫灰色斑点板岩。剖面东侧约 100m 山头，相当于本层中获得瓣鳃类：*Teinonuculana guangdongensis* Zhang 及植物碎片 62.9m

2-深灰、灰黑色含炭质斑点板岩夹蚀变砂岩 73.8m

1-蚀变砂岩 ＞27.7m

未见底

2. 岩性组合特征

整体上看，田头山自然保护区内的下侏罗统金鸡组（J_1j）岩性组合以青灰色、浅灰色中至厚层状中粗、中细、细粒长石石英砂岩、灰白色含云母长石石英砂岩及粉砂岩为主，夹少量粉砂质泥岩、粉砂质泥质页岩。根据田头山自然保护区内 JK-ST10 钻孔（图 5.3.3）和 JK-ST11 钻孔（图 5.3.4）的地质钻探结果，下侏罗统金鸡组（J_1j）的岩性组合具有如下特征。

图 5.3.3　JK-ST10 钻孔岩芯　　　　　图 5.3.4　JK-ST11 钻孔岩芯

（1）田头山自然保护区内的下侏罗统金鸡组（J_1j）主要由青灰色长石石英砂岩、灰色粉砂岩、灰黑色泥质砂岩互层组成，中间局部夹有少量的灰白色含砾砂岩及灰黑色粉砂质泥岩，青灰色长石石英砂岩约占 85%。同时，青灰色长石石英砂岩的岩石普遍具有变质特征，大多以灰黑色变质粉砂岩出现，含红柱石及绿泥石等变质矿物。

（2）从风化程度上看，中风化长石石英砂岩呈青灰色—灰褐色，岩芯呈碎块状，具变质砂状结构，矿物成分以长石、石英和裂隙充填物为主，含少量绿泥石；岩石节理裂隙发育，局部受构造挤压影响，岩芯破碎，泥质含量增高。微风化长石石英砂岩呈青灰色—灰黑色，岩芯呈短柱状、长柱状，具变质砂状结构和层状构造，岩石节理裂隙中等发育，可见硅质充填物；矿物成分以长石、石英为主。

对比图 5.3.2 和图 5.3.5，田头山自然保护区内的下侏罗统金鸡组岩石自下而上单层砂岩由多→少→多，砂质泥岩单层由少→多→少，粒度大致由粗→细→粗，充分说明沉积过程由退积型向进积型演化；长石石英砂岩、灰色粉砂岩、灰黑色泥质砂岩的斜层理、水平层理、小型交错层理、波状层理及结核等沉积构造较发育，推测属滨海—浅海的沉积环境，为一套海陆交互相沉积产物。

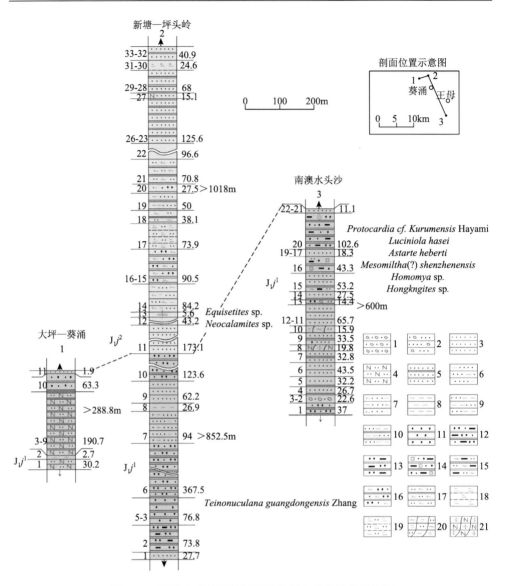

图 5.3.5　田头山自然保护区下侏罗统金鸡组柱状对比图

1-砂砾岩；2-含砾砂岩；3-石英砂岩；4-长石石英砂岩；5-变质砂岩；6-泥质粉砂岩；7-硬绿泥石泥质粉砂岩；
8-泥岩；9-粉砂质泥岩；10-变质砂质泥岩；11-斑点板岩；12-含炭质粉砂质斑点板岩；13-含炭质斑点板岩；
14-含空晶石炭质砂质斑点板岩；15-含炭质红柱石砂质斑点板岩；16-硬绿泥石粉砂质斑点板岩；17-硬绿泥石
砂质板岩；18-绢云母千枚岩；19-石英绢云母千枚岩；20-红柱石云母石英角岩；21-斜长透闪石角岩

5.4　侵　入　岩

　　田头山自然保护区侵入岩的形成时代为晚侏罗世。主要为晚侏罗世第一次、第四次侵入岩，呈不规则小岩株、小岩枝状侵入于早期侵入体之中。侵入体长轴大多呈近东西或北东向展布。

5.4.1　晚侏罗世第一次侵入岩（ $\eta\gamma J_3^{1a}$ ）

1. 地质特征

晚侏罗世第一次侵入岩主要见于田头山自然保护区西南侧一带（图 5.4.1），呈不规则状，与早侏罗世地层呈侵入接触。岩性主要为中细粒斑状角闪石黑云母二长花岗岩、中细粒斑状黑云母二长花岗岩。晚侏罗世第一次侵入岩（ $\eta\gamma J_3^{1a}$ ）的完整性较差，但侵入岩的基本地质特征明显（图 5.4.1），侵入岩的球状风化发育，风化沟槽极不规则，风化深度相差明显，地表及地下常见大小不一的花岗岩孤石。

图 5.4.1　侵入岩的球状风化及风化沟槽

2. 岩石矿物学特征

整体上看，田头山自然保护区晚侏罗世第一次侵入岩呈中细粒斑状花岗结构，基质具变余花岗结构；斑晶主要由钾长石及少量石英、斜长石组成。岩石矿物中的钾长石含量为 41%～47%，斜长石为 26%，石英为 32%，黑云母为 3%～6%，微量矿物主要有磷灰石、锆石、褐帘石、榍石等。

3. 岩石地球化学特征

据收集资料和采集样品的测试结果，田头山自然保护区晚侏罗世第一次侵入岩的 SiO_2 平均含量为 73.52%，变化范围为 67.12%～74.24%，最高相差 7.12 个百分点，SiO_2 最高者可能与岩石发生轻微碎裂蚀变有关，也可见岩石原始成分存在明显的不均一性。岩石样品中未出现标准矿物刚玉，A/NKC 为 0.98，σ 为 2.17，属硅酸过饱和、铝正常（次铝）的钙碱性岩石。微量元素中的 W、Sn、Mo、Bi、

Pb、Ag、U、Th、Rb、Hf、Co 等含量高于世界花岗岩平均值，其余元素则较低。岩石稀土元素特征值∑REE = 202.35×10⁻⁶，∑Ce/∑Y = 2.7，δEu = 0.38，与世界花岗岩平均值相比，∑REE 较低，轻稀土富集程度偏低，铕负异常增大。通过分析田头山自然保护区晚侏罗世第一次侵入岩样品的主量、微量和稀土元素含量，确定晚侏罗世第一次侵入岩 TAS 分类主要为二长花岗岩，侵入岩主要属于高钾钙碱性系列。

5.4.2 晚侏罗世第四次侵入岩（$\eta\gamma J_3^{1d}$）

1. 地质特征

晚侏罗世第四次侵入岩主要见于田头山自然保护区赤坳水库南侧一带（图 5.3.1）。呈不规则小岩株、小岩枝状侵入于早期侵入体和泥盆系地层。晚侏罗世第四次侵入岩（$\eta\gamma J_3^{1d}$）的岩性为中（粗）粒斑状黑云母二长花岗岩。

2. 岩石矿物学特征

岩石呈似斑状结构，基质具花岗结构，少部分无斑或含斑，局部变余花岗结构。钾长石：斑晶多呈自形板状，常包嵌有斜长石、石英、黑云母等小颗粒，基质中多他形粒状，可见卡氏双晶，条纹连晶大部分发育明显，主要属微斜微纹长石，部分为微斜长石；局部可见被钠长石交代呈残骸状，局部与斜长石接触处形成粒状蠕英石结构。斜长石：半自形板柱状为主，部分具环带构造，大多发育聚片双晶，中心常被绢云母及绿帘石等取代。石英：半自形至他形粒状，局部与钾长石形成文象共生结构。黑云母：半自形片状、厚板状，局部略具定向特征。

3. 岩石地球化学特征

晚侏罗世第四次侵入岩的岩石 SiO_2 含量为 67.22%，K_2O 含量稍大于 Na_2O，A/NKC = 0.92，显示岩石具硅酸过饱和铝正常（次铝）的钙碱性岩石特征。微量元素含量以 Zn、V 等含量较高，Rb＜Sr＜Ba 与其他侵入岩相区别，与维氏值相比较，岩石的 W、Sn、Cu、Nb、U、Th、Cr、Co、V、Ga 等含量稍高或较高，其余元素偏低。稀土元素特征值∑REE = 152.71×10⁻⁶，δEu = 0.74，与世界花岗岩平均值相比明显偏低。

5.5 地 质 构 造

从区域上看，田头山自然保护区的地质构造发育程度中等，主要发育有北东向断层、北北东向断层和北西向断层等（图 5.3.1）。主要断裂构造的基本发育特征如下。

1. 三河断裂（F1-3-⑦）

主要发育于深圳市盐田区恩上西侧三河一线的晚侏罗世花岗岩中，长约 9.5km，宽 20m，走向北东 50°，倾向南东，倾角 35°～70°，被北西向断裂切错为三段，北东侧一段延伸进入田头山自然保护区内。断裂主要表现为强烈硅化的碎裂岩带，充填有石英脉和花岗斑岩脉，断面擦痕指示早期正断、晚期左行压扭的活动特点。犁壁山西侧，断裂产状 140°∠55°，扭-压扭性，挤压破碎带内发育宽 6m、北东 80°的花岗斑岩脉。断裂主要成生于白垩纪，以压扭为主，有过张性活动。

2. 田作断裂（F4-4-①）

断裂位于田头山自然保护区中部田作一带，长约 2.5Km，宽 20m，走向北北东 25°，倾向北西西，倾角 75°～85°。主要发育于下侏罗统金鸡组砂岩及泥岩中，向北进入中泥盆世老虎头组砂岩及泥岩中，切错近东西和北西向断裂。红花岭一带，断裂表现为宽 20m 强烈破碎带，破碎带中见角砾状构造角砾岩，并见黑色矿物网格状充填胶结角砾，断裂产状：295°∠85°。南西端左行切错北西向的金城断裂。断裂成生于早侏罗世后，左行张扭活动为主。

3. 新塘断裂（F4-4-②）

断裂位于田头山自然保护区中部新塘一带，长约 2.8km，宽 15m，走向北北东 28°。断裂主要发育于下侏罗统地层内，北北东端切割中泥盆统地层。断裂成生时期为早侏罗世后期，切割北东向和北西向断裂，断裂性质为张-压扭性。

4. 金城、响水、丰树山断裂组

整体上看，该断裂组分布于田头山自然保护区赤坳水库东侧一带，由三条相隔 200～500m、近平行的断裂组成，平面上均呈向南西成弧形顶出状，并被北东向断裂左行切错。自北东向南西分别为金城断裂、响水断裂和丰树山断裂。

（1）丰树山断裂（F2-15-①）：位于田头山自然保护区的金龟一带。长约 5.0km，宽 5m，走向北西 310°，倾向南西，倾角 50°。断裂切割下侏罗统金鸡组砂岩泥岩和晚侏罗世花岗岩，局部产状 230°∠30°，以硅化碎裂带的形式出现，发育硅化碎裂岩、构造透镜体，局部具较明显的劈理化。成生于早白垩世后，被北东向断裂切割，压扭-扭性活动性质。

（2）响水断裂（F2-15-②）：位于田头山自然保护区响水一带，长 4.5km，宽 10～50m，走向北西 310°，倾向南西，倾角 60°～80°；主要发育于下侏罗统砂岩及泥岩与晚侏罗世花岗岩中，向北西切过中泥盆统老虎头组砂岩及泥岩。断裂呈舒缓波状，以强烈硅化破碎带为特点，发育硅化岩、碎裂岩、构造角砾岩；擦痕阶步发育，见三组次级破裂，走向北西 320°，北西 285°（扭性），走向北东 30°（张性），沿破裂有网络状的石英脉发育，但已发生破碎，局部形成角砾状结构或构造角砾岩。金龟一带，断裂产状为 235°∠35°，发育宽 5～10m 强烈硅化带，见两组石英脉，一组走向 310°，另一组走向东西，前一组切割后一组。成生于早白垩世后，被北东向断裂切割，有多期活动的特点，张扭-压扭性为主。

（3）金城断裂（F2-15-③）：位于田头山自然保护区金城一带。长约 4.0km，宽 5～6m，走向北西 330°～340°，倾向北东或南西，倾角 40°～65°，主要发育于下侏罗统砂岩、泥岩及晚侏罗世花岗岩中，向北西切过中泥盆统老虎头组砂岩及泥岩。断裂面呈舒缓波状，阶步擦痕指示左行滑动。发育强劈理化岩石，局部见构造角砾岩与相互平行排列的构造透镜体。金龟一带，断面产状 45°∠41°，阶步擦痕指示左行滑动，发育宽 5～6m 的强劈理化岩石，劈理与断面近一致，局部产状为 60°∠57°。断裂成生于早白垩世后，被北东向断裂切割，压扭性活动为主。

5. 坪头岭北西侧断裂（F1-16-①）

坪头岭北西侧断裂长 3.2km，宽 2～3m，走向北东 62°左右，倾向北东，倾角 55°～75°。主要发育于下侏罗统地层内，沿北东向延伸进入中泥盆统老虎头组地层。断裂破碎带主要出露硅化岩带、石英岩脉（图 5.5.1）及强片理化碎裂岩带。田头山自然保护区施工的 JK-ST10 钻孔揭露出断层构造角砾岩（图 5.5.2），角砾成分为泥质砂岩、脉石英，岩芯内可见晚期石英脉穿插其间，具多期活动特点。断裂成生时期为早侏罗世之后，属张-压扭性断层。

图 5.5.1 田头山自然保护区 JK-ST10 钻孔北东侧硅化岩带及石英岩脉

图 5.5.2　田头山自然保护区 JK-ST10 钻孔揭露的断层角砾岩

6. 坪头岭断裂（F1-16-②）

坪头岭断裂分布于葵涌北坪头岭一带，长 3.5km，宽 3～5m，走向北东 60°左右，倾向北西，倾角 65°～85°。断裂主要发育于下侏罗统地层内，沿北东向延伸切割中泥盆统老虎头组地层。断裂成生时期为早侏罗世后，具张-压扭性性质。田头山自然保护区施工的 JK-ST11 钻孔揭露出断层硅化角砾岩（图 5.5.3），角砾岩硅化强烈，裂隙密集，钻孔角砾岩的岩芯裂面擦痕发育。

图 5.5.3　田头山自然保护区 JK-ST11 钻孔揭露的构造角砾岩与擦痕

5.6　地　质　遗　迹

田头山自然保护区红花岭水库东侧分布有一处花岗岩孤石地质遗迹（图 5.6.1），据不完全统计，共有大小不等的花岗岩孤石 18 个，规模为 2.7～73.2m³，分布面积约为 0.078km²。花岗岩孤石分布区树木繁茂，孤石聚集成群出露于树木之间，树木根系在孤石表面交织生长，两者相映成趣，具有较高的观赏价值。

　　花岗岩孤石是花岗岩球状风化最典型的产物，虽然孤石造型各异，但以长条状、锥状、椭球状和近球状居多，山体中上部还发育有石壁、石柱及石锥（石峰）等，各类花岗岩孤石遍布于红花岭水库东侧大坝外的沟谷及山麓之中。石锥（石峰）形态尖峭挺拔，充满灵锐之气；石柱造型奇特，气势雄伟；石壁坚韧，耸立于青翠的山体之间，且形态远近高低变化万千。这些花岗岩孤石地貌景观，极具旅游审美情趣，为较高品质的花岗岩孤石地质遗迹，有着十分重要的地质科学研究意义。

图 5.6.1　田头山自然保护区红花岭水库东侧花岗岩孤石地质遗迹

经调查研究发现，以孤石为主的花岗岩球状风化微地貌景观，其形成过程可划分为两个阶段：第一阶段是沿地表以下一定深度范围的花岗岩风化阶段，物理化学风化作用沿花岗岩的原生节理面乘虚而入，将花岗岩体分割成球状，花岗岩孤石"胚胎"开始形成，如果长期埋藏于地下特定部位，这些花岗岩孤石"胚胎"将进一步遭受风化而形成强风化层。第二阶段为花岗岩孤石"胚胎"出露地表，遭受剥蚀而使花岗岩孤石成形的阶段，孤石"胚胎"表层的土状包裹物在此阶段被冲刷流失，最终形成各种形状的孤石。晚新生代以来区内新构造运动的间歇性抬升、多级剥蚀夷平面的形成及解体，既为花岗岩孤石"胚胎"的形成创造了必要地质基础背景，又为花岗岩孤石的成形提供了充分的地质环境条件，因而田头山自然保护区内花岗岩孤石微地貌景观发育较好，许多具有重要观赏价值的花岗岩地质遗迹都集中成群出露。花岗岩孤石地质遗迹一般都经历了数十万年乃至上百万年的发展演化历史，是十分珍贵的地质遗迹资源。

5.7　土壤质量分析与评价

5.7.1　土壤资源发育特征

1. 土壤类型与分布特征

整体上看，田头山自然保护区的土壤类型包括赤红壤、红壤、黄壤和水稻土四种类型（图 5.7.1 和图 5.7.2），其中，赤红壤和红壤是田头山自然保护区最主要

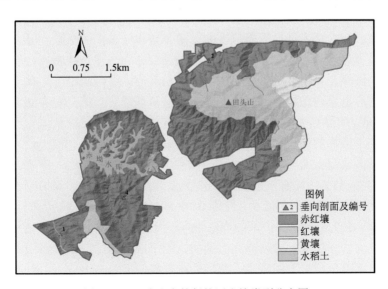

图 5.7.1　田头山自然保护区土壤类型分布图

(a) 花岗岩赤红壤1　　　　　　　　　　　(b) 花岗岩赤红壤2

(c) 砂页岩赤红壤　　　　　　　　　　　　(d) 黄壤

图 5.7.2　田头山自然保护区的土壤发育特征

的土壤类型。同大鹏半岛自然保护区的土壤类型和分布特征相似，田头山自然保护区土壤类型与地形地貌相关，具有一定的垂直分布规律，按海拔由低至高依次为赤红壤、红壤、黄壤。土壤多呈酸性，土层深厚，温湿疏松。随着土层厚度的增加，土壤容重呈增加趋势，土壤孔隙度则呈降低趋势。花岗岩赤红壤电导率为131.78μS/cm，明显高于砂岩赤红壤 21.1μS/cm 的电导率。土壤整体物理性质状态良好，有利于植物的生长和保水通气。赤红壤分布面积约为 13.97km²，约占田头山自然保护区总面积的 69.80%；红壤分布面积为 5.37km²，约占田头山自然保护区总面积的 26.83%；黄壤分布面积 0.53km²，约占田头山自然保护区土壤总面积的 2.65%；水稻土分布面积最小，仅为 0.14km²，约占田头山自然保护区土壤总面积的 0.72%。田头山自然保护区的赤红壤广泛分布于海拔 300m 以下的丘陵台地，可细分为花岗岩赤红壤和砂岩赤红壤两类，由于成土母质、植被和土壤利用程度的差异，土壤养分状况差别较大。花岗岩赤红壤主要分布于田头山自然保护区的西南部，土层较厚，土壤含粗砂较多，易受冲刷侵蚀；砂岩赤红壤主要分布于田头山自然保护区的东部和西北部，土层较薄，土层下部常含大量砾石。红壤主要分布于田头山自然保护区海拔 300～600m 的高丘山地。

2. 土壤粒度组成特征

一般而言，土壤粒度组成特征是控制土壤的水、肥、气、热等各个肥力因子及土壤可耕性的主要因素。土壤质地状况取决于成土母质（岩）、气候、地形、地表植被及人为活动等因素。田头山自然保护区 32 组表层土壤样品的粒度成分统计结果见表 5.7.1，从土壤的粒度成分特征看，田头山自然保护区的土壤类型均为壤土。

表 5.7.1　田头山自然保护区土壤粒度成分和电导率统计特征

成土母岩类型	统计特征值	pH	土壤粒度成分（粒径/mm）									电导率/(μS/cm)
			>2	2～1	1～0.5	0.5～0.25	0.25～0.1	0.1～0.05	0.05～0.005	0.005～0.002	<0.002	
砂岩赤红壤	平均值	—	2.48	0.53	0.49	4.38	15.35	8.76	40.91	7.00	20.10	21.10
花岗岩赤红壤	平均值	—	10.23	7.44	5.85	9.74	11.29	5.22	26.60	7.17	16.46	131.78
总体样品统计特征	最大值	5.27	20.33	9.34	7.02	12.79	15.35	8.76	40.91	7.40	20.10	169.27
	最小值	4.08	2.48	0.53	0.49	4.38	6.71	2.92	22.91	6.90	15.23	45.32
	中位数	4.49	11.17	6.49	4.74	6.89	10.13	4.05	28.45	7.13	16.88	117.29
	平均值	4.48	11.40	6.30	4.59	7.90	10.61	5.05	29.79	7.16	17.20	112.40
	标准差	0.34	7.24	3.18	2.47	3.68	3.88	2.49	6.91	0.21	1.67	50.55
	变异系数	0.08	0.64	0.51	0.54	0.47	0.37	0.49	0.23	0.03	0.10	0.45

田头山自然保护区不同类型土壤的粒度成分累积曲线如图 5.7.3 所示。从图 5.7.3 可以看出，花岗岩土壤的颗粒明显较砂岩土壤的颗粒粗大，花岗岩赤红壤的粉粒和黏粒合计为 54.7%，砂岩赤红壤的粉粒和黏粒合计为 68.01%，说明成土母岩的物质组成特征对土壤粒度成分有较大影响。

田头山自然保护区赤红壤剖面土壤粒度成分累积曲线如图 5.7.4 所示。从赤红壤剖面三个不同深度区间的土壤粒度成分特征看，田头山自然保护区赤红壤剖面深度为 40～60cm 的小于 0.1mm 粒径的土粒含量较其他深度区间的土粒含量明显偏大；但从赤红壤剖面土壤粒度成分的整体分布特征看，田头山自然保护区的赤红壤垂向上不同粒径的土粒含量无明显的变化规律。

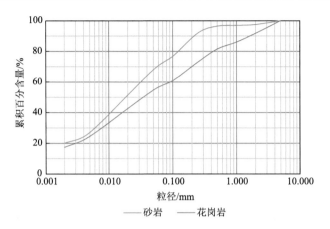

图 5.7.3 田头山自然保护区土壤粒度成分累积曲线

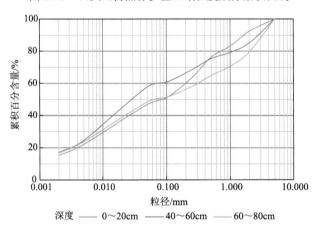

图 5.7.4 田头山自然保护区赤红壤剖面土壤粒度成分累积曲线

3. 土壤的容重

土壤容重是土壤重要的物理性质之一，主要表征土壤的松紧状况和孔隙数量多少，并影响土壤中植物根系的伸展和通气透水。田头山自然保护区土壤容重为 0.75~1.52g/cm³，变异系数为 0.24，容重平均值为 1.20g/cm³，低于深圳城市绿地土壤 1.55g/cm³ 的平均容重，这主要是由于田头山自然保护区人为活动相对较少，机械压实作用不明显。田头山自然保护区的土壤随着土层加深，土壤容重逐渐增大。不同深度的土壤容重存在显著的差异。表层土壤深度 0~20cm 和 20~40cm 的土壤容重平均值分别为 1.14g/cm³ 和 1.15g/cm³，二者差异性不大；土壤深度 40~60cm 的土壤容重为 1.37g/cm³，土壤容重显著增大（图 5.7.5）。田头山自然保护区林地表土层土壤的容重较小，主要由于地表植物枯落物较多，枯落物分解转化过程中形成的腐殖质使表层土壤形成良好的团粒结构，使土壤疏松多孔（凡强等，2017），降低了容重。

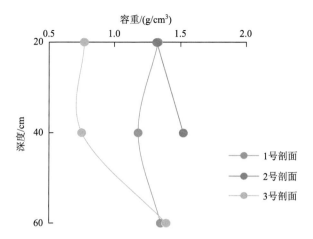

图 5.7.5　土壤容重剖面分布特征

4. 土壤的酸碱性

土壤酸碱性是土壤重要的化学性质之一，直接影响土壤中养分元素的存在形态及其对植物的有效性，也影响土壤中微生物的数量、组成和活性，进而影响土壤中物质的转化。田头山自然保护区土壤 pH 为 4.08～5.27，平均为 4.48，变异系数为 0.08，多数土壤呈强酸性反应。表层土壤 pH 与剖面深度 20～40cm 处土壤的 pH 相差 0.02，剖面深度 20～40cm 处土壤的 pH 与剖面深度 40～60cm 处土壤的 pH 相差 0.08（图 5.7.6），说明田头山自然保护区不同深度土壤的 pH 之间差异性较小。

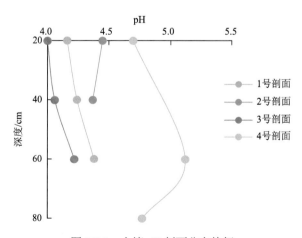

图 5.7.6　土壤 pH 剖面分布特征

资料来源：《深圳市大鹏半岛自然保护区生物多样性综合科学考察》和实测资料

5.7.2　土壤母岩地球化学特征

共采集到田头山自然保护区不同地层的岩石样品 8 件（含钻孔岩芯 3 件），各地层岩石的元素含量平均值如表 5.7.2 所示。同深圳地区土壤背景值 [《土壤环境背景值》（DB4403/T 68—2020）] 相比，可以发现在岩石风化成土的过程中，As 和 Hg 存在较明显的富集倾向。将田头山自然保护区的砂岩元素含量平均值与中国东部砂岩元素丰度（迟清华和鄢明才，2007）进行对比，田头山自然保护区砂岩的 Pb 和 Cr 元素富集（自然保护区砂岩元素含量/中国东部砂岩元素含量≥2），As 则呈相对贫化状态（自然保护区砂岩元素含量/中国东部砂岩元素含量≤0.5）；田头山自然保护区的花岗岩与中国花岗岩相比，Zn 元素富集（自然保护区花岗岩岩石元素含量/中国花岗岩元素含量≥2），而 Cd、Cr、As 和 Hg 则呈相对贫化状态（保护区花岗岩岩石元素含量/中国花岗岩元素含量≤0.5）。

表 5.7.2　田头山自然保护区不同地层岩石元素含量平均值统计

类别		Ni/ (mg/kg)	Zn/ (mg/kg)	Cd/ (mg/kg)	Pb/ (mg/kg)	Cr/ (mg/kg)	As/ (mg/kg)	Cu/ (mg/kg)	Hg/ (mg/kg)	K/ (mg/kg)	P/ (mg/kg)
砂岩	J_1j	34.51	54.45	0.07	19.47	78.92	0.18	52.25	0.0173	25.21	0.26
	$D_{2-3}c$	23.15	22.84	0.04	25.64	103.97	0.12	16.04	0.0053	47.67	0.24
	D_2l	5.78	100.34	0.07	164.49	106.27	0.11	11.42	0.0027	40.63	0.47
	平均	21.14	59.21	0.06	69.87	96.39	0.14	26.57	0.01	37.84	0.32
花岗岩 平均值		3.51	168.12	0.02	28.10	1.54	0.16	4.96	0.0002	43.91	0.14
赤红壤 背景值		32.90	112.00	0.12	130.00	92.20	55.10	43.90	0.15		
中国东部 砂岩		17	51	0.081	18	39	5	15	0.015		
中国 花岗岩		5.2	40	0.057	26	6.6	1.2	5.5	0.0064		

田头山自然保护区的成土母质主要由花岗岩和砂岩风化物组成，其中，花岗岩风化层的结构松散程度明显强于砂岩风化层。地质钻探揭露田头山自然保护区东侧的第四系地层厚度较薄，局部地段全风化和强风化砂岩直接裸露于地表（图 5.3.1、图 5.7.7 和表 5.7.3）。

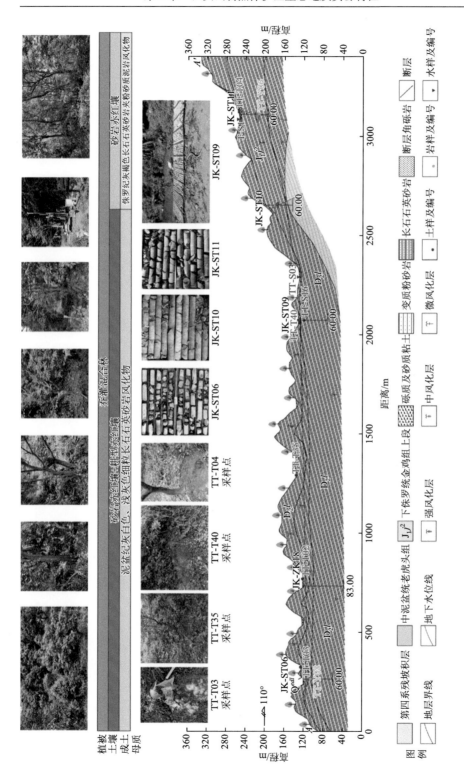

图 5.7.7　深圳市田头山自然保护区田头岭生态地质剖面图

表 5.7.3 深圳市田头山自然保护区生态地质剖面各类样品分析测试结果

地表水

样品号	pH	Cl/(mg/L)	S/(mg/L)	F/(mg/L)	TP/(mg/L)	TN/(mg/L)	As/(μg/L)	Cr/(μg/L)	Cd/(μg/L)	Hg/(μg/L)	Pb/(μg/L)	Cu/(μg/L)	Zn/(μg/L)	溶解氧/(mg/L)
TT-S03	7.32	4.55	0.007	0.051	0.07	0.06	<0.12	<0.11	<0.05	0.05	<0.09	0.18	1.45	10.13
T-S1	7.01	14.20	<0.005	0.068	0.07	0.41	0.17	<0.11	<0.05	0.04	<0.09	0.92	24.1	9.7

地下水

样品号	pH	Cl/(mg/k)	S/(mg/L)	F/(mg/L)	TP/(mg/L)	TN/(mg/L)	As/(μg/L)	Cr/(μg/L)	Cd/(μg/L)	Hg/(μg/L)	Pb/(μg/L)	Cu/(μg/L)	Zn/(μg/L)	地下水化学类型
TT-S16	6.56	12.7	<0.005	0.028	0.11	0.96	<0.12	<0.11	0.10	<0.04	<0.09	0.48	20.7	$HCO_3 \cdot Cl$-$Na \cdot Ca \cdot Mg$

土壤

样品号	pH	Cl/(mg/kg)	S/(g/kg)	F/(mg/kg)	P/(g/kg)	N/(g/kg)	As/(mg/kg)	Cr/(mg/kg)	Cd/(mg/kg)	Hg/(mg/kg)	Pb/(mg/kg)	Cu/(mg/kg)	Zn/(mg/kg)	有机碳/(g/kg)
TT-T03	4.083	25.749	0.366	60.184	0.539	1.700	61.818	5.921	0.586	0.057	50.681	39.701	40.957	22.600
TT-T02	4.357	0.196	0.869	413.281	0.557	0.300	251.687	56.253	0.809	0.028	139.128	58.853	70.527	3.800
TT-T35	4.006	20.255	1.120	379.886	0.477	0.952	230.968	35.384	0.587	0.048	144.663	90.467	143.407	10.952
TT-T40	4.283	44.746	1.274	62.337	0.310	0.190	230.225	37.996	0.525	0.013	59.725	87.541	213.933	2.286
TT-T04	4.150	30.946	0.626	11.586	0.596	0.600	24.438	25.184	0.766	0.060	44.553	8.623	34.991	8.400

岩石

样品号	SiO₂/(g/kg)	Cl/(mg/kg)	S/(g/kg)	F/(mg/kg)	P/(g/kg)	K₂O/(g/kg)	As/(mg/kg)	Cr/(mg/kg)	Cd/(mg/kg)	Hg/(mg/kg)	Pb/(mg/kg)	Cu/(mg/kg)	Zn/(mg/kg)	岩石类型
TT-Y08	672.446	32.847	0.013	830.876	2.193	44.243	0.072	6.032	0.089	0.000	109.586	6.034	80.645	中风化细粒长石石英砂岩
TT-Y06	805.960	26.000	0.027	169.000	0.226	3.540	1.010	4.644	0.186	0.162	27.720	2.671	32.775	断层角砾岩

5.7.3　土壤地球化学特征

1. 平面分布特征

田头山自然保护区的土壤类型以赤红壤为主，对田头山自然保护区采集的 51 组表层土壤样品的元素含量进行统计分析，分析结果见表 5.7.4，表中深圳市土壤环境背景值数据引自《土壤环境背景值》(DB4403/T 68—2020)。表 5.7.4 表明，田头山自然保护区的土壤重金属含量同深圳市土壤环境背景值相比（图 5.7.8），赤红壤、红壤的重金属指标总体呈相对富集（土壤元素含量/背景值≥2）的元素为 Cd，样品富集率为 100%，最大富集系数为 7.11；呈相对贫化的元素（土壤元素含量/背景值≤0.5）主要为 Pb、Zn 和 Hg 等，其中，Pb 元素贫化的样品数量占样品总数的 88.9%，Zn 和 Hg 元素贫化样品占比均为 77.8%。除 Cd 和 Hg 外，赤红壤的重金属元素含量均高于红壤。

表 5.7.4　田头山自然保护区表层土壤重金属元素含量统计特征

	类别	Ni/ (mg/kg)	Zn/ (mg/kg)	Cd/ (mg/kg)	Pb/ (mg/kg)	Cr/ (mg/kg)	As/ (mg/kg)	Cu/ (mg/kg)	Hg/ (mg/kg)	pH
砂岩土壤	J_1j	25.97	76.73	0.70	50.25	58.24	26.64	7.76	4.18	0.06
	$D_{2-3}c$	16.00	37.33	0.56	47.76	50.04	12.86	18.08	4.50	0.01
	D_2l	20.25	48.83	0.72	68.19	69.20	150.12	43.98	4.57	0.05
	平均值	21.45	56.21	0.69	58.81	62.35	86.08	27.59	4.43	0.05
花岗岩土壤平均值		9.10	31.18	0.68	30.65	28.09	48.77	13.48	0.07	4.60
红壤平均值		8.08	34.99	0.77	44.55	25.18	24.44	8.62	0.06	4.15
红壤背景值		19.4	84.1	0.11	124	70.2	59.2	42.4	0.131	—
赤红壤平均值		18.49	49.48	0.68	50.03	54.15	79.80	24.67	0.05	4.53
赤红壤背景值		32.90	112.00	0.12	130.00	92.20	55.10	43.90	0.15	—
总体样品统计特征	最大值	43.86	118.48	0.85	139.13	91.29	251.69	58.85	0.08	5.27
	最小值	8.08	27.22	0.41	14.75	19.23	12.86	4.40	0.01	4.08
	平均值	17.33	47.87	0.69	49.42	50.93	73.65	22.89	0.06	4.49
	中位数	16.00	36.84	0.77	47.76	50.04	53.10	18.08	0.06	4.48
	标准差	10.93	27.64	0.14	35.78	24.41	71.73	16.86	0.02	0.34
	变异系数	0.63	0.58	0.20	0.72	0.48	0.97	0.74	0.39	0.08

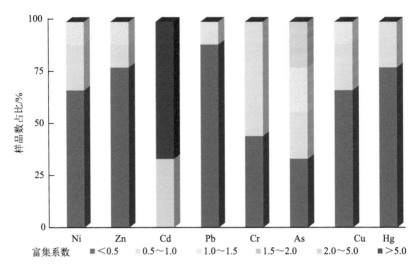

图 5.7.8 田头山自然保护区土壤重金属含量/背景值百分比堆积柱形图

田头山自然保护区土壤各元素含量的平面分布特征如图 5.7.9 所示。图 5.7.9 表明,田头山自然保护区内土壤 Cd 元素含量的高值区集中分布于赤坳水库的南侧,Cd 是田头山自然保护区土壤的主要污染物;Ni 元素和 Zn 元素含量的高值区主要分布于金龟村南部,Pb、As 和 Cu 元素含量的高值区集中分布于老围的北部,Cr 元素含量的高值区分布于园墩至老围一带,Hg 元素含量的高值区集中分布于红花岭水库的北侧和金城一带。

对田头山自然保护区土壤样品的各重金属元素及 pH 进行相关性分析,分析结果见表 5.7.5。从表 5.7.5 可以看出,Ni 和 Zn、Cr,As 和 Cu 相关性极强,Zn 和 Cr、Pb 和 As 的相关性较强。

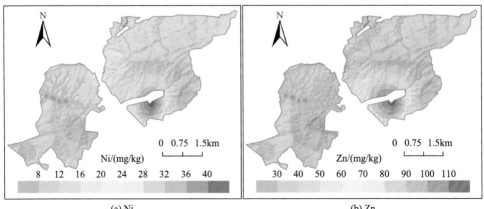

(a) Ni   (b) Zn

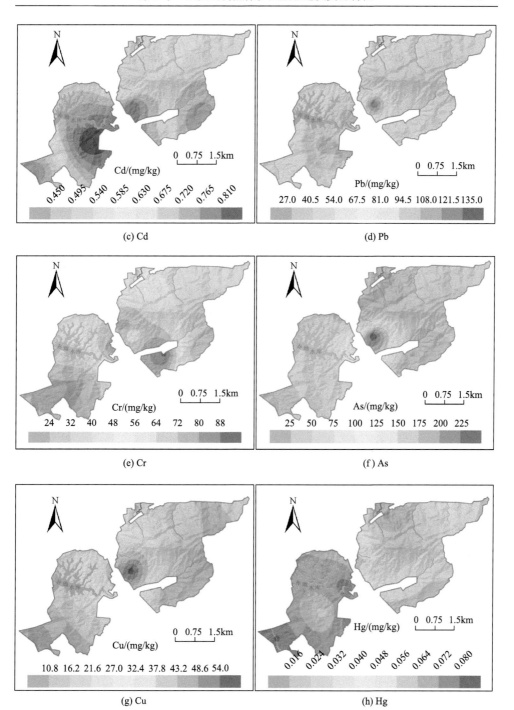

图 5.7.9 田头山自然保护区土壤重金属元素含量平面分布图

表 5.7.5　田头山自然保护区土壤 pH 及重金属元素相关性一览表

	pH	Ni	Zn	Cd	Pb	Cr	As	Cu	Hg
pH	1								
Ni	−0.385	1							
Zn	−0.404	0.854**	1						
Cd	0.297	−0.260	−0.121	1					
Pb	−0.450	0.205	0.479	−0.116	1				
Cr	−0.210	0.864**	0.642*	−0.029	0.146	1			
As	0.148	−0.009	0.156	0.452	0.626*	0.261	1		
Cu	0.125	0.032	0.001	0.320	0.541	0.260	0.821**	1	
Hg	0.459	−0.267	−0.301	0.003	−0.519	−0.272	−0.187	−0.272	1

**−0.01 级别（双尾），相关性显著；*−0.05 级别（双尾），相关性显著。

2. 剖面分布特征

　　田头山自然保护区赤坳水库南侧土壤剖面（4 号剖面）的各重金属元素含量如图 5.7.10 所示。从图 5.7.10 可以看出，田头山自然保护区土壤除 Cd 元素含量随着深度的增加而降低外，其余重金属元素含量总体均随土壤深度的增加而增加。

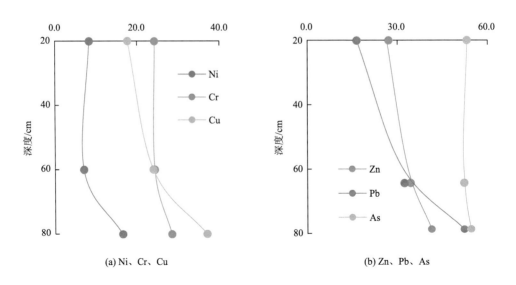

(a) Ni、Cr、Cu　　　　　　　　　　　　　　(b) Zn、Pb、As

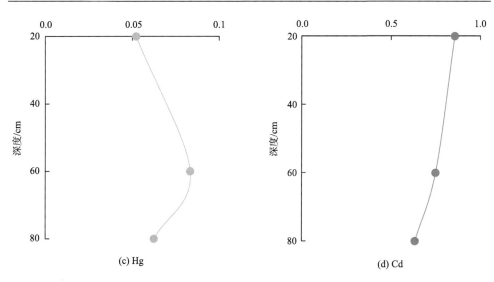

(c) Hg　　　　　　　　　　　　　　　　(d) Cd

图 5.7.10　田头山自然保护区赤坳水库南侧土壤垂向剖面重金属元素含量分布图

5.7.4　土壤养分分布特征

1. 平面分布特征

按《土地质量地球化学评价规范》（DZ/T 0295—2016）的划分要求对田头山自然保护区的土壤养分等级进行划分评价，结果见表 5.7.6。田头山自然保护区土壤主要养分含量的分布特征见图 5.7.11。表 5.7.6 和图 5.7.11 表明，田头山自然保护区表层土壤 N、P 和 Org 的含量以贫乏和较贫乏为主，约占测试样品总数的77.8%；K 含量呈不均匀分布。

表 5.7.6　田头山自然保护区表层土壤主要养分含量统计特征　（单位：g/kg）

	土壤养分指标	N	P	K	Org
等级 分类	丰富	>2	>1	>25	>40
	较丰富	1.5～2	0.8～1	20～25	30～40
	中等	1～1.5	0.6～0.8	15～20	20～30
	较贫乏	0.75～1	0.4～0.6	10～15	10～20
	贫乏	≤0.75	≤0.4	≤10	≤10
砂岩 土壤	Jj	0.80	0.55	14.26	17.15
	D$_{2\text{-}3}c$	0.20	0.33	18.25	4.14
	D$_2l$	0.83	0.48	15.70	18.68
	平均值	0.72	0.48	15.65	15.75
花岗岩土壤平均值		0.67	0.25	8.20	16.44
红壤平均值		0.71	0.38	13.51	16.16

续表

土壤养分指标		N	P	K	Org
赤红壤平均值		0.60	0.60	10.45	14.48
总体样品统计特征	最大值	1.70	0.60	20.97	38.96
	最小值	0.20	0.19	4.67	4.14
	平均值	0.70	0.40	13.17	15.98
	中位数	0.60	0.33	13.32	14.48
	标准差	0.43	0.14	5.10	9.67
	变异系数	0.62	0.35	0.39	0.61

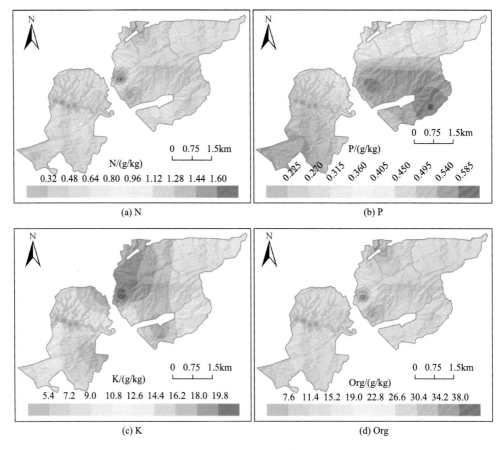

(a) N

(b) P

(c) K

(d) Org

图 5.7.11 田头山自然保护区土壤营养元素含量平面分布图

对田头山自然保护区土壤的 N、P、K、Org 等营养元素及 pH 进行相关性分析，结果见表 5.7.7。表 5.7.7 表明，田头山自然保护区土壤的 Org 和 N 呈高度正相关关系，K 和 P 也呈现出较强的相关性。

表 5.7.7　田头山自然保护区土壤 pH 及营养元素相关性一览表

	pH	Org	N	K	P
pH	1				
Org	−0.487	1			
N	−0.467	0.989**	1		
K	−0.096	0.179	0.240	1	
P	−0.147	0.159	0.210	0.631*	1

**–0.01 级别（双尾），相关性显著；*–0.05 级别（双尾），相关性显著。

2. 剖面分布特征

田头山自然保护区土壤 N、P、K 和 Org 含量总体上随着土层深度的加深而显著下降（图 5.7.12）。

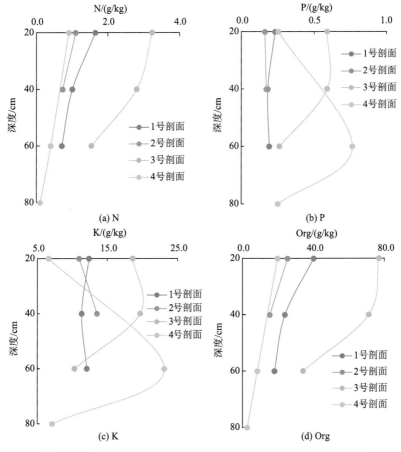

图 5.7.12　田头山自然保护区土壤垂向剖面营养元素含量分布图

5.7.5　土壤地球化学特征与成土母岩关系

对田头山自然保护区土壤的元素含量及其成土母岩的元素含量进行对比分析，结果见图 5.7.13。从图 5.7.13 可以发现，田头山自然保护区土壤的 Pb 和 Cr 元素含量与其成土母岩相应的元素含量具有较好的共消长关系，说明田头山自然保护区土壤的这些元素与地质背景关系密切，其含量高低在一定程度上受控于成土母岩；土壤中 Cd 和 As 的富集与母岩背景相关性不大。处于不同地质背景的土壤，其成土母岩存在着差异，元素富集情况也不一样。图 5.7.13 表明田头山自然保护区成土母质为老虎头组地层风化物的土壤中 As 富集程度高，以花岗岩风化物为成土母质的土壤 Hg 富集程度高。成土母质（岩）的种类类型、风化成土作用过程和风化程度强弱等自然因素及土地利用类型等人为因素均为影响土壤重金属空间分布的重要因素。

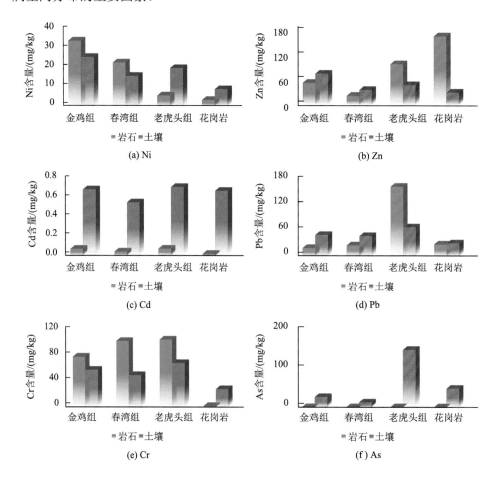

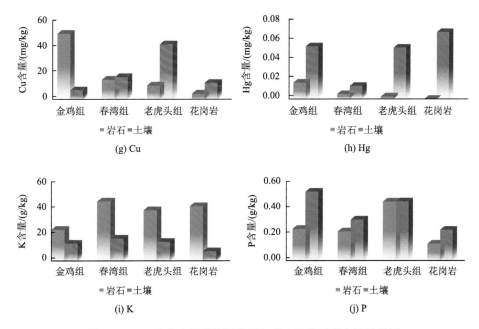

图 5.7.13　田头山自然保护区土壤与成土母岩元素含量关系图

5.7.6　土壤质量分析评价

土壤中重金属元素一般不易随水淋失，也不能被微生物分解，且在土壤内易于累积，甚至可以转化成毒性更强的化合物，通过食物链于人体内蓄积，严重危害人体健康。按照 2.6 节的方法对田头山自然保护区的土壤环境地球化学等级进行综合评价，评价结果显示田头山自然保护区部分土壤的 As 污染风险较高。

土壤中的 C、H、O、N、P、K 是植物正常生长所必需的大量营养元素，一般占植物干物质重量的十分之几到百分之几，除 C、H、O 三者主要来自空气和水外，其余 N、P、K 主要靠土壤提供。根据前述田头山自然保护区的土壤养分地球化学等级评价结果，田头山自然保护区土壤养分综合等级以贫乏—较贫乏为主，二者样品数占样品总数的 78%，无营养丰富和较丰富等级的土壤。

综合田头山自然保护区土壤环境和土壤养分的等级评价结果，对田头山自然保护区的土壤质量进行地球化学综合等级分析评价，土壤质量地球化学综合评价结果见图 5.7.14。田头山自然保护区的土壤质量以差等（四等）为主，土壤面积17.89km²，分布最为广泛，约占田头山自然保护区总面积的 89.40%；中等（三等）土壤面积 0.76km²，约占田头山自然保护区总面积的 3.80%，主要分布于金龟村以南的部分区域；劣等（五等）土壤面积 1.36km²，约占田头山自然保护区总面积的 6.80%，主要分布于园墩一带。

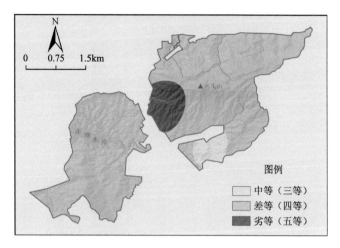

图 5.7.14 田头山自然保护区土壤质量分布图

5.8 水资源环境特征与评价

5.8.1 地表水环境特征与水质评价

1. 地表水分布特征

田头山自然保护区属于深圳市坪山河流域，区内地表水资源极丰富，是深圳市重要的水源涵养林区之一（图 5.8.1）。田头山自然保护区的地表水主要以溪流、水塘和水库等形式存在。

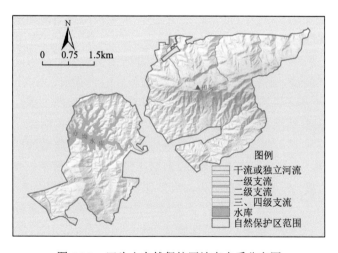

图 5.8.1 田头山自然保护区地表水系分布图

1）溪流

田头山自然保护区溪流众多（图 5.8.1 和表 5.8.1），溪流汇合后或直接注入水库。溪流水量随降水季节变化明显，4～9 月为丰水期，10 月至次年 3 月为枯水期，雨季地表径流顺坡而下汇入河溪，溪流的流量大增；旱季缺乏地表径流补给，溪流的流量减少，部分溪流甚至断流。

表 5.8.1　田头山自然保护区河流基本特征

河流名称	河流级别	流域	长度/m
墩子河	一级支流	坪山河流域	604.21
麻雀坑水	一级支流	坪山河流域	1153.47
田头河	一级支流	坪山河流域	1697.04
赤坳水	一级支流	坪山河流域	4019.35
石溪河左支	二级支流	坪山河流域	943.19
红花岭水	二级支流	坪山河流域	813.35
上洞坳水	三、四级支流	坪山河流域	274.22

2）水库

田头山自然保护区分布有赤坳水库和麻雀坑水库两座水库（图 5.8.2 和图 5.8.3）。赤坳水库为中型水库，总库容 $1811 \times 10^4 \mathrm{m}^3$，集雨面积 $14.6 \mathrm{km}^2$；麻雀坑水库为小（2）型水库，总库容 $31.99 \times 10^4 \mathrm{m}^3$，集雨面积 $1.08 \mathrm{km}^2$。根据《深圳市城市供水水源规划》（2020—2035 年），赤坳水库为生活饮用水地表水源保护区。

图 5.8.2　赤坳水库

图 5.8.3　麻雀坑水库

2. 地表水水化学特征

田头山自然保护区共采集地表水样品 19 个，样品的水体类型包括水库、河流及景观池塘等。田头山自然保护区地表水样品的水化学统计特征如表 5.8.2 所示。表 5.8.2 表明，田头山自然保护区内地表水的 pH 为 6.47～7.56，电导率为 96～132μS/cm，溶解性总固体为 11.7～106.0mg/L，总硬度为 14.31～38.03mg/L。

表 5.8.2　田头山自然保护区地表水水化学统计特征

统计 特征值	电导率/ (μS/cm)	K^+/ (mg/L)	Na^+/ (mg/L)	Ca^{2+}/ (mg/L)	Mg^{2+}/ (mg/L)	Cl^-/ (mg/L)	SO_4^{2-}/ (mg/L)	HCO_3^-/ (mg/L)	总硬度/ (mg/L)	溶解性 总固体/ (mg/L)	pH
最大值	132.00	7.82	5.48	11.54	1.93	10.65	12.40	48.11	38.03	106.00	7.56
最小值	96.00	0.27	0.46	0.73	0.22	3.19	0.76	8.54	14.31	11.70	6.47
平均值	114.00	2.61	2.89	5.81	1.09	6.45	3.94	23.62	23.20	38.89	6.80
中位数	114.00	1.24	2.62	5.57	1.06	5.32	1.86	21.05	18.01	23.52	6.64
标准差	25.46	2.77	1.75	3.29	0.56	2.68	4.33	13.28	9.54	34.00	0.35
变异 系数	0.22	1.06	0.61	0.57	0.51	0.41	1.10	0.56	0.41	0.87	0.05

3. 地表水水质评价

对田头山自然保护区的 4 处地表水样品进行了水质全分析检测。地表水水质全分析的检测指标包括 K^+、Na^+、Ca^{2+}、Mg^{2+}、Cl^-、SO_4^{2-}、HCO_3^-、CO_3^{2-}、游离 CO_2、总硬度、总碱度、溶解性总固体、pH 和 NH_3-N、Cd、Pb、Hg、Cr、As、Cu、Zn、Fe、Al、Mn、Ni、Mo、B、TP、TN、氟化物、硫化物及水温、颜色、电导率、Eh、溶解氧、NO_2^-、NO_3^-、耗氧量（COD）等。

依照地表水水质评价标准和方法，对田头山自然保护区的地表水样品进行分析评价，结果如表 5.8.3 所示。田头山自然保护区河溪水的水质为 Ⅱ 类水质；水库水为 Ⅳ 类水质，导致 Ⅳ 类水质的污染物为 TP，其未达到《地表水环境质量标准》（GB 3838—2002）中对湖、库水的特殊要求；田头山自然保护区地表水 As、Cd、Cr、Pb、Hg 等毒理学指标和 Mn、Fe、Cu、Zn 等金属元素指标表现较好，符合 Ⅰ 类水质标准；硫化物、氟化物及 COD、DO、NO_3^-、Cl^-、SO_4^{2-} 等也符合 Ⅰ 类水质标准。

表 5.8.3　田头山自然保护区地表水水质一览表

样品编号	采样位置	水质综合评价等级	pH	TP/(mg/L)	NH_3-N/(mg/L)	TN/(mg/L)
TT-S12	赤坳水库	Ⅳ	7.26	0.067	0.275	0.43
T-S3	麻雀坑水库	Ⅳ	7.56	0.058	<0.025	0.32
TT-S03	康思源饮品厂旁	Ⅱ	7.32	0.066	<0.025	0.06
T-S1	坪头岭	Ⅱ	7.01	0.067	0.371	0.41

注：　　　 Ⅰ类水；　　　 Ⅱ类水；　　　 Ⅳ类水。

4. 地表水水质变化特征

田头山自然保护区赤坳水库库水的历年污染物浓度及水质评价结果如表 5.8.4 所示。表 5.8.4 表明，赤坳水库的历年水质均达到Ⅲ类水的水质目标，水质优良。

表 5.8.4　田头山自然保护区赤坳水库历年水质一览表

年份	pH	DO/(mg/L)	TP/(mg/L)	NH_3-N/(mg/L)	TN/(mg/L)	类大肠菌
2011	7.34	7.25	0.023	0.12	0.76	310
2012	7.44	7.85	0.02	0.05	0.61	310
2013	7.41	8.12	0.016	0.06	0.41	120
2014	7.38	7.73	0.012	0.06	0.48	190

续表

年份	pH	DO/(mg/L)	TP/(mg/L)	NH₃-N/(mg/L)	TN/(mg/L)	类大肠菌
2015	7.55	8.8	0.019	0.06	0.6	130
2016	7.4	8.38	0.013	0.07	0.79	270
2017	7.49	8.69	0.011	0.03	0.53	160
2018	7.41	8.19	0.011	0.05	0.52	250
2020	7.29	7.55	0.009	0.04	0.32	99

注：　　　　　Ⅰ类水；　　　　　Ⅱ类水；　　　　　Ⅲ类水。

资料来源：《深圳市环境质量报告书》（2011~2019 年）和《深圳市生态环境质量报告书》（2016~2020 年）。

5.8.2 地下水环境特征与水质评价

　　田头山自然保护区气候温和湿润、雨量充沛，多年平均降水量为 1933mm，区内河流水库众多，地下水位主要受降水影响。田头山自然保护区地下水位高程等值线如图 5.8.4 所示。从图 5.8.4 可以看出，地下水位最高点位于田头山自然保护区田作南部的分水岭一带，该分水岭同时也是田头山自然保护区的边界。田头山自然保护区属低山丘陵地貌，西南部区域的岩石为晚侏罗世的黑云母二长花岗岩（$\eta\gamma J_3$），地下水赋存于花岗岩裂隙之中；田头山自然保护区的北部、中部和东南部的地层分别为泥盆系春湾组（$D_{2\text{-}3}c$）、老虎头组（D_2l）和下侏罗统金鸡组（J_1j）的砂岩、泥岩、粉砂岩和石英砂岩等，地下水主要赋存于这些基岩的裂隙发育部位。

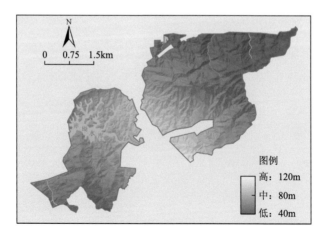

图 5.8.4 田头山自然保护区地下水位高程等值线图

1. 地下水类型及富水性

根据地下水赋存条件、含水层水理性质和水力特征，田头山自然保护区地下水可划分为层状基岩裂隙水和块状基岩裂隙水两类（表 5.8.5 和图 5.8.5）。基岩裂隙水广泛分布于泥盆系地层和花岗岩中，富水性主要受构造作用及风化作用的影响，分布不均匀，基岩裂隙地下水的埋藏较深。地下水类型和含水层富水性如表 5.8.5 和图 5.8.5 所示。

表 5.8.5　田头山自然保护区地下水类型及富水性特征

地下水类型	含水地层代号	岩性	富水等级	面积/km²	径流模数/[L/(s·km²)]
层状基岩裂隙水	J_1j	泥岩、石英砂岩、粉砂岩	水量中等	1.89	3～6
	D_2l、$D_{2-3}c$	变质细砂岩、长石石英砂岩、粉砂岩	水量丰富	13.07	6～12
块状基岩裂隙水	$\eta\gamma J_3$	黑云母二长花岗岩	水量丰富	4.48	6～12

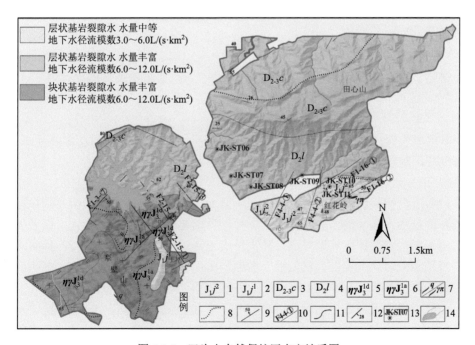

图 5.8.5　田头山自然保护区水文地质图

1-下侏罗统金鸡组上段；2-下侏罗统金鸡组下段；3-中—上泥盆统春湾组；4-中泥盆统老虎头组；5-晚侏罗世第四次侵入岩；6-晚侏罗世第一次侵入岩；7-石英脉/花岗斑岩脉；8-岩性岩相界线；9-压扭性断裂和产状；10-实测、推测性质不明断层及其编号；11-实测地质界线；12-地层产状；13-钻孔及编号；14-水库及河流

1）层状基岩裂隙水

层状基岩裂隙水主要分布于田头山自然保护区东部的中泥盆统老虎头组（D_2l）、中—上泥盆统春湾组（$D_{2-3}c$）及下侏罗统金鸡组（J_1j）的岩层之中。不同岩性含水层的富水性差别较大，富水地块发育于田头山自然保护区东北部的田头山、石井和赤坳水库东北部等地，含水层岩性为老虎头组和春湾组粉砂岩、长石石英砂岩，分布面积约为13.07km^2。根据钻探结果，地下水的静止水位埋深为2～6.5m，地下水径流模数为6.76～10.00L/(s·km^2)；中等富水地块发育于田头山自然保护区东南部一带，含水层岩性为金鸡组的泥岩和石英砂岩，分布面积约为1.89km^2，钻探揭露地下水的静止水位埋深为1.2～4.3m。

2）块状基岩裂隙水

块状基岩裂隙水可分为花岗岩风化裂隙水和构造裂隙水两类。花岗岩岩石风化裂隙较发育，风化带厚度较大，且厚度的变化也较大；花岗岩风化裂隙水受风化带厚度、风化裂隙发育程度、补给环境等因素的影响，富水性变化也较大。块状基岩风化裂隙水大多为潜水，主要由大气降水渗入补给，断裂破碎带是块状基岩裂隙水的良好储水介质，补给来源充足的断裂破碎带富水性较好。块状基岩裂隙水主要分布于田头山自然保护区西南部的犁壁山一带，含水层岩性为黑云母二长花岗岩，水量丰富，径流模数为6.35～9.73L/(s·km^2)。

总之，田头山自然保护区基岩裂隙水的地下水位受大气降水影响，每年5～9月为高水位期，高峰期出现于6～9月，10月以后，随着降水量的减少，地下水位缓慢下降，每年12月至次年4月为低水位期，2月出现最低谷。

2. 地下水补给、径流及排泄特征

从区域上看，田头山自然保护区地下水的补给、径流和排泄特征主要受降水、地形地貌、地层岩性和地质构造等因素的控制。

1）地下水补给

田头山自然保护区地下水补给来源主要为大气降水入渗补给、山前侧向径流补给和地表水入渗补给。大气降水入渗补给量主要受大气降水量及入渗系数的影响，田头山自然保护区雨量充沛，降水量大于蒸发量，地表水系发育，地下水的补给源较为丰沛。田头山自然保护区的地貌类型以低山丘陵为主，基岩节理裂隙较发育，植被繁茂，入渗条件较好，自然保护区的降水入渗系数为0.056～0.247。田头山自然保护区内各型水库及山塘较多，对基岩裂隙水也有一定的补给。从时间上看，地下水补给主要受降水的控制，周期性明显，每年4～9月是地下水的补给期，10月至次年3月为地下水的消耗期和排泄期。

2）地下水径流与排泄特征

田头山自然保护区的地貌类型以低山丘陵为主，其地形起伏变化较大，切割较深。地下水以垂直循环为主，径流途径较短，地下水的径流方向与坡向总体一致，地下水多以泉水或散流的形式向附近沟谷排泄（图 5.8.6），少量以地表蒸发和植被叶面蒸腾的方式排泄。田头山自然保护区总体地形南北高，中间低，地下水接受降水入渗补给之后，一部分由两侧山区向中部田头河谷和赤坳水库渗流，另一部分以田头山的山脊为界向北流入坪山河谷平原。根据区域水文地质资料，区内地下水动态变化具有明显的季节性特征，受降水周期性的支配。地下水位及径流高峰期的滞后性显著，普遍比雨季滞后约 1 个月，地下水位年变幅一般为 1.4～2.0m，雨季地下水的补给量大于排泄量，地下水位上升，旱季降水量减少，地下水位也随之下降。

图 5.8.6　田头山自然保护区内的泉水出露点

3. 地下水水化学特征

共采集及收集田头山自然保护区地下水样品 15 件，其地下水的水化学特征统计如表 5.8.6 所示。表 5.8.6 表明，田头山自然保护区的地下水 pH 为 6.53～7.40，矿化度为 18.58～72.27mg/L，总硬度为 8.94～48.7mg/L，总碱度为 7.01～54.17mg/L，总体属于低矿化度、低硬度的淡水。按照舒卡列夫分类法，田头山自然保护区的地下水化学类型多为 $HCO_3 \cdot Cl\text{-}Na \cdot Ca$ 型和 $HCO_3 \cdot Cl\text{-}Na \cdot Ca \cdot Mg$ 型（图 5.8.7）。

表 5.8.6　田头山自然保护区地下水水化学统计特征

统计特征值	pH	$K^+ + Na^+$/(mg/L)	Ca^{2+}/(mg/L)	Mg^{2+}/(mg/L)	Cl^-/(mg/L)	SO_4^{2-}/(mg/L)	HCO_3^-/(mg/L)	游离CO_2/(mg/L)	总碱度/(mg/L)	总硬度/(mg/L)	总矿化度/(μg/L)
最大值	7.40	7.89	19.10	2.11	12.70	6.68	66.06	22.00	54.17	48.70	72.27
最小值	6.53	1.92	0.73	0.22	4.55	0.94	8.54	0.79	7.01	8.94	18.58

续表

统计 特征值	pH	$K^+ + Na^+$/ (mg/L)	Ca^{2+}/ (mg/L)	Mg^{2+}/ (mg/L)	Cl^-/ (mg/L)	SO_4^{2-}/ (mg/L)	HCO_3^-/ (mg/L)	游离 CO_2/ (mg/L)	总碱度/ (mg/L)	总硬度/ (mg/L)	总矿 化度/ (μg/L)
平均值	6.85	5.26	6.40	0.95	8.02	3.26	28.71	12.74	23.54	23.17	45.33
中位数	6.65	6.04	4.52	0.60	7.45	2.86	25.56	13.52	20.96	20.81	44.30
标准差	0.40	2.71	6.50	0.88	2.69	2.39	20.81	7.35	17.07	13.67	19.71
变异 系数	0.06	0.52	1.01	0.92	0.34	0.73	0.72	0.58	0.72	0.59	0.43

图 5.8.7　田头山自然保护区地下水水质与水化学类型分布图

4. 地下水水质评价

对两件田头山自然保护区地下水样品进行了水质全分析检测，依照《地下水质量标准》（GB/T 14848—2017）对其质量进行综合评价，评价结果如表 5.8.7和图 5.8.7 所示。从表 5.8.7 和图 5.8.7 可以看出，田头山自然保护区各类地下水的水质均为Ⅳ类地下水，造成Ⅳ类水质的污染物主要为 Mn 和 NH_3-N；地下水 Pb、Hg、Cr、As、Cd 等毒理学指标和 Fe、Cu、Zn、Mo、Fe 等金属元素指标均表现较好，符合 I 类地下水的水质标准，氟化物、硫化物、溶解性总固体、总硬度、B、Cl⁻、SO_4^{2-} 等也符合 I 类地下水的水质标准。

表 5.8.7　田头山自然保护区地下水水质一览表

样品编号	地下水采样位置	水质综合评价等级	pH	NH₃-N/(mg/L)	NO₂⁻/(mg/L)	NO₃⁻/(mg/L)	Al/(mg/L)	Mn/(mg/L)	Ni/(μg/L)
T-S4	红花岭水库东北侧	IV	6.71	1.23	0.021	2.180	0.017	0.61	1.73
TT-S16	老围东北部钻孔 JK-ST08	IV	6.56	0.96	<0.016	2.890	<0.009	0.20	2.51

注：　　　　　　I 类水；　　　　　　II 类水；　　　　　　III 类水；　　　　　　IV 类水。

第 6 章　铁岗-石岩湿地自然保护区生态地质资源特征

6.1　铁岗-石岩湿地自然保护区概况

铁岗-石岩湿地自然保护区属于深圳市市级自然保护区，自然保护区划分为核心区、缓冲区和实验区三个部分（图 6.1.1）。核心区面积约为 15.55km²，占铁岗-石岩湿地自然保护区总面积的 30.54%。缓冲区面积约 10.31km²，占铁岗-石岩湿地自然保护区总面积的 20.24%。实验区面积 25.07km²，占铁岗-石岩湿地自然保护区总面积的 49.22%。核心区是铁岗-石岩湿地自然保护区内保存完好的天然状态的生态系统以及珍稀、濒危动植物的集中分布地，禁止任何单位和个人进入。核心区包括铁岗水库、石岩水库一级水源保护区，具体包括铁岗水库、石岩水库库区及湿地和即将改造成湿地的区域、水体边缘消落带水源涵养林、库岸水源涵养林地等。缓冲区位于核心区外围，缓冲区主要包括靠近一级水源保护区的部分二级水源保护区，生态脆弱的林地、耕地和园地等区域，该区域也是重点水源涵养林的改造恢复地带。实验区位于缓冲区外围，实验区主要包括二级水源保护区的外围地带、准水源保护区、非水源保护区、生态风景林地、现状条件好和森林景观资源丰富的地段、待恢复的裸地与部分用作科学试验的人工湿地等。

铁岗-石岩湿地自然保护区的植被可分为自然植被和人工植被两种类型。人工植被主要分为人工林和人工次生林，人工林可细分为桉树群落、桉树＋相思类群落、相思群落、马尾松＋相思群落和木荷群落 5 种类型，主要分布于铁岗-石岩湿地自然保护区海拔 300m 以下的区域及山体中下部范围。人工次生林可细分为鳢肠-豺皮樟、樟树＋南洋楹-木荷＋豺皮樟和澳洲白千层-木荷（深圳市林业局和中山大学，2019）3 种类型。铁岗-石岩湿地自然保护区内自然地带性植被为季风常绿阔叶林，现在基本被人工植被及次生林代替。深圳市每年对铁岗-石岩湿地自然保护区进行水源涵养林改造，改造林主要在保留原有乔灌木的基础上新增了大量的乔木树种。

铁岗-石岩湿地自然保护区因靠近人类居住区域和工业企业，受人为干扰和破坏较为严重，从分布面积来看，其植被以人工次生林和人工林为主，两者围绕水库周边分布（肖石红等，2020）。此外还有大面积的耕地，耕地主要作物为蔬菜与水

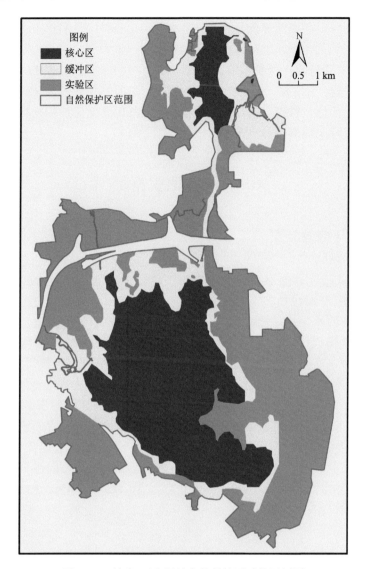

图 6.1.1　铁岗-石岩湿地自然保护区功能区划图

稻，耕地作为一种直接受人类活动影响的生态类型，直接反映了人类活动对铁岗-石岩湿地自然保护区土地利用形态的干扰。

铁岗-石岩湿地自然保护区共有野生维管植物 524 种，隶属于 133 科 423 属，约占深圳市科属种（198 科 881 属 2069 种）的比例分别为 67.2%、48.0% 及 25.3%，占广东省野生维管植物的科属种（209 科 1548 属 6207 种）的比例为 63.6%、27.3% 及 8.4%。其中，蕨类 23 科 33 属 45 种，裸子植物 2 科 2 属 3 种，被子植物 108 科 388 属 476 种；栽培植物 142 种（深圳市林业局和中山大学，2019）。铁岗-石岩湿

地自然保护区内有各类国家濒危珍稀保护植物 10 多种；国家重点保护野生植物
20 多种，如金毛狗、樟、土沉香及兰科植物 8 种（竹叶兰、芳香石豆兰和见血青
等），均为国家 II 级重点保护植物。除国务院公布的国家重点保护植物外，按世
界自然保护联盟（IUCN）濒危物种红色名录、中国物种红色名录和国际贸易公
约等标准进行评估，铁岗-石岩湿地自然保护区内其他受保护的物种还有罗浮买
麻藤、普洱茶等（深圳市林业局和中山大学，2019）。

6.2 地形地貌特征

6.2.1 地形与地貌类型

铁岗-石岩湿地自然保护区的地势外侧高，中间低。海拔为6.6～237.6m，
平均海拔43.0m。海拔最高点位于自然保护区西南，最低点位于自然保护区中
部偏西南方向的水域中（图6.2.1）。海拔低于100m的地区约占自然保护区总面
积的3.6%。铁岗-石岩湿地自然保护区的地势整体平坦，地形起伏小，坡度范
围为0°～69.6°，平均坡度为8.6°。坡度6°～15°的面积约为自然保护区总面积
的41.0%，坡度2°～6°的面积约为自然保护区总面积的29.0%，坡度0°～2°、
15°～25°及25°以上区间的分布面积分别约为自然保护区总面积的14.0%、
12.0%及4%。坡度最陡的地带位于自然保护区的西南部，坡度最缓的地带位于
自然保护区的中部偏西南区域。铁岗-石岩湿地自然保护区坡向分布比较均匀，
可分为北、东北、东、东南、南、西南、西及西北等8个方向，分布面积所占
比例分别约为9.4%、11.8%、12.4%、10.4%、10.1%、13.3%、13.0%及10.1%。
阴坡、半阴坡、半阳坡和阳坡的分布面积所占比例分别约为23.4%、24.8%、
25.9%和25.9%。

铁岗-石岩湿地自然保护区的地貌类型包括丘陵、台地、平原和人为地貌等。
丘陵地貌约占铁岗-石岩湿地自然保护区总面积的 21.03%，主要分布于自然保护
区东西两侧的边缘地带，中部区域呈零散分布状，地层与岩石主要为第四系、变
质岩和侵入岩；台地约占铁岗-石岩湿地自然保护区总面积的 78.64%，组成台地
的地层与岩石主要为第四系、少量变质岩和侵入岩等，台地分布广泛；平原和人
为地貌的分布面积分别约占自然保护区总面积的 0.14%和 0.19%，平原分布于铁
岗-石岩湿地自然保护区南部边缘，表层岩性为第四系，人为地貌则零散分布于自
然保护区外侧边缘地区，铁岗-石岩湿地自然保护区的地层与岩石为第四系松散
层、变质岩和侵入岩（表 6.2.1）。

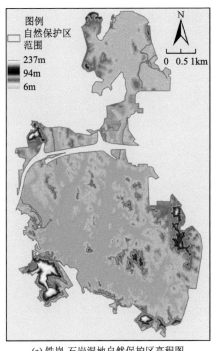

(a) 铁岗-石岩湿地自然保护区高程图

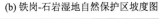

(b) 铁岗-石岩湿地自然保护区坡度图

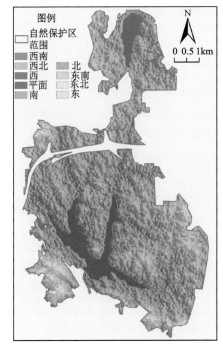

(c) 铁岗-石岩湿地自然保护区坡向图

(d) 铁岗-石岩湿地自然保护区地貌类型图

图 6.2.1　铁岗-石岩湿地自然保护区地形地貌分布图

表 6.2.1　铁岗-石岩湿地自然保护区地貌类型划分表

形态类型	岩石、地层与岩性组成	分布范围	面积及比例	地貌发育特征
丘陵	侵入岩和第四系（卵砾石、砂土）为主，少量变质岩（石英片岩、石英云母片岩、变粒岩、片麻岩夹石英岩、变质石英砂岩等）	石岩水库和铁岗水库及周边一带	10.71km²（21.03%）	海拔 50～500m，山丘相对高度不超过 200m。呈面积差异较大的不规则块状。地势较为平坦，坡度主要为 10°～30°。坡向以北东向、东向为主
台地	侵入岩和第四系（卵砾石、砂土）为主，少量变质岩（石英片岩、石英云母片岩、变粒岩、片麻岩夹石英岩和变质石英砂岩等）	铁岗-石岩湿地自然保护区内广泛分布	40.05km²（78.64%）	海拔 10～50m，呈大块面状。地势平坦，地形无较大起伏，坡度 0°～20°。水系类型单一，以铁岗水库和石岩水库为主。坡向以西南向、西向为主
平原	表层为第四系地层（卵砾石、砂土），基岩主要为侵入岩	铁岗水库南部一带	0.070km²（0.14%）	海拔 10m 内，呈斧头状。地势平坦，地形起伏小，坡度为 0°～15°，呈中间窄、南北宽形态。坡向以北东向为主
人为地貌	侵入岩、第四系（卵砾石、砂土）、变质岩（石英片岩、石英云母片岩、变粒岩、片麻岩夹石英岩及变质石英砂岩等）	石岩水库东部及西部，铁岗水库东部、南部、西部及西北部等	0.095km²（0.19%）	呈细碎的块状或条状。地形差异大，坡度为 0°～50°。主要受人类活动及工程活动影响。坡向以北东向、东向为主

6.2.2　湿地资源特征

根据 2021 年铁岗-石岩湿地自然保护区遥感解译成果，得到铁岗-石岩湿地自然保护区的湿地资源分布情况（图 6.2.2）。铁岗-石岩湿地自然保护区的湿地资源主要为内陆滩涂类型，分布面积约为 0.07km²，内陆滩涂主要分布于铁岗水库周边，主要由阔叶林、针叶林、水库水面、坑塘水面及其他各生态系统转变而成。

6.3　地层与岩性

深圳市铁岗-石岩湿地自然保护区的地层主要为第四系和蓟县系—青白口系云开岩群两类（图 6.3.1）。第四系分布比较广泛，主要沿河流水系的两侧分布；蓟县系—青白口系云开岩群分布面积较小，主要位于铁岗水库南侧。参考《广东省及香港、澳门特别行政区区域地质志》（广东省地质调查院，2017），依据新构造运动特征、地貌、古地理与堆积的性质、成因类型等对第四系的划分方案，铁岗-石岩湿地自然保护区的第四系地层可按内陆地层划分为两个区（表 6.3.1）。一般而言，内陆地层分区中按形成时代和成因可分为全新统冲积（Q_h^{al}）、洪积（Q_h^{pl}）、

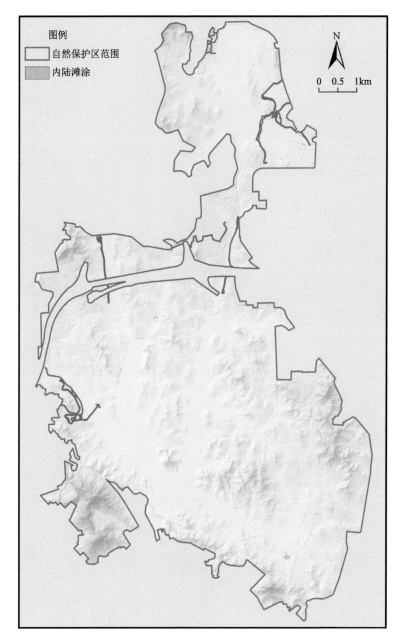

图 6.2.2　铁岗-石岩湿地自然保护区 2021 年湿地资源分布图

冲洪积（Q_h^{alp}）以及上更新统冲积（Q_p^{3al}）、洪积（Q_h^{3pl}）、冲洪积（Q_h^{3alp}）等基本类型。从图 6.3.1 可以看出，铁岗-石岩湿地自然保护区的第四系地层主要为第四系全新统冲洪积层（Q_h^{alp}）和第四系人工填土层（Q^s）。

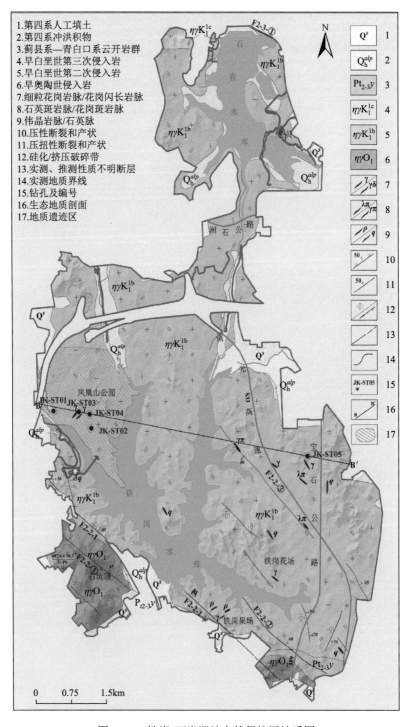

图 6.3.1　铁岗-石岩湿地自然保护区地质图

表 6.3.1　深圳市第四系陆相成因类型划分表

界	系	统	陆相	
			代号	岩性描述
新生界	第四系	全新统	Q^s	人工填土：杂填土、素填土
			Q_h^{al}	冲积：现代河床冲积物，主要为砂、粉砂夹黏土，少量砾石等
			Q_h^{pl}	洪积：主要分布于山麓前缘，岩性主要为块石、砾碎石、砂砾、砾卵石层、含砾砂质黏土等
			Q_h^{alp}	山麓前缘冲洪积卵砾石、砂土、黏土等
		上更新统	Q_p^{3al}	地貌上常为冲积二级阶地，冲积物呈二元结构，下部由黄褐色砂砾、砾石组成；上部由黄褐色砂质黏土、黏土质粉砂组成
			Q_p^{3pl}	沿山麓堆积成洪积层，地貌为第二级洪积阶地。洪积物主要为块石、砾碎石、砂砾、砾卵石层等
			Q_p^{3alp}	冲洪积砂、砾石、粉砂黏土、砂质黏土等

6.3.1　第四系人工填土层（Q^s）

人工填土分布广泛，主要有杂填土、素填土、冲填土等类型。受人类工程活动的影响，杂填土主要分布于铁岗-石岩湿地自然保护区的建成区，为含有建筑垃圾、工业废料、生活垃圾等杂物的填土；素填土系由碎石土、砂土、粉土、黏性土等组成的填土；冲填土为由水力冲填泥沙形成的砂土层。

6.3.2　第四系全新统冲洪积层（Q_h^{alp}）

全新统冲洪积层在铁岗-石岩湿地自然保护区内分布广泛，主要分布于自然保护区的现代河流沉积两侧，地貌上为一级阶地，主要是以冲洪积为主的灰黄色砂质黏土、砂、砂砾、杂块石等，沿山间谷地及山前平原呈带状或扇状展布，厚度一般为 5～20m。冲积Ⅰ级阶地为原来的河漫滩沉积，由于地壳运动抬升形成台阶，特大洪水也只能淹及其前缘；山间的狭窄平原、低丘台地间的浅凹地，受季节性水流的影响，形成散流或暴流沉积的冲洪积层。钻探揭露石岩水库湿地公园河道一带冲积层厚 5.3～15.2m，下部为含砾黏土夹砂层；上部为黏土质砂层。铁岗水库一带的冲积层分布面积较广，钻探揭露厚度一般为 3.8～27.65m，局部钻孔可达 27.3m。冲积层下部主要由含砾砂土组成，上部由泥质砂土或砂质黏土组成，粒级下粗上细的二元结构非常清晰。局部河道部位的冲积层上部夹有较多泥炭、淤泥或淤泥质黏土，具有河流相与海相混合沉积的特征。基底花岗岩风化残积层发育，多见 7.2～13.8m 的残积土，局部可达 38.5m。

从整体上看，铁岗-石岩湿地自然保护区内的全新统冲洪积层（Q_h^{alp}）属于低丘台地间谷地的冲洪积层，粒级下粗上细的二元结构较清晰。据收集的钻孔资料和实际钻探结果，由下而上岩性分别为：灰白色—灰褐色砾石层、含砾黏土、中粗砂、砾石层、含卵石砂质黏土、细砂黏土，局部夹有泥炭、淤泥或淤泥质黏土等，钻探揭露一般厚度为 3.8～38.5m。

6.3.3　蓟县系—青白口系云开岩群（$Pt_{2-3}y$）

按照构造岩石地层单位的划分原则，铁岗-石岩湿地自然保护区可划分出中—上元古界构造岩石地层单位，即中—新元古代（蓟县世—青白口世）云开岩群片岩。

蓟县系—青白口系云开岩群（$Pt_{2-3}y$）主要位于铁岗-石岩湿地自然保护区的东南角一带，但分布范围较小，为区内出露的最老地层，其岩石组合及横向变化特征如下。

1. 岩石组合

蓟县系—青白口系云开岩群岩性主要为灰、深灰、灰白色云母石英片岩、堇青石（夕线石）云母石英片岩、石英云母片岩、黑云斜长变粒岩、角闪变粒岩、含夕线石混合质黑云母片岩、混合质变粒岩、混合质黑云斜长变粒岩、混合质石英云母片岩、混合质黑云母变粒岩、混合质黑云母片岩、混合质含石榴石红柱石石英云母片岩、混合质石榴石红柱石石英云母片岩、黑云斜长片麻岩、混合质黑云斜长片麻岩、二长片麻岩（图 6.3.2 和图 6.3.3），夹石英岩、变质砂岩、变质石英砂岩、变质含砾中粒石英砂岩等。

图 6.3.2　紫红色二长片麻岩

图 6.3.3　灰色二长片麻岩

2. 横向变化特征

蓟县系—青白口系云开岩群地层，整体变质程度较深，对岩相的恢复已相当困难，从遗留下来的变质较浅的岩石看，主要为砂泥质岩，局部为含砾砂岩。岩层以厚层状，大韵律层出现。横向上岩性变化不大。

蓟县系—青白口系云开岩群主要变质岩石类型有片岩类、片麻岩类、变粒岩类、石英岩类等；是受区域变质和区域构造作用而强烈变形、变质改造的无序地层，岩层强烈变形、无顶无底，新生面理强烈置换了早期层理，难以恢复其原始层序。原岩为一套陆源碎屑沉积的砂泥质岩石，属滨海-半深海相类复理石碎屑岩类夹钙、碳、磷、铁、硅质岩建造。

6.4　侵　入　岩

从区域上看，深圳市铁岗-石岩湿地自然保护区一带属于平远—惠州—台山构造岩浆岩段，该构造岩浆岩段包含粤北与粤中大部，侵入岩分布较广泛，展布方向以北东向为主，总体上均以高钾钙碱性花岗岩为主，中部出现碱长流纹质火山岩，SiO_2 含量 71.46%～76.36%，多显示壳源"S"形特征。铁岗-石岩湿地自然保护区的侵入岩主要为早白垩世第一阶段（$\eta\gamma K_1^{1b}$ 和 $\eta\gamma K_1^{1c}$）花岗岩和早奥陶世（$\eta\gamma O_1$）花岗岩（表 6.4.1）。

表 6.4.1　铁岗-石岩湿地自然保护区侵入岩划分

地质时代		时代＋岩性	主体岩性	年龄资料/Ma
白垩纪	早白垩世	$\eta\gamma K_1^{1c}$	细、中细粒含斑或斑状（角闪）黑云母二长花岗岩	118[U-Pb]
		$\eta\gamma K_1^{1b}$	中、粗中粒斑状（角闪）黑云母二长花岗岩	106、127、125.4、90.4、118.8[K-Ar]、128、112.8、136±2[Rb-Sr]
奥陶纪	早奥陶世	$\eta\gamma O_1$	片麻状细、中细粒含斑黑云母二长花岗岩	487.6±10.3[U-Pb]

6.4.1　早奥陶世侵入岩（$\eta\gamma O_1$）

1. 地质特征

早奥陶世侵入岩主要分布于铁岗-石岩湿地自然保护区西南侧的京港澳高速西侧和铁岗果场至洞尾山的南侧一带。早奥陶世侵入岩（$\eta\gamma O_1$）的围岩为前古生代变质岩，二者呈侵入接触，大部分被第四系掩盖而出露极不完整。

2. 岩石矿物学特征

早奥陶世侵入岩主要岩性为片麻状细、中细粒含斑或斑状（角闪）黑云母二长花岗岩，新鲜面呈灰白色，局部深灰色，风化呈褐黄色，多具细粒花岗结构，部分具似斑状结构，他形—半自形粒状结构，变余花岗结构，常具片麻状或弱片麻状构造。斑晶主要由钾长石、斜长石及少量石英组成，大小为 0.3～1.5cm，含量在 3%～17%。岩石主要由钾长石（25%～40%）、斜长石（25%～40%）、石英（25%～30%）和黑云母（3%～8%）组成，局部可出现少量变质矿物，如红柱石、夕线石、石榴石、白云母等。岩石具斑杂构造，常见变质岩残留体和变质矿物；副矿物属磷灰石-钛铁矿-锆石组合类型。

通过野外观察石坑顶的侵入岩地质露头，可以发现早奥陶世侵入岩的整体表面风化强烈，岩石风化面呈土黄色或灰色，新鲜面呈灰白色—浅肉红色，中粒花岗结构，块状构造。岩石由斜长石、钾长石、石英、黑云母等矿物组成，斜长石具一定的定向排列，沿北北东方向具有一定的拉伸现象，并与暗色矿物云母、角闪石相间排列，呈较明显的片麻理构造。岩石整体绢云母化、高岭土化强烈。岩石节理较为发育，主要为北东向和北西向两组，其节理产状分别为 310°∠67°和52°∠75°；走向近东西向的节理少量发育，其产状分别为 231°∠72°和345°∠82°。

3. 岩石地球化学特征

据深圳市区域地质调查项目的岩石地球化学分析结果，铁岗-石岩湿地自然保护区早奥陶世侵入岩的岩石 SiO_2 含量为 72.04%，K_2O 含量大于 Na_2O，二者比值为 1.83。标准矿物出现刚玉分子，A/NKC = 1.13，$\sigma = 2.28$，属硅酸过饱和、铝过饱和（过铝）的钙碱性岩石类型。分析 SiO_2-K_2O 的图解，发现早奥陶世侵入岩相当于高钾钙碱系列。岩石稀土元素特征值 $\sum REE$ 为 176.42×10^{-6}，$\sum Ce / \sum Y = 5.26$，δEu 值为 0.35，显示岩石轻稀土富集，铕具负异常，球粒陨石标准化分布型式为向右中等倾斜的曲线（图 6.4.1）。

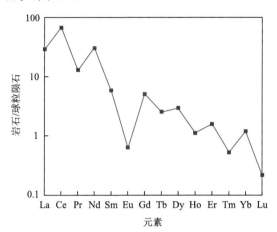

图 6.4.1　早奥陶世侵入岩稀土元素球粒陨石标准化分布型式

6.4.2　早白垩世侵入岩

从区域上看，早白垩世侵入岩可划分为 3 个阶段 6 次侵入活动。深圳范围内仅存在第一阶段侵入岩，共有 3 次侵入活动。铁岗-石岩湿地自然保护区的早白垩世侵入岩分布范围广泛，约占总面积的 95%，可划分为早白垩世第二次侵入（$\eta\gamma K_1^{1b}$）和早白垩世第三次侵入（$\eta\gamma K_1^{1c}$）两次侵入活动。

1. 第二次侵入岩（$\eta\gamma K_1^{1b}$）

1）地质特征

铁岗-石岩湿地自然保护区的早白垩世第二次侵入岩属于白芒岩体的组成部分，岩性为中、粗中粒斑状（角闪）黑云母二长花岗岩，基本地质特征见图 6.4.2。从区域上看，被侵入地质体为早—中侏罗世塘厦组和早侏罗世金鸡组。

(a) 似斑状粗粒二长花岗岩（$\eta\gamma K_1^{1b}$）　(b) 二长花岗岩内左行擦痕（$\eta\gamma K_1^{1b}$）

(c) 二长花岗岩（$\eta\gamma K_1^{1b}$）的两组节理构造   (d) 二长花岗岩（$\eta\gamma K_1^{1b}$）细部特征

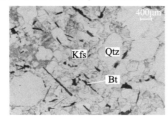

(e) 细粒黑云母花岗岩（单偏光）   (f) 细粒黑云母花岗岩（正交偏光）

Kfs-钾长石；Qtz-石英；Bt-黑云母；PI-斜长石

图 6.4.2   铁岗-石岩湿地自然保护区早白垩世第二次侵入岩地质特征

2）岩石矿物学特征

侵入岩主要由中（粗中或细中）粒斑状（角闪）黑云母二长花岗岩组成，岩石的结构、构造及矿物粒度等以中粒斑状为主（图 6.4.2），且大部分出现暗色矿物角闪石，粗中粒仅局部出现，矿物分布不均匀。岩石副矿物含量为 $3608 \times 10^{-6} \sim$ 7701.63×10^{-6}，平均值为 5577.36×10^{-6}，变化不大，属磁铁矿-榍石-磷灰石-锆石（褐帘石）组合，铁岗-石岩湿地自然保护区的早白垩世第二次侵入岩（$\eta\gamma K_1^{1b}$）存在较多的石英闪长质包体。

3）岩石地球化学特征

岩石 SiO_2 含量为 72.31%～75.73%，平均为 75.08%。岩石 SiO_2 含量高低与岩石中暗色包体出现与否以及含量多少有很大关系，即包体分布多的地段，岩石 SiO_2 含量相对较低，铁岗-石岩湿地自然保护区的早白垩世第二次侵入岩（$\eta\gamma K_1^{1b}$）岩体内的暗色包体多且常见，岩石 SiO_2 通常在 71%～71.8%，这可能与主体岩浆改造、同化暗色包体有关。岩石总体不出现标准矿物刚玉，$\sigma = 2.16$，A/NKC = 1.00。但部分样品仍可出现少量刚玉分子，说明岩石化学成分的不均一性。整体上属硅酸过饱和、铝正常（次铝）的钙碱性岩类。岩石的微量元素 Sn、Mo、Bi、Pb、Zn、Nb、U、Th、Rb、Zr、Hf 等含量及 Sr/Ba、Rb/Li 等比值较高，其余元素含量相对较低。岩石稀土元素特征值 ΣREE 为 216.9×10^{-6}，ΣCe/ΣY = 3.49，$\delta Eu = 0.34$，其球粒陨石标准化分布型式与第一次侵入岩几乎一致，不同之处在于分布位置略高一些，与世界花岗岩平均值相比，稀土元素特征值 ΣREE 和 ΣCe/ΣY 稍低，铕负异常较大。岩石 $\delta^{18}O$ 为 + 7.97%～ + 10.6‰，以＜ + 10‰为主，（$^{87}Sr/^{86}Sr$）i 为 0.71086 和 0.70936。

另据深圳市区域地质调查项目的岩石地球化学分析结果,铁岗-石岩湿地自然保护区的侵入岩平均化学成分属高钾钙碱性的花岗岩类,岩石获 Rb-Sr 等时线年龄为 $(136\pm2)\times10^6$ 年和 $(142\pm4)\times10^6$ 年,相当于早白垩世早期。

2. 第三次侵入岩（$\eta\gamma K_1^{1c}$）

1）地质特征

铁岗-石岩湿地自然保护区的早白垩世第三次侵入岩（$\eta\gamma K_1^{1c}$）多呈不规则状小岩株、小岩枝,部分长条状,呈近东西或北东向分布。与第二次侵入岩交接部位岩性突变（图 6.4.3）,推测为侵入接触。

(a) $\eta\gamma K_1^{1b}$ 与 $\eta\gamma K_1^{1c}$ 的二长花岗岩界线
（见近东西向的流动构造）

(b) $\eta\gamma K_1^{1b}$ 与 $\eta\gamma K_1^{1c}$ 的二长花岗岩分界部位
（见肉红色钾化现象）

(c) 似斑状粗粒二长花岗岩（$\eta\gamma K_1^{1c}$）

(d) 似斑状粗粒二长花岗岩近东西节理

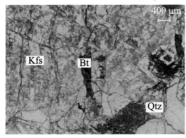

(e) 中细粒黑云母花岗岩（单偏光）

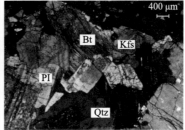

(f) 中细粒黑云母花岗岩（正交偏光）

Kfs-钾长石；Qtz-石英；Bt-黑云母；PI-斜长石

图 6.4.3　早白垩世第三次侵入岩地质特征

2）岩石矿物学特征

铁岗-石岩湿地自然保护区的早白垩世第三次侵入岩（$\eta\gamma K_1^{1c}$）所形成的岩石

主要为细、中细粒含斑或斑状（角闪）黑云母二长花岗岩。从岩石、矿物学特征看，总体上矿物分布不均，含量变化较大，其钾长石明显大于斜长石，石英含量也较高，岩石向花岗岩过渡。副矿物含量不一，为 $187×10^{-6}$～$13281.88×10^{-6}$，平均 $4476.79×10^{-6}$，总体应属磁铁矿-榍石-钛铁矿（锆石）组合类型，但含量分布不均，侵入体则以锆石、黄铁矿及磁铁矿等为主，没有出现石榴石。

3）岩石地球化学特征

铁岗-石岩湿地自然保护区的早白垩世第三次侵入岩（$\eta\gamma K_1^{lc}$）的岩石 SiO_2 含量同样有少量变化，一般为 76.45%～76.95%。岩石总体上出现标准矿物刚玉，$\sigma = 2.05$，A/NKC = 1.03，属铝过饱和的钙碱性岩类。据深圳市区域地质调查项目的岩石地球化学分析结果，岩石微量元素含量特征与维氏值相比较，岩石的 W、Sn、Mo、Bi、Pb、Ag、Nb、Ta、U、Th、Rb、Hf、Co、Li 等元素含量及 Rb/Sr 比值较高，其余元素含量及 Sr/Ba 比值较低。岩石稀土元素特征值 ΣREE 为 $256.79×10^{-6}$，$\Sigma Ce/\Sigma Y = 2.76$，$\delta Eu = 0.30$，与世界花岗岩平均值相比，岩石稀土元素特征值的 ΣREE 偏低，轻稀土富集程度不高，铕负异常稍大。球粒陨石标准化分布型式仍为一左高右低不平滑的曲线，表现为除 Eu 负异常外，还出现 Pr、Tb 等正异常，岩石的 $\delta^{18}O$ 为 + 5.43‰～ + 6.94‰。

3. 形成时代讨论

从岩体内部至外部，铁岗-石岩湿地自然保护区的侵入岩以中酸性二长花岗岩为主体，可细分为早白垩世第二次侵入二长花岗岩（$\eta\gamma K_1^{lb}$）和早白垩世第三次侵入二长花岗岩（$\eta\gamma K_1^{lc}$）。以往地质工作获得的同位素年龄在（136±2.6）～（142±4）Ma，将其形成时代确定为早白垩世早期，即第一阶段较为适宜。第三次与第二次侵入岩之间虽未见直接界面，但二者岩性相差较大，短距离内突变，呈侵入接触可能性较大，第一次与第二、三次侵入岩在空间上相互分离，无直接关系。从早至晚，铁岗-石岩湿地自然保护区侵入岩的侵入体规模从小到较大到小，岩石粒度从细粒（斑状）到中、粗粒粒（斑状）到细粒（斑状），主要矿物钾长石、石英趋于增加，斜长石、暗色矿物趋于减少；副矿物含量趋于降低，总体组合类型相似，岩石的 Al_2O_3、Fe_2O_3、FeO、CaO、MgO、MnO、TiO_2 等含量均偏低。据深圳市区域地质调查工作的锆石样品 U-Pb 年龄测定结果，获得的年龄为（132.5±2.0）Ma，形成时代确定为早白垩世。

6.4.3 花岗岩成因机制

从岩体内部至外部，铁岗-石岩湿地自然保护区及外围的侵入岩岩体可分为过渡相和外部相。过渡相极为发育，其面积占岩体绝大部分，岩石风化深度大，冲沟、崩坎发育，常形成崩岗地貌。主要由中（细中）粒斑状（角闪石）黑云母花岗岩和中粒黑云母花岗岩组成，以前者为主。此外，局部矿物分布不均，中（中细）粒斑状（角闪石）黑云母二长花岗岩零星出现。外部相主要见于铁岗-石岩湿地自然保护区东部的阳台山、南侧中部大脑壳一带丘陵地区及岩体边缘。水平分带及垂直分带均较明显，在水平方向上，从内部至外部，岩性依次为中粒斑状角闪石黑云母花岗岩、中粒斑状黑云母花岗岩（局部不含斑）、细（中细）粒斑状黑云母花岗岩，外部相极不发育，一般宽仅几米至几十米，岩相变化较快。在垂直方向上，从山顶至山坡至切割较深的洼地，岩石依次为细粒斑状黑云母花岗岩（局部含角闪石）、细中粒斑状角闪石黑云母花岗岩、中粒斑状角闪石黑云母花岗岩，外部相岩石多见于 200m 高度以上的山丘，地形较为陡峭，如铁岗-石岩湿地自然保护区东侧的阳台山，出露宽度（厚度）300～500m，面积较大，占整个外部相的大部分。垂直方向上的相变较缓慢，在细粒和中粒之间，存在一个较宽的细中粒过渡区。岩体内局部可见原生流动构造，主要由粗大的钾长石斑晶定向排列而成，极个别地方黑云母也呈定向排列。流线方向不定，个别地方测得走向为北东。流动构造多见于外部相，过渡相偶尔可见。此外，岩体中暗色包体较多，常见于过渡相岩石中。

　　铁岗-石岩湿地自然保护区侵入岩的岩体属于过渡相，主要由中（细中）粒斑状角闪石黑云母花岗岩组成，局部为中粒（斑状）黑云母花岗岩或中（细中）粒斑状（角闪石）黑云母二长花岗岩。中粒斑状角闪石黑云母花岗岩呈浅肉红色—浅灰白色，似斑状结构，基质具花岗结构。似斑晶主要由钾长石及少量斜长石、石英组成。钾长石呈浅肉红色半自形宽板柱状、长柱状，部分边缘不平直，常包嵌或半包嵌基质组分而呈不规则板柱状，颗粒粗大，一般为 1～3cm，大者可达 4～6cm；斜长石斑晶呈浅灰白色，半自形板柱状；石英斑晶多呈他形粒状或等轴粒状，粒度较小，一般为 0.6cm 左右。小颗粒的钾长石被较大的钾长石包裹，在小颗粒周围出现大量的微粒钠长石，说明钾长石可能形成于不同时代。微量矿物中以普遍出现楣石为特征。野外可见楣石呈黄褐色、自形—半自形的形态产出，粒径可达 2mm。此外，还可见少数褐帘石具环带构造。过渡相中的其他岩石，其基本地质特征与中粒斑状角闪石黑云母花岗岩基本一致。不同之处在于岩石中似斑晶及矿物的含量稍有变化，其中二长花岗岩以斜长石大于或等于钾长石为特征；中粒斑状黑云母花岗岩以不出现角闪石为特征；中粒黑云母花岗岩以钾长石含量增加为特征；细中粒黑云母花岗岩则以矿物粒度具有变小的趋势为特征。

　　外部相出露面积小，主要由细粒斑状（角闪石）黑云母花岗岩组成，局部相变为黑云母二长花岗岩。岩石中除粒度变小、似斑晶含量稍有降低、斜长石含量趋于降低、环带发育程度降低外，其余地质特征及矿物光性特征基本与过渡相岩石相近。

从铁岗-石岩湿地自然保护区侵入岩的岩体标准矿物 Q-Qb-Or 三角图解（图 6.4.4）可以看出，岩体侵入岩投影点主要集中于＜700℃ 和 2000～3000bar，分布于低温槽和低共熔区部位。由前述岩体岩石地球化学特征可知，岩体物质来源较深，主要可能来自深部地壳部分熔融，但不排除有幔源物质或先期存在于地壳中的幔源物质参与。岩石形成于造山期后的构造环境之中。

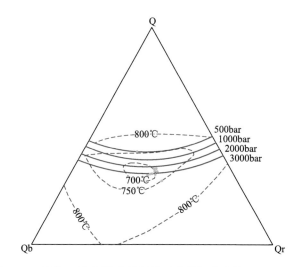

图 6.4.4　铁岗-石岩湿地自然保护区岩体标准矿物 Q-Qb-Or 图解

6.5　地　质　构　造

铁岗-石岩湿地自然保护区的地质构造主要为北西向断裂构造及其次级小断裂（图 6.3.1）。从整体上看，断裂走向以 300°～330°为主，由一系列断裂束平行斜列式展布，间距大致为 15～20km，多倾向北东。该组断裂多形成于燕山晚期—喜山期，稍晚于北东向断裂，常切割其他方向断裂，并对区内的微地貌、沟谷、溪流及泉群有较明显的控制作用。

1. 杨柳岗-尖岗断裂（F2-2-1）

从整体上看，杨柳岗-尖岗断裂始于铁岗水库，经杨柳岗高地至福永一线。呈北西 310°方向舒缓波状延伸，倾向北东，倾角 45°～70°。长约 22km，宽 2～10m，局部 40～50m，其连续性好，主要穿行于早白垩世花岗岩中，南东端在铁岗水库大坝附近逐渐消失。以铁岗水库为界，分为北西部的杨柳岗断裂和南东部的尖岗断裂。断层破碎带总体上以硅化岩、碎裂岩带为特点，强烈之处见硅化岩被压碎成角砾状，大小 0.5～3cm，为次棱角状，硅质胶结。越靠近断面，碎裂岩的破裂程度越高。节理发育，主要有五组：①北西 305°，倾向南西，倾角 60°（扭性）；②北西 305°，倾向北东，倾角 40°（扭性）；③北西 280°，倾向南西，倾角 80°（扭性）；④北东 30°，倾向南东，倾角 80°（扭性）；⑤北西 330°，倾向南西，倾角 60°。其中，第①、②组配套，第③、④组配套。第①、④组较平直、密集；第②组极发育，硅化岩被切割成透镜状与主裂面斜交，并切割第①、④组。它们发育程度不同，既互相切割，又相互制约。断裂中后期贯入的石英脉，被节理、劈理切割成碎块状，大小为 2～20cm。断裂面具舒缓波状，垂直擦痕阶步发育。地貌上为正地形，发育在山脊上和山前半坡地带。综观断裂全貌及其剖面分析，以脆性变形为主，成生于早白垩世之后，具多次活动的特点。第一次以强烈挤压作用为主；第二次表现为压扭性；第三次表现张性活动；第四次为压扭性，逆时针方向扭动。

（1）尖岗断裂为一碎裂岩、构造角砾岩带，沿北西 300°～310°方向延伸，北西端被铁岗水库所掩没，向南东没入第四系。长约 4.0km，宽 2～5m，倾向南西，倾角 60°～80°；切割中新元古代云开岩群变质岩、奥陶纪片麻状花岗岩及早白垩世花岗岩。构造岩多具程度不等的硅化和褐铁矿化，角砾岩成分以花岗岩为主，见褐红色硅质岩角砾，角砾为次棱状，并有宽 20cm 石英斑岩脉沿断裂产出；断裂带旁侧发育同向的次级破裂裂隙。断裂成生于早白垩世之后，具张扭性活动特征。

（2）杨柳岗断裂始于铁岗水库，经杨柳岗高地至福永一线，长约 22.0km，宽 2～50m，走向北西 300°～320°，倾向南西或北东，倾角 75°；多切割并构成中新元古代云开岩群变质岩或奥陶纪片麻状花岗岩与早白垩世花岗岩的界线，出露不全，向北西沙井一带多被第四系所覆盖。地貌上为正地形，发育在山脊上和山前半坡地带。断裂表现为硅化碎裂岩带，岩石强烈硅化、破碎，见硅化岩被压碎成大小 0.5～3cm 角砾状，并见已碎裂岩化的石英脉。招商华侨城尖岗山小区一带见间距约 2m、宽 0.3～2m 的两条硅化岩带，产状为 210°∠60°，硅化岩多已构造角砾岩化。宝安高级中学一带发育 3～6m 硅化破碎带，产状 200°～240°∠45°～50°，沿山脊方向展布，硅化岩亦角砾岩化。凤凰山公园西一带，断层产状 220°∠50°，压扭性，发育已碎裂岩化的脉石英。恒丰工业园，断裂产状 220°∠65°，北东盘为中粒斑状黑云母花岗岩，南西盘为细粒含斑黑云母花岗岩，两者为断层接触，碎裂岩化、硅化强烈。石坑顶一带发育硅化破碎带，产状 240°～260°∠45°，宽约 50m，发育有绿泥石化与绢云母化蚀变。断裂成生于早白垩世之后，具挤压—压扭—张性—左行压扭的多期次活动的特点。

2. 石坑顶断裂（F2-2-①）

断裂走向北西 325°，倾向北东，倾角 50°～75°。长约 2km，宽 5～10m。断裂分布于早奥陶世片麻状二长花岗岩内。断裂面呈舒缓波状，局部可见构造阶步及擦痕，揭示滑移方向为反时针方向，见有多期活动的特点。断层破碎带可见强烈挤压片理化带并伴有相互平行排列的构造透镜体和硅化碎裂岩带，断层构造岩主要为碎裂岩，局部见构造角砾岩，具片状构造，矿物定向排列。断裂成生于早奥陶世之后，力学性质为张扭-压扭性。

3. 洞尾山断裂（F2-2-②）

断裂位于西部洞尾山一带，长约 6.0km，宽 0.2～12m；走向北西 300°，倾向北东或南西，倾角 60°～75°；北西段发育于早白垩世花岗岩中，南东段发育于中新元古代云开岩群变质岩和奥陶纪片麻状花岗岩中，平面上略呈波状弯曲延伸。北西段表现为硅化碎裂岩带，发育密集劈理化带和破裂裂隙带；见细粒长英质岩脉及石英脉沿北西向裂隙贯入，断裂力学性质为压扭性。洞尾山一带见宽 1.5m 的硅化碎裂岩带，突出地表，呈北西 300°方向延伸，挤压带中岩石强烈硅化及压碎，地貌上为正地形，且带内破裂裂隙发育，以北西 300°方向者最发育。断裂成生于早白垩世之后，具压扭性质。

4. 铁岗花场断裂（F2-2-③）

断裂走向北西 330°，倾向北东，倾角 75°。发育于铁岗-石岩湿地自然保护区的早白垩世花岗岩体的中间部位，延伸长 3.5km 左右，宽 2～5m。地貌上反映较清晰，沿北西向沟谷水系发育。断层破碎带表现为挤压破碎带，断裂面见糜棱岩化条带。构造岩为蚀变碎裂岩、硅化岩，发育绿泥石、绢云母化蚀变，构造岩节理发育，并见石英脉沿裂隙充填，且具破碎现象，局部石英脉出露地表（图 6.5.1），裂隙发育。断裂挤压面呈舒缓波状，可见擦痕阶步，尤以水平及垂直擦痕最为发育，前者切割后者，显示两次活动的历史。断裂成生于早白垩世之后。断裂具有多期活动的特点，力学性质为压-压扭性。

图 6.5.1　铁岗花场断裂带出露的石英岩脉

5. 水田断裂（F2-3-①）

水田断裂位于深圳市龙华的上横朗新村-石岩水库水坝一线，总体延伸长度约15.0km，走向北西305°，倾向北东，倾角50°；铁岗-石岩湿地自然保护区内出露长度约 1.2km。断裂多发育于早白垩世花岗岩中，向北西进入中新元古代云开岩群变质岩，呈波状弯曲延伸，右行切错横浪断裂。主要为一硅化碎裂岩带，发育绿泥石化、绢云母化蚀变，带内见宽约 5m 的硅化石英脉产出。断裂在玉律村附近被浮土覆盖，有温泉喷出，为正断层。水田断裂带地质钻孔（JK-QD27 孔），孔深 50.7～72.5m 揭露出断裂破碎带岩石，主要为断层角砾岩、黄铁矿化及磁黄铁矿化硅化岩组成（图 6.5.2），原岩为早白垩世细粒二长花岗岩，岩石绢云母化、黄铁矿化、磁黄铁矿化强烈。同时，断裂破碎带裂隙发育，钻孔涌水量大。断裂成生于早白垩世晚期，断层性质为正断层。

图 6.5.2　水田断裂（JK-QD27）钻孔揭露的断层角砾岩与黄铁矿化硅化岩

6.6　地　质　遗　迹

铁岗-石岩湿地自然保护区的地质遗迹主要分布于自然保护区铁岗水库西北侧的丘陵地段（图 6.6.1），主要为花岗岩孤石地质遗迹，分布面积约为 2.77km²。据不完全统计，共有 52 处孤石地质遗迹点。花岗岩孤石的形态为石蛋、石柱和石锥等（图 6.6.1），以石蛋形态为主，约占花岗岩孤石总数的 85%。一般而言，花岗岩石蛋是花岗岩球状风化最典型的产物，造型奇异多样。铁岗-石岩湿地自然保护区的石蛋状孤石大小不一，最大等效直径可达 12m，一般为 1.2～9.3m，石蛋规模为 3.8～358.5m³，石蛋状孤石的形态多样，气势雄伟，星罗棋布地散布于青翠的灌木丛之间，远观若隐若现，近看高低错落有致，极具观赏价值。石柱状孤石和条形状孤石的形态各异，峥嵘险峻。花岗岩孤石为花岗岩球状风化的主要微地貌景观，是花岗岩经受长期的物理化学风化作用和各种地质营力的剥蚀所致。这些花岗岩孤石地质遗迹景观，不仅具有旅游审美价值，而且在地质科学研究方面也具有十分重要的意义。

图 6.6.1   铁岗-石岩湿地自然保护区花岗岩孤石地质遗迹

6.7 土壤质量分析与评价

6.7.1 土壤资源发育特征

1. 土壤类型与分布特征

铁岗-石岩湿地自然保护区为滨海台地平原地貌，主要地貌类型有台地和丘陵两种类型。成土母岩主要为花岗岩和冲洪积成因的松散沉积物及少量变质岩等。土壤类型包括赤红壤、红壤、水稻土和沼泽土四种（图 6.7.1）。赤红壤是铁岗-石岩湿地自然保护区的主要地带性土壤，分布范围最广，面积约为 40.45km²，占铁岗-石岩湿地自然保护区陆地面积的 96.20%。赤红壤主要由花岗岩风化物形成，因常年高温多雨，土壤中矿物质和有机质的化学风化、分解以及淋溶作用都较强。铁岗-石岩湿地自然保护区的西南小部分区域为变质岩形成的赤红壤，土壤质地较粗。水稻土则主要分布于铁岗-石岩湿地自然保护区内的河流两岸，成土母质为冲洪积物，分布面积约为 1.38km²，占铁岗-石岩湿地自然保护区陆地面积的 3.27%。红壤主要分布于铁岗水库西北侧的局部地块，分布面积仅为 0.15km²，约占铁岗-石岩湿地自然保护区陆地面积的 0.36%。沼泽土仅分布于石岩水库东部的个别地块，分布面积约 0.07km²，约占铁岗-石岩湿地自然保护区陆地面积的 0.17%。

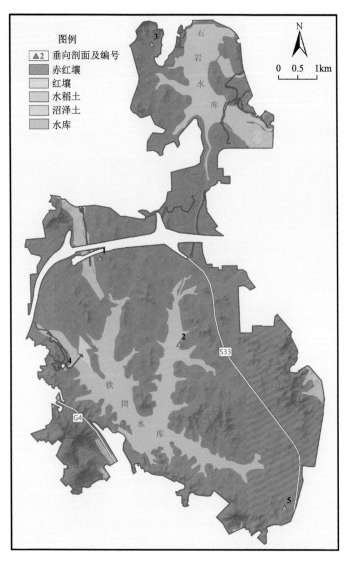

图 6.7.1　铁岗-石岩湿地自然保护区土壤类型分布图

2. 土壤粒度组成特征

1）平面分布特征

土壤既是植物生长的基础介质，又是多种自然因素和人为影响长期作用的结果。土壤为植物生长发育提供了必要的条件，土壤质地、孔隙状况等物理性状是影响土壤水分、通气状况、微生物活性、养分转化和肥力水平的重要因素，对林木根系生长、土壤稳定性和抗蚀能力也有重要影响（林大仪，2002）。

铁岗-石岩湿地自然保护区内共采集各类土壤样品 136 组，对其中的 28 组表层土壤样品进行土壤粒度成分、土壤容重和电导率分析测试，结果如图 6.7.2 和表 6.7.1 所示。从图 6.7.2 和表 6.7.1 可以看出，铁岗-石岩湿地自然保护区土壤质地以壤土、砂质壤土为主；花岗岩赤红壤的平均电导率为 105.8μS/cm，明显高于变质岩赤红壤（51.72μS/cm）和水稻土（63.3μS/cm）的平均电导率；土壤样品的容重为 1.72～1.83g/cm³。铁岗-石岩湿地自然保护区表层土壤的粒度成分累积曲线如图 6.7.3 所示。从图 6.7.3 中可以看出，对粒径＜0.05mm 的土壤颗粒而言，花岗岩赤红壤和变质岩赤红壤相应粒径范围的含量差异不大，两者粉粒和黏粒的平均含量合计分别为 37.1% 和 35.7%；水稻土的粉粒和黏粒的含量合计仅为 19.9%，明显低于花岗岩赤红壤和变质岩赤红壤粉粒和黏粒的含量。

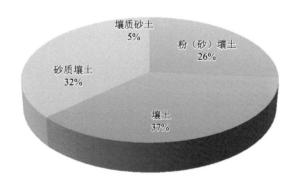

图 6.7.2　铁岗-石岩湿地自然保护区土壤质地类型统计

表 6.7.1　铁岗-石岩湿地自然保护区土壤的粒度成分和物理性质指标统计特征

土壤类型	统计特征值	土壤粒度组成（粒径/mm）									容重/(g/cm³)	电导率/(μS/cm)
		>2	2～1	1～0.5	0.5～0.25	0.25～0.1	0.1～0.05	0.05～0.005	0.005～0.002	<0.002		
花岗岩赤红壤	平均值	33.8	8.8	5.9	6.9	5.5	2.0	21.8	4.5	10.8	—	105.8

续表

| 土壤类型 | 统计特征值 | 土壤粒度组成（粒径/mm） | | | | | | | | | 容重/(g/cm³) | 电导率/(μS/cm) |
		>2	2～1	1～0.5	0.5～0.25	0.25～0.1	0.1～0.05	0.05～0.005	0.005～0.002	<0.002		
变质岩赤红壤	平均值	8.6	5.8	6.9	19.6	18.5	4.8	23.0	3.6	9.1	—	51.72
水稻土	平均值	15.4	14.8	16.5	17.1	12.2	4.1	11.0	2.8	6.1	—	63.3
总体样品统计特征	最大值	30.35	9.33	7.14	8.72	7.01	2.36	20.65	4.23	10.21	1.83	98.09
	最小值	7.72	5.32	2.79	2.51	0.88	0.56	10.91	2.00	4.33	1.72	42.87
	中位数	29.81	8.97	6.39	7.25	5.72	1.70	20.80	4.12	9.58	1.75	69.40
	平均值	30.35	9.33	7.14	8.72	7.01	2.36	20.65	4.23	10.21	1.77	98.09
	标准差	14.54	2.68	3.95	5.16	4.48	1.40	6.65	1.19	3.05	0.06	65.17
	变异系数	0.48	0.29	0.55	0.59	0.64	0.59	0.32	0.28	0.30	0.03	0.66

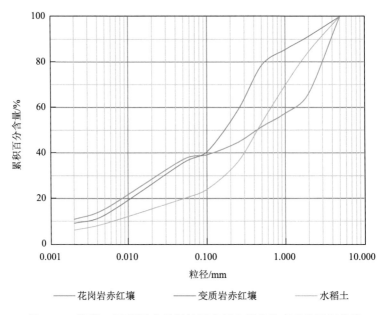

图 6.7.3　铁岗-石岩湿地自然保护区表层土壤的粒度成分累积曲线

2）剖面分布特征

铁岗-石岩湿地自然保护区典型土壤剖面不同深度土壤的粒度成分累积曲线如图 6.7.4 所示。从土壤剖面的粒度成分累积曲线特征看，在 1m 的深度范围内，中、下层土壤细颗粒物质的含量明显高于土壤表层的相应含量，说明高温高湿的环境中，风化作用和淋滤作用强烈，导致表层土壤的细颗粒物质容易迁移流失。

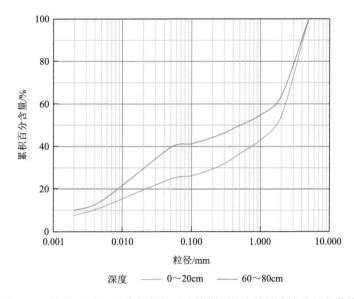

图 6.7.4 铁岗-石岩湿地自然保护区土壤剖面的土壤粒度成分累积曲线

6.7.2 土壤母岩地球化学特征

赤红壤为铁岗-石岩湿地自然保护区的主要土壤类型，其成土母质为花岗岩风化物，赤红壤成土母质（岩）的地质环境特征和岩石地球化学元素含量的差异性较明显（图 6.7.5 和表 6.7.2）。同时，花岗岩风化层与砂岩、火山岩的风化层相比较，花岗岩风化层的结构较为松散。共采集铁岗-石岩湿地自然保护区 7 件岩石样品（含钻孔岩芯 4 件），岩石样品的元素含量统计特征如表 6.7.3 所示。同深圳市土壤背景值相比，成土过程中 As、Cr 存在富集倾向，同中国花岗岩元素丰度（迟清华和鄢明才，2007）对比，铁岗-石岩湿地自然保护区岩石样品的 Hg 元素富集（自然保护区花岗岩岩石元素含量/中国花岗岩元素含量≥2）。根据铁岗-石岩湿地自然保护区的地质钻探资料，可以发现铁岗-石岩湿地自然保护区的花岗岩风化层厚度差异极大（图 6.7.5），由花岗岩风化而成的土壤母质层厚度为 0.6～7.5m，变化幅度较大，这主要是花岗岩的球状风化和差异风化所致。

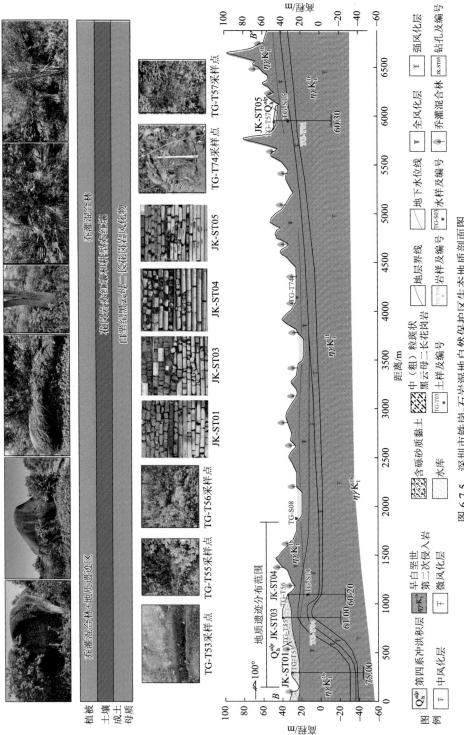

图 6.7.5 深圳市铁岗-石岩湿地自然保护区生态地质剖面图

表 6.7.2　深圳市铁岗-石岩湿地自然保护区生态地质剖面各类样品分析测试结果

地表水

样品号	pH	Cl/(mg/L)	S/(mg/L)	F/(mg/L)	TP/(mg/L)	TN/(mg/L)	As/(μg/L)	Cr/(μg/L)	Cd/(μg/L)	Hg/(μg/L)	Pb/(μg/L)	Cu/(μg/L)	Zn/(μg/L)	溶解氧/(mg/L)
TG-S08	7.910	41.400	0.006	0.050	0.030	1.420	2.740	16.200	<0.05	<0.04	0.240	0.688	1.221	7.34

地下水

样品号	pH	Cl/(mg/L)	S/(mg/L)	F/(mg/L)	TP/(mg/L)	TN/(mg/L)	As/(μg/L)	Cr/(μg/L)	Cd/(μg/L)	Hg/(μg/L)	Pb/(μg/L)	Cu/(μg/L)	Zn/(μg/L)	地下水化学类型
TG-S14	5.920	14.080	0.005	0.025	0.084	0.354	0.150	<0.11	<0.05	<0.04	<0.09	3.347	12.605	$HCO_3 \cdot Cl$-$Na \cdot Ca$
TG-S15	6.510	303.870	0.008	0.433	0.006	0.421	0.946	0.249	0.162	<0.04	0.269	2.097	15.345	Cl-$Na \cdot Ca$

土壤

样品号	pH	Cl/(mg/kg)	S/(g/kg)	F/(mg/kg)	P/(g/kg)	N/(g/kg)	As/(mg/kg)	Cr/(mg/kg)	Cd/(mg/kg)	Hg/(mg/kg)	Pb/(mg/kg)	Cu/(mg/kg)	Zn/(mg/kg)	有机碳/(g/kg)
TG-T53	5.120	29.148	0.931	106.686	0.366	1.014	38.417	44.211	0.279	0.082	119.909	15.148	58.256	3.391
TG-T55	4.177	29.042	1.002	346.235	0.029	0.573	37.230	200.224	0.127	0.045	170.463	38.876	86.720	11.756
TG-T56	5.526	4.730	0.101	428.287	1.625	0.364	62.424	323.910	0.398	0.040	49.875	32.976	50.642	6.005
TG-T74	5.650	4.343	0.092	393.227	1.714	0.372	27.416	194.533	0.365	0.037	115.203	84.575	85.876	6.140
TG-T57	4.673	19.500	0.472	90.599	0.183	0.019	60.767	259.724	0.423	0.026	141.934	26.388	76.706	1.023

岩石

样品号	SiO2/(g/kg)	Cl/(mg/kg)	S/(g/kg)	F/(mg/kg)	K2O/(g/kg)	As/(mg/kg)	Cr/(mg/kg)	Cd/(mg/kg)	Hg/(mg/kg)	Pb/(mg/kg)	Cu/(mg/kg)	Zn/(mg/kg)	岩石类型
TG-Y04	598.870	46.000	0.078	524.000	17.430	1.672	10.802	0.100	0.020	39.095	6.498	49.968	中风化黑云母二长花岗岩
TG-Y01	728.262	24.003	0.343	318.119	34.931	0.050	6.839	0.040	0.000	69.512	8.524	61.098	微风化黑云母二长花岗岩

表 6.7.3　铁岗-石岩湿地自然保护区岩石元素含量统计特征

元素含量		Ni/ (mg/kg)	Zn/ (mg/kg)	Cd/ (mg/kg)	Pb/ (mg/kg)	Cr/ (mg/kg)	As/ (mg/kg)	Cu/ (mg/kg)	Hg/ (mg/kg)	K/ (g/kg)	P/ (g/kg)
赤红壤 背景值		32.90	112.00	0.12	130.00	92.20	55.10	43.90	0.15	—	—
中国花岗岩		5.2	40	0.057	26	6.6	1.2	5.5	0.0064	—	—
统计特征	最大值	23.91	61.10	0.15	69.51	10.80	1.80	15.44	0.1740	47.73	491.00
	最小值	1.42	25.41	0.04	19.11	5.24	0.04	2.46	0.0002	0.25	0.06
	平均值	7.79	43.73	0.09	33.72	7.07	0.84	7.17	0.0671	29.69	108.13
	中位数	5.01	46.27	0.07	27.35	6.58	0.84	6.50	0.0200	35.74	71.00
	标准差	7.26	10.67	0.05	16.32	1.72	0.74	4.52	0.0727	15.57	161.75

6.7.3　土壤地球化学特征

1. 平面分布特征

对铁岗-石岩湿地自然保护区采集的129组表层土壤样品的元素含量进行统计分析，结果见表 6.7.4。其中，深圳市土壤环境背景值数据引自《土壤环境背景值》（DB4403/T 68—2020）。从表 6.7.4 中可以看出，铁岗-石岩湿地自然保护区土壤的 pH 为 4.36～6.52。同深圳市赤红壤环境背景值相比，铁岗-石岩湿地自然保护区内土壤（赤红壤）重金属元素含量总体呈相对富集（土壤元素含量/背景值≥2）的元素为 Cd，样品富集率为 72%，最大富集系数为 12.07；Pb、Cr、As、Cu、Hg 的含量呈相对贫化的状态（土壤元素含量/背景值≤0.5），样品贫化率超过 77%（图 6.7.6）。

表 6.7.4　深圳市铁岗-石岩湿地自然保护区表层土壤（赤红壤）重金属元素含量统计特征

元素含量	Ni/ (mg/kg)	Zn/ (mg/kg)	Cd/ (mg/kg)	Pb/ (mg/kg)	Cr/ (mg/kg)	As/ (mg/kg)	Cu/ (mg/kg)	Hg/ (mg/kg)	pH
背景值	32.90	112.00	0.12	130.00	92.20	55.10	43.90	0.15	/
最大值	156.57	86.21	1.45	145.02	331.20	81.09	35.16	0.09	6.52
最小值	1.78	3.55	0.07	11.40	3.96	7.30	1.45	0.01	4.36
平均值	28.16	51.07	0.62	43.44	57.02	18.79	13.67	0.04	5.34
中位数	15.36	45.76	0.67	37.85	15.07	14.95	12.76	0.04	5.31
标准差	37.25	18.93	0.38	32.51	95.60	15.84	8.85	0.02	0.63
变异系数	2.43	0.41	0.57	0.86	6.34	1.06	0.69	0.55	0.12

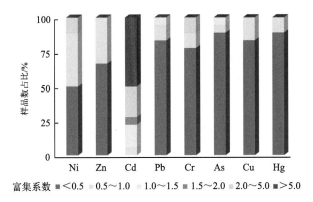

图 6.7.6　铁岗-石岩湿地自然保护区土壤重金属含量/背景值百分比堆积柱形图

　　按平均值±3 倍标准差对测试样品的过大或过小的重金属元素含量异常值进行修正，通过插值得到铁岗-石岩湿地自然保护区的土壤各元素含量分布图（图 6.7.7）。从图 6.7.7 可以看出，土壤 Ni 和 Cr 元素含量最高的区域位于铁岗-石岩湿地自然保护区北部的出水坑一带；Zn、Cd 和 Cu 元素含量最高的区域均位于铁岗-石岩湿地自然保护区中部的叶排一带，其中 Cd 是铁岗-石岩湿地自然保护区土壤的主要污染物；Pb、As 和 Hg 元素含量最高的区域位于铁岗-石岩湿地自然保护区南部的牛城果菜试验基地一带。

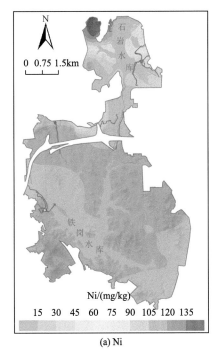

(a) Ni

(b) Zn

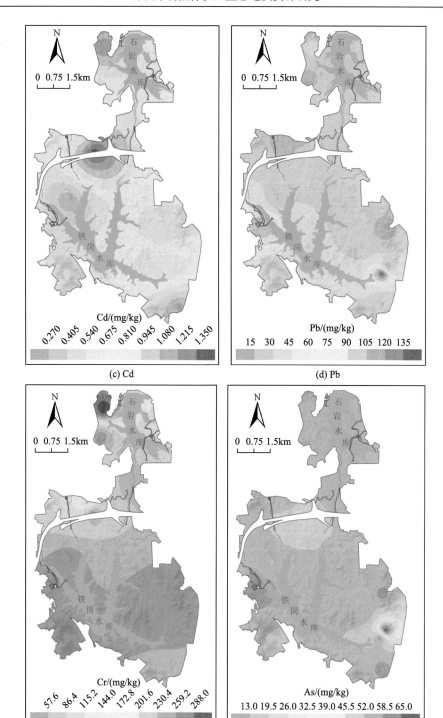

(c) Cd

(d) Pb

(e) Cr

(f) As

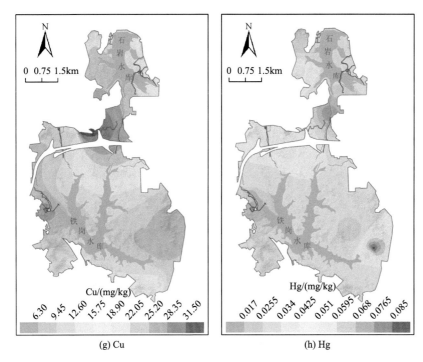

(g) Cu　　　　　　　　　　　　(h) Hg

图 6.7.7　深圳市铁岗-石岩湿地自然保护区土壤重金属元素含量平面分布图

2. 剖面分布特征

铁岗-石岩湿地自然保护区土壤剖面的土壤重金属元素含量分布特征如图 6.7.8 所示。从图 6.7.8 可以看出，表土 Zn 和 Cd 的含量明显高于底土 Zn 和 Cd 的含量，但土壤剖面内 Pb 的含量变化特征则相反，其余 Ni、As、Cr、Cu 和 Hg 元素含量随土壤深度的变化并无明显的规律。

3. 元素相关性分析

对铁岗-石岩湿地自然保护区表层土壤的各元素及 pH 进行相关性分析，结果如表 6.7.5 所示。相关性分析结果表明，Cr 和 Ni 的相关性极强，Cu 和 Ni、Zn、Cr，Hg 和 As 呈现出较强的相关关系。结合前述 Cr、Cu、Hg 和 As 呈相对贫化的现状，说明尽管铁岗-石岩湿地自然保护区的土壤重金属含量和分布受土地利用类型及其他人类活动的影响较重，但由于成土母岩主要为花岗岩，相应的成土作用过程基本一致，各元素之间的相互依存关系较强，花岗岩风化层仍是表层土壤元素含量的主要控制因素。土壤 Cd 与其他元素均无明显的相关关系，说明 Cd 的来源非常复杂，这可能是由于以前部分工厂的生产工艺中大量使用 Cd，且将富含 Cd 的废水排放到铁岗-石岩湿地自然保护区的土壤中。同时，土壤 Cd 含量的增加与施肥等农业活动也有一定的关系。

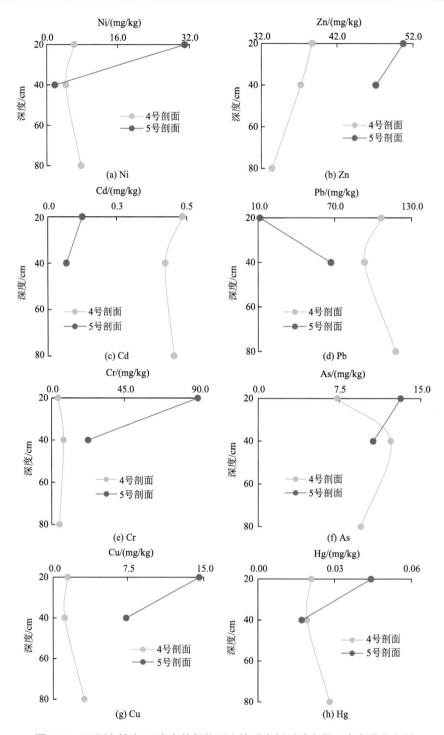

图 6.7.8　深圳市铁岗-石岩自然保护区土壤垂向剖面重金属元素含量分布图

表 6.7.5　深圳市铁岗-石岩湿地自然保护区土壤 pH 及元素相关性一览表

	pH	Org	N	K	P	Mn	Ni	Zn	Cd	Pb	Cr	As	Cu	Hg	B
pH	1														
Org	0.213	1													
N	0.271	0.773**	1												
K	0.191	0.186	0.035	1											
P	0.410	0.657**	0.868**	-0.165	1										
Mn	-0.245	0.214	0.104	0.054	-0.083	1									
Ni	0.230	0.488*	0.513*	0.397	0.378	-0.083	1								
Zn	0.262	0.182	0.606**	0.022	0.628**	0.184	0.110	1							
Cd	0.156	0.296	0.478*	-0.174	0.649**	-0.161	0.326	0.277	1						
Pb	-0.274	-0.447	-0.392	-0.492*	-0.250	-0.200	-0.206	-0.331	0.008	1					
Cr	0.319	0.570*	0.639**	0.277	0.535*	-0.175	0.926**	0.263	0.305	-0.224	1				
As	-0.068	0.083	0.093	0.125	0.111	0.089	0.032	0.078	0.243	-0.366	-0.067	1			
Cu	0.529*	0.606**	0.727**	0.287	0.731**	0.090	0.532*	0.687**	0.357	-0.447	0.650**	-0.016	1		
Hg	0.029	0.589**	0.582**	0.090	0.508*	0.054	0.225	0.213	0.311	-0.425	0.311	0.687**	0.355	1	
B	0.052	0.205	0.224	0.342	-0.014	0.419	0.434	-0.061	0.146	-0.162	0.224	-0.033	0.000	-0.051	1

*-0.05 级别（双尾）相关性显著；**-0.01 级别（双尾）相关性显著。

6.7.4　土壤养分分布特征

1. 平面分布特征

土壤 N、P、K 是植物生长必需而且需要量较大的常量养分元素。依照《土地质量地球化学评价规范》（DZ/T 0295—2016）对铁岗-石岩湿地自然保护区表层土壤的养分含量进行等级划分评价，结果如表 6.7.6 所示。铁岗-石岩湿地自然保护区各类土壤的主要养分含量的平面分布如图 6.7.9 所示。表 6.7.6 和图 6.7.9 表明，铁岗-石岩湿地自然保护区表层土壤 N 和 Org 的含量以缺乏和较缺乏为主，其样品数占全部样品数量的 70% 以上；土壤 K 和 P 的含量呈不均匀分布状态。

表 6.7.6　铁岗-石岩湿地自然保护区表层土壤主要养分含量统计特征（单位：g/kg）

项目		N	P	K	Org
等级分类	丰富	>2	>1	>25	>40
	较丰富	1.5~2	0.8~1	20~25	30~40
	中等	1~1.5	0.6~0.8	15~20	20~30
	较缺乏	0.75~1	0.4~0.6	10~15	10~20
	缺乏	≤0.75	≤0.4	≤10	≤10
统计特征	最大值	2.60	5.58	48.33	33.62
	最小值	0.20	0.03	2.31	5.52
	平均值	0.78	1.18	20.01	15.07
	中位数	0.60	0.57	20.40	12.50
	标准差	0.62	1.57	14.21	8.04

2. 剖面分布特征

对铁岗-石岩湿地自然保护区土壤各垂向剖面的营养元素含量进行比较分析，分析结果见图 6.7.10。图 6.7.10 表明随着土层加深，土壤 Org 含量呈显著降低的状态，这种变化规律主要与土壤 Org 的来源有关。一般而言，公园土壤的 Org 主要来自地表枯落物的分解和腐殖质的合成；离地表越近的土壤，进入土壤中的 Org 越多。铁岗-石岩湿地自然保护区土壤 N、P 和 K 含量的分布格局与 Org 相似，其相应含量随土层深度的加深总体呈下降趋势；而随着深度的增加，土壤的酸度变化不明显。

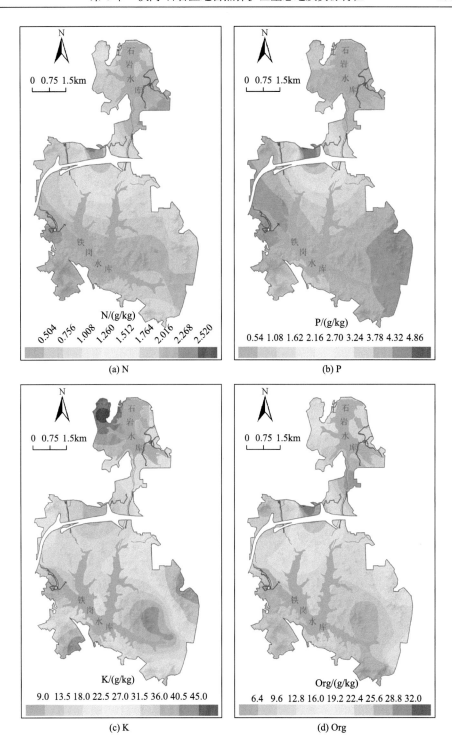

图 6.7.9　铁岗-石岩湿地自然保护区土壤营养元素含量平面分布图

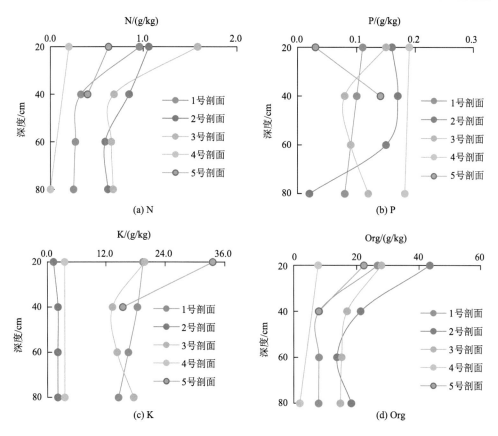

图 6.7.10　铁岗-石岩湿地自然保护区土壤垂向剖面营养元素含量分布图

资料来源:《铁岗-石岩湿地市级自然保护区综合科学考察报告》及实测资料

3. 元素相关性分析

　　铁岗-石岩湿地自然保护区土壤的 N、P、K、Org 等营养元素及 pH 的相关性分析结果见表 6.7.5。从表 6.7.5 可以看出,土壤 Org 和 N 呈高度正相关,P 和 Org、N 也呈现出较强的相关关系,考虑铁岗-石岩湿地自然保护区内的农田分布较广泛(图 6.7.1 和图 6.7.11),说明铁岗-石岩湿地自然保护区内土壤的 N、P、K、Org 等营养元素含量受人工施肥的影响较大。另外,土壤 Org 对重金属具有很强的吸附和络合能力,相关性分析结果(表 6.7.5)表明,铁岗-石岩湿地自然保护区土壤的 Ni、Cu、Cr、Hg 均与 Org 呈显著正相关关系,可以推测土壤 Org 降解带来的金属离子释放可能是沉积物中重金属元素的重要来源之一(唐俊逸等,2022)。

(a) 菜地　　　　　　　　　　　　　　　　(b) 草莓园

(c) 果园　　　　　　　　　　　　　　　　(d) 稻田

图 6.7.11　铁岗-石岩湿地自然保护区内农业用地现状特征

6.7.5　土壤质量分析评价

　　根据土壤养分地球化学综合等级评价结果，铁岗-石岩湿地自然保护区的土壤养分含量分布不均，综合等级以中等—贫乏级别为主，分布面积约占铁岗-石岩湿地自然保护区土壤总面积的 83%，无营养丰富等级。同时，根据土壤环境地球化学综合等级评价结果，铁岗-石岩湿地自然保护区的全部土壤样品均属无风险和污染风险可控级别。

　　从整体上看，铁岗-石岩湿地自然保护区内土壤开发利用强度大，包含多个果园、基本农田保护基地和农业示范基地等。综合分析铁岗-石岩湿地自然保护区的土壤环境和土壤养分等级评价结果，按照 2.6 节所示的土壤质量分析评价方法，对铁岗-石岩湿地自然保护区进行土壤质量地球化学综合评价，结果如图 6.7.12 所示。铁岗-石岩湿地自然保护区的土壤质量以中等（三等）为主，分布面积 49.12km²，约占铁岗-石岩湿地自然保护区总面积的 96.45%；差等（四等）土壤分布面积为 1.73km²，占铁岗-石岩湿地自然保护区总面积的 3.40%，主要分布于铁岗-石岩湿地自然保护区东南部的碧海通果园、大兴果场及西部的铁岗水库副坝附近；良好（二等）土壤分布面积仅为 0.07km²，占铁岗-石岩湿地自然保护区总面积的 0.15%，主要分布于铁岗-石岩湿地自然保护区东南部的南山区低碳、循环、绿色农业科研示范基地西侧。

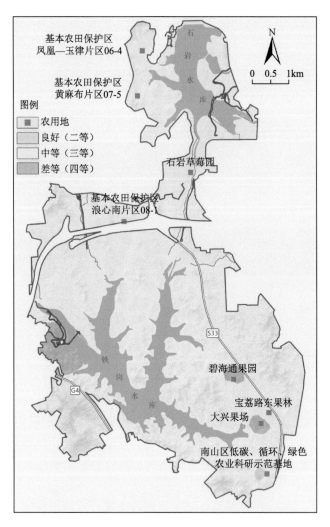

图 6.7.12 铁岗-石岩湿地自然保护区土壤质量分布图

6.8 水资源环境特征与评价

6.8.1 地表水环境特征与水质评价

从区域上看,铁岗-石岩湿地自然保护区分属三个水系分区(图 6.8.1)。自然保护区南部以铁岗水库为主体,属于珠江口水系分区,分布面积约为 40.91km²,

占铁岗-石岩湿地自然保护区总面积的 80.34%；自然保护区北部以石岩水库为主体，属于茅洲河水系分区，分布面积约为 8.32km²，占铁岗-石岩湿地自然保护区总面积的 16.34%；东部极小部分区域属于深圳湾水系分区，分布面积约为 1.69km²，占铁岗-石岩湿地自然保护区总面积的 3.32%。

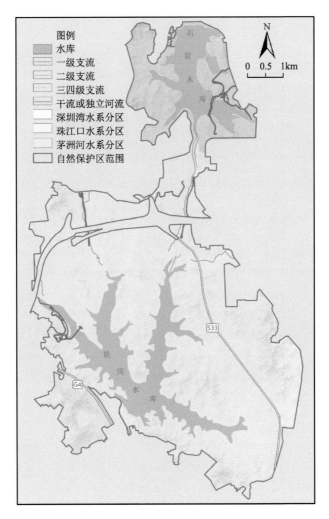

图 6.8.1　铁岗-石岩湿地自然保护区地表水系分布图

1. 地表水分布特征

铁岗-石岩湿地自然保护区主要地表水资源类型为水库、沼泽湿地、水塘和河流等（图 6.8.2）。水库有铁岗水库和石岩水库两座，其中，铁岗水库是深圳最大的饮用水水库，铁岗水库集水范围为深圳市宝安区西乡河流域，石岩水库集水范围属石岩河流域。铁岗水库总库容为 $6840 \times 10^4 m^3$，水面面积约 $5.2 km^2$，集雨面积 $64 km^2$，多年平均径流深为 900mm，并有多处水塘、河流、溪流和人工湿地。石岩水库的总库容为 $3120 \times 10^4 m^3$，水面面积约 $2.98 km^2$，集雨面积 $44 km^2$，主流长度 14.77km，石岩水库水源除自身流域集水外，还从茅洲河大量抽水补给入库。

(a) 铁岗水库　　　　　　　　　　　　　　(b) 石岩水库

(c) 采坑水　　　　　　　　　　　　　　(d) 石岩湿地

图 6.8.2　铁岗-石岩湿地自然保护区的地表水体特征

　　根据 2000 年 7 月 4 日颁布的《深圳市人民政府关于重新划分深圳市生活饮用水　地表水源保护区的通知》（深府〔2000〕80 号），将石岩水库、铁岗水库流域划定为地表饮用水源保护区，总面积 $108.02 km^2$，主要包括深圳市宝安区石岩街道和西乡街道的部分地区。铁岗-石岩湿地自然保护区分布于铁岗水库和石岩水库的库区及周边，水库、河流、水塘及沼泽湿地共同形成了一道独特的风景，丰富的水资源显现山地灵气，彰显秀美。水库、水塘近岸生长着很多沼泽植物，吸引了很多的水鸟，形成了斑块状的湿地景观。由于季节的更换，枯水期、丰水期的更替，呈现出绿色—蓝色—水底黄色的景观变迁现象。但经过多年的城镇化建设发展，铁岗-石岩湿地自然保护区的用地形态和土地开发都发生了巨大变化，人类工程活动的范围广、强度高，造成自然保护区内的河流整体生态环境的改变。西乡河位于铁岗-石岩湿地自然保护区的西南部，为铁岗-石岩湿地自然保护区的主要河流，其发源于亚婆髻，流域面积47.19km^2，全长7.2km，河流平均坡降3.82‰；根据深圳市水资源规划，西乡河的水功能区划为西乡河开发利用区和西乡河景观用水区（二级水功能区），水质目标为Ⅲ类水。

2. 地表水水化学特征

共采集铁岗-石岩湿地自然保护区地表水样品 19 个，样品的水体类型包括水库、河流及景观池塘等。铁岗-石岩湿地自然保护区地表水样品的水化学统计特征如表 6.8.1 所示。从表 6.8.1 可以看出，铁岗-石岩湿地自然保护区内地表水 pH 为 7.02～7.91，地表水为偏碱性水，电导率为321～357μS/cm，溶解性总固体为46.61～173.00mg/L，总硬度为 43.73～218.17mg/L。

表 6.8.1　铁岗-石岩湿地自然保护区地表水水化学统计特征

项目类别	电导率/(μS/cm)	K$^+$/(mg/L)	Na$^+$/(mg/L)	Ca^{2+}/(mg/L)	Mg^{2+}/(mg/L)	Cl$^-$/(mg/L)	SO$_4^{2-}$/(mg/L)	HCO$_3^-$/(mg/L)	总硬度/(mg/L)	总碱度/(mg/L)	溶解性总固体/(mg/L)	pH
最大值	357.00	9.74	13.30	46.86	6.55	44.24	41.97	209.69	218.17	206.32	173.00	7.91
最小值	321.00	3.03	5.14	11.14	3.86	3.62	5.93	44.43	43.73	36.43	46.61	7.02
平均值	334.75	7.01	8.95	31.47	5.30	25.04	15.26	86.14	125.56	81.68	126.65	7.66
中位数	330.50	8.18	9.16	30.88	5.28	25.09	9.78	66.09	126.64	59.44	149.00	7.85
标准差	15.76	2.81	3.12	12.81	1.04	17.12	13.68	61.41	69.09	62.24	53.43	0.36
变异系数	0.05	0.40	0.35	0.41	0.20	0.68	0.90	0.71	0.55	0.76	0.42	0.05

3. 地表水水质评价

对铁岗-石岩湿地自然保护区采集的 7 个地表水样品进行水质全分析检测，并依照地表水水质评价标准和方法对其进行综合分析评价，评价结果如表 6.8.2 所示。铁岗-石岩湿地自然保护区西乡河上游为Ⅲ类水质，达到了水功能区划的水质目标；铁岗水库、石岩水库和平峦山旧采石坑水塘为Ⅳ类水，导致Ⅳ类水质的污染物为 TN，其未达到《地表水环境质量标准》（GB 3838—2002）中对湖水、库水的特殊要求；铁岗-石岩湿地自然保护区地表水的 As、Cd、Pb、Hg 等毒理学指标和 Mn、Fe、Cu、Zn 等金属元素指标表现较好，符合地表水 I 类水的水质标准，氟化物、硫化物及 COD、DO、NO_3^-、Cl^-、SO_4^{2-} 等也符合地表水 Ⅰ 类水的水质标准。

表 6.8.2 铁岗-石岩湿地自然保护区地表水水质一览表

样品编号	采样位置	水质综合评价结果	pH	TP/(mg/L)	NH₃-N/(mg/L)	TN/(mg/L)	Cr/(μg/L)
TG-S06	西乡河上游	Ⅲ	7.86	0.117	0.595	6.03	10.38
TG-S17	平峦山公园旧采石坑	Ⅳ	7.89	0.010	0.318	1.28	7.50
TG-S08	铁岗水库	Ⅳ	7.91	0.028	0.495	1.42	16.25
TG-S16	原港中旅聚豪高尔夫球场	Ⅲ	7.52	0.029	0.713	1.64	0.36
TG-S03	基本农田保护区黄麻布片区	Ⅲ	7.83	0.034	0.699	1.18	0.33
TG-S23	石岩水库	Ⅳ	7.86	0.036	0.278	1.24	<0.11
TG-S10	石岩湿地公园	Ⅲ	7.55	0.048	0.617	0.78	0.28

注：▢ Ⅰ类水；　▢ Ⅱ类水；　▢ Ⅲ类水；　▢ Ⅳ类水

4. 铁岗水库和石岩水库的水质变化特征

铁岗水库和石岩水库库水的历年污染物浓度及水质评价结果如表 6.8.3 所示。表 6.8.3 表明，水库历年水质除 TN 外，其他指标均达到Ⅲ类水的水质目标，水质较好，TN 的达标率为 63.64%。

表 6.8.3 铁岗-石岩湿地自然保护区水库历年水质一览表（2011～2021 年）

水库	年份	pH	COD_Mn/(mg/L)	COD/(mg/L)	NH₃-N/(mg/L)	TP/(mg/L)	TN/(mg/L)	Cu/(mg/L)	Zn/(mg/L)	Cr/(mg/L)	类大肠菌/(个/L)
铁岗水库	2011	7.53	2.06	2.4	0.07	0.025	0.84	0.0070	0.039	0.0030	51
	2012	7.3	2.35	2.9	0.11	0.031	0.81	0.0110	0.039	0.0020	69
	2013	7.17	2.32	3.1	0.08	0.026	0.88	0.0080	0.036	0.0020	160
	2014	7.34	2.35	1.8	0.07	0.031	0.87	0.0090	0.052	0.0020	130
	2015	7.67	1.96	2.2	0.06	0.029	0.88	0.0050	0.016	0.0020	150
	2016	7.45	2.1	2.8	0.08	0.026	1.34	0.0138	0.006	0.0020	550

续表

水库	年份	pH	COD$_{Mn}$/ (mg/L)	COD/ (mg/L)	NH$_3$-N/ (mg/L)	TP/ (mg/L)	TN/ (mg/L)	Cu/ (mg/L)	Zn/ (mg/L)	Cr/ (mg/L)	类大 肠菌/ (个/L)
铁岗水库	2017	7.38	2.4	2.6	0.05	0.021	1.4	0.0179	0.006	0.0020	130
	2018	7.75	2	1.1	0.07	0.02	1.06	0.0030	0.002	0.0020	120
	2019	8.04	1.9	1	0.09	0.02	0.83	0.0009	0.005	0.0020	120
	2020	7.64	1.8	1.3	0.03	0.019	0.88	0.0008	0.002	0.0020	55
	2021	7.91	—	11	0.495	0.028	1.42	0.0007	0.001	0.0163	—
石岩水库	2011	7.20	2.4	3.3	0.21	0.042	0.93	0.0090	0.043	0.0030	1300
	2012	7.12	2.37	3.1	0.18	0.045	0.9	0.0120	0.044	0.0020	1700
	2013	7.28	2.64	3.4	0.15	0.037	0.94	0.0080	0.042	0.0020	1200
	2014	7.2	2.42	1.7	0.14	0.042	0.94	0.0060	0.053	0.0020	920
	2015	7.45	2.17	2.8	0.11	0.038	0.98	0.0050	0.002	0.0020	870
	2016	7.15	2.4	3.3	0.16	0.037	1.68	0.0138	0.004	0.0020	4700
	2017	7.35	2.6	3.1	0.09	0.031	1.4	0.0179	0.006	0.0020	1400
	2018	7.72	2.1	1.2	0.11	0.028	1.3	0.0030	0.002	0.0020	640
	2019	7.91	1.9	1.2	0.08	0.024	0.91	0.0011	0.002	0.0020	200
	2020	7.91	1.8	1.5	0.03	0.023	0.77	0.0007	0.003	0.0020	53
	2021	7.86	—	9	0.278	0.036	1.24	0.0004	0.002	0.0003	—

注: □ Ⅰ类水; ■ Ⅱ类水; ■ Ⅲ类水; □ Ⅳ类水; □ Ⅴ类水。

资料来源:《深圳市环境质量报告书》(2011~2019 年)、《深圳市生态环境质量报告书》(2016~2020 年)和实测资料。

6.8.2 地下水环境特征与水质评价

铁岗-石岩湿地自然保护区气候温和湿润、雨量充沛,多年平均降水量1618.5mm,地表水体分布面积较大。铁岗-石岩湿地自然保护区地下水位高程等值线如图 6.8.3 所示,地下水位高程最高点位于西北部的黄金洞和南部的石坑顶附近。同地表水相似,铁岗-石岩湿地自然保护区的地下水系统也分属茅洲河水系、珠江口水系和深圳湾水系三个水系分区所控制的水文地质单元。铁岗-石岩湿地自然保护区的地貌类型主体为低丘陵和台地,地下水的含水岩组主要为白垩纪花岗岩、奥陶纪花岗岩和云开岩群等块状岩体。此外,河流两岸分布有少量冲洪积孔隙含水层。

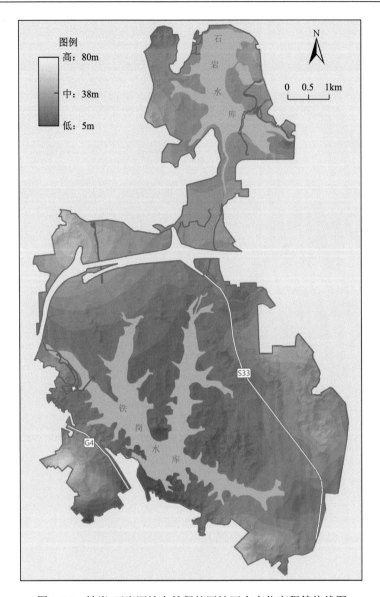

图 6.8.3　铁岗-石岩湿地自然保护区地下水水位高程等值线图

1. 地下水类型及富水性

铁岗-石岩湿地自然保护区地下水类型可分为松散岩类孔隙水和基岩裂隙水两种。其中,基岩裂隙水可细分为块状基岩裂隙水和层状基岩裂隙水,自然保护区地下水以基岩裂隙水为主。铁岗-石岩湿地自然保护区地下水类型及含水层富水性如图 6.8.4 和表 6.8.4 所示。

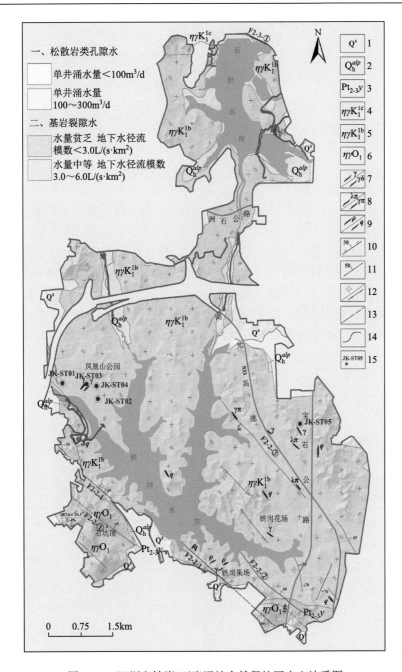

图 6.8.4　深圳市铁岗-石岩湿地自然保护区水文地质图

1-第四系人工填土；2-第四系冲洪积物；3-蓟县系—青白口系云开岩群；4-早白垩世第三次侵入岩；
5-早白垩世第二次侵入岩；6-早奥陶世侵入岩；7-细粒花岗岩脉/花岗闪长斑岩脉；8-石英斑岩脉/花岗斑岩脉；
9-伟晶岩脉/石英脉；10-压性断裂和产状；11-压扭性断裂和产状；12-硅化岩带/挤压破碎带；
13-实测、推测性质不明断层；14-实测地质界线；15-钻孔及编号

表 6.8.4　铁岗-石岩湿地自然保护区地下水类型及富水性特征

地下水类型	含水层地层代号	岩性	富水等级	面积/km²	径流模数/(L/s·km²)
松散岩类孔隙水	Q^s	杂填土、素填土	水量贫乏	2.33	—
	Q_h^{alp}	卵砾石、砂土	水量中等	2.22	—
块状基岩裂隙水	$Pt_{2-3}y$	片麻岩	水量贫乏	0.46	<3
	$\eta\gamma K_1$、$\eta\gamma O_1$	黑云母二长花岗岩	水量中等	36.77	3～6

1) 松散岩类孔隙水

(1) 冲积洪积层孔隙水。

冲积洪积层孔隙水赋存于铁岗-石岩湿地自然保护区的第四系河流相地层内,主要分布于西乡河和石岩河的两岸。第四系沉积物具有明显的河流二元沉积结构特征,主要岩性为砂砾—砾石、砂、砂质黏土和黏土质砂等,松散堆积物中的黏性土层一般透水性及富水性差,含水层厚度5～18m。冲洪积砂砾层的孔隙率高,孔隙大,有利于地下水的赋存与径流,如果补给来源充足,则富水性好。同时,这类沉积物的分布不稳定,含水层厚度变化也较大,加之受到补给来源及补给量的限制,一般单井涌水量为100～300m³/d,属中等—富水等级。傍河地带含水层内砂粒大多较粗,砂砾层内含泥量明显减少,地下水的涌水量增大,仅局部含黏土较多地段的砂砾层富水性较差。

(2) 填土层孔隙水。

铁岗-石岩湿地自然保护区中东部一带分布有部分人工填土,填土层厚度分布不均,填土的孔隙中存在少量地下水,但富水性较差,单井涌水量一般小于100m³/d。

2) 块状基岩裂隙水

(1) 富水性贫乏的块状岩类裂隙水。

主要赋存于铁岗-石岩湿地自然保护区东南部的蓟县系—青白口系云开岩群中,含水层组岩性为石英云母片岩、黑云斜长变粒岩、角闪变粒岩等,地下水的水量贫乏,地下水径流模数为1.041L/(s·km²)。

(2) 富水性中等的块状岩类裂隙水。

富水性中等的块状岩类裂隙含水层是铁岗-石岩湿地自然保护区的主要含水层,地下水赋存于早奥陶世和早白垩世的花岗岩裂隙中,不同地段花岗岩的富水性差别较大,属富水性贫乏—中等的含水岩组,以富水性中等的含水层为主。地质钻探结果表明,块状基岩裂隙含水层的地下水位埋深为7.8～18.0m。

2. 地下水补给、径流及排泄特征

1) 地下水的补给

铁岗-石岩湿地自然保护区的地下水主要受大气降水和水库水入渗补给,补给量受大气降水量、植被发育状况、岩土体入渗系数及人类活动等因素的影响。铁岗-石岩湿地自然保护区雨量丰沛，降水入渗系数为 0.056~0.134；铁岗水库和石岩水库主要分布在花岗岩区，岩石发育大量张性裂隙，且具有一定的延伸性，不仅为库水入渗，也为地下水的赋存和径流提供了良好的空间。

茅洲河流域水文地质单元的第四系松散岩类孔隙水主要含水层为砂土层，主要受大气降水入渗补给；河流的侧向补给是地下水的另一重要补给来源，丰水期时茅洲河及其支流水位上涨，当河流水位高于地下水位时，河流通过砂砾层向潜水面侧向渗流补给地下水。另外，第四系孔隙水还接受山区基岩裂隙水的侧向补给；流域内的石岩水库、坑塘也通过渗漏的方式补给地下水。

珠江口水系水文地质单元的地下水主要受大气降水入渗补给，其次为铁岗水库的渗漏补给。自然保护区内河流规模较小，对地下水的补给量相对有限。

2）地下水的径流

铁岗-石岩湿地自然保护区的地表水与地下水既具有水力联系，又可相互转化。丰水期大气降水及河流入渗，部分地表水入渗转为地下水；枯水季节基岩地区部分地下水流入河流，转为地表水。

珠江口流域水文地质单元的地下水主要接受降水入渗补给，从水库周边丘陵台地发源，向水库渗流，与地表水类似，其径流路径短，转换速度较快，最终以泄流的方式流入珠江口。

茅洲河流域的地下水也以接受降水入渗补给为主，从周围台地逐渐汇入石岩水库，再通过渗流进入茅洲河。茅洲河下游平原的地下水与地表水系互为补给、排泄，最终流入珠江口。

3）地下水的排泄

据实地调查资料，铁岗-石岩湿地自然保护区的地下水主要以泉、地下水泄流、蒸发和人工开采等方式排泄。

（1）泉：泉是地下水的天然露头，大多分布于铁岗-石岩湿地自然保护区内基岩裸露的山区，平原分布较少，以下降泉为主，泉水流量一般较小。

（2）地下水泄流：铁岗-石岩湿地自然保护区的部分地下水分散排入河流等地表水体，枯水季节河水受地下水泄流补给，是地下水的主要排泄方式。在低山丘陵区，地下水从分水岭向谷地边缘径流，大部分地下水排泄于谷地边缘的冲沟及溪流中，部分排泄于第四系含水层。

（3）蒸发排泄：蒸发排泄包括地表蒸发和植物叶面蒸腾两种方式。铁岗-石岩湿地自然保护区的潜水面埋深一般较浅，毛细水带距地表较近，常形成地表蒸发；由于南方地区的空气相对湿度较高，这种蒸发排泄强度相对较低。

（4）人类开采地下水：铁岗-石岩湿地自然保护区存在较多的农业用地，种植期遇干旱时常有较多的民用井开采地下水使用，构成自然保护区地下水重要的人工排泄方式。

3. 地下水水化学特征

共采集铁岗-石岩湿地自然保护区 16 件地下水样品进行水化学分析测试，地下水的水化学类型和水化学统计特征如图 6.8.5 和表 6.8.5 所示。从表 6.8.5 和图 6.8.5 可以看出，铁岗-石岩湿地自然保护区地下水 pH 为 5.92～7.81，矿化度为 21.71～754.62mg/L，总硬度为 13.91～206.57mg/L，总碱度为 9.72～111.34mg/L，地下水总体属于低—中等矿化度、低硬度的淡水。根据舒卡列夫分类法，铁岗-石岩湿地自然保护区的地下水化学类型以 $HCO_3 \cdot Cl\text{-}Na \cdot Ca$ 型为主，其次为 $HCO_3 \cdot Cl\text{-}Ca$ 型、$HCO_3\text{-}Na \cdot Ca$ 型和 $Cl\text{-}Na \cdot Ca$ 型等。

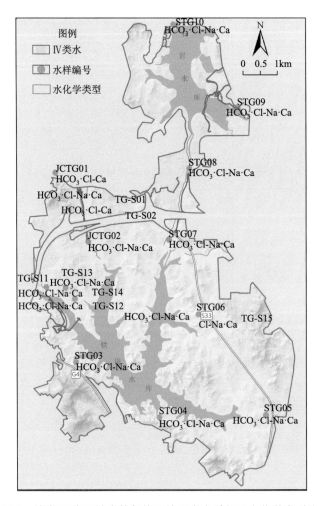

图 6.8.5　铁岗-石岩湿地自然保护区地下水水质与及水化学类型分布图

表 6.8.5　铁岗-石岩湿地自然保护区地下水水化学统计特征

项目类别	pH	$K^+ + Na^+$/(mg/L)	Ca^{2+}/(mg/L)	Mg^{2+}/(mg/L)	Cl^-/(mg/L)	SO_4^{2-}/(mg/L)	HCO_3^-/(mg/L)	游离CO_2/(mg/L)	总碱度/(mg/L)	总硬度/(mg/L)	矿化度/(mg/L)
最大值	7.81	175.19	72.00	9.84	303.87	94.90	113.19	71.72	111.34	206.57	754.62
最小值	5.92	2.89	4.78	0.48	5.43	2.09	11.85	4.75	9.72	13.91	21.71
平均值	6.83	39.49	28.25	4.73	67.27	22.45	62.86	26.23	55.63	87.62	226.11
中位数	6.51	20.49	27.09	5.64	26.63	8.08	61.02	12.32	60.02	90.07	137.51
标准差	0.83	60.26	25.15	3.94	106.22	33.48	40.03	29.77	37.17	75.35	250.81
变异系数	0.12	1.53	0.89	0.83	1.58	1.49	0.64	1.14	0.67	0.86	1.11

4. 地下水水质评价

依照《地下水质量标准》（GB/T 14848—2017），对铁岗-石岩湿地自然保护区的钻孔地下水样品进行综合分析评价，评价结果见表 6.8.6。地下水的综合水质评价结果表明，铁岗-石岩湿地自然保护区的地下水水质为Ⅳ类水。造成Ⅳ类水质的污染物主要为 Mn 和 $NH_3\text{-}N$，其次为 pH 和 Cl^-等；As、Pb、Hg、Cr 等毒理学指标和 Fe、Cu、Zn 等金属元素指标表现较好，符合 I 类水的水质标准；氟化物也符合 I 类水的水质标准。

表 6.8.6　铁岗-石岩湿地自然保护区地下水水质一览表

采样点编号	TG-S14	TG-S01	TG-S02	TG-S15
采样位置	聚豪高尔夫钻孔 JK-ST04	基本农田保护区浪心南片区 08-1	基本农田保护区浪心南片区 08-1	宝达石场钻孔 JK-ST05
水质综合评价等级	Ⅳ	Ⅳ	Ⅳ	Ⅳ
pH	5.92	7.81	7.74	6.51
溶解性总固体/(mg/L)	48	181	107	710
硫化物/(mg/L)	0.005	<0.005	<0.005	0.008
$NH_3\text{-}N$/(mg/L)	0.019	1.280	1.399	0.024
SO_2^-/(mg/L)	<0.016	0.031	<0.016	<0.016
SO_3^-/(mg/L)	0.108	1.129	3.163	0.971

采样点编号	TG-S14	TG-S01	TG-S02	TG-S15
采样位置	聚豪高尔夫钻孔 JK-ST04	基本农田保护区浪心 南片区 08-1	基本农田保护区浪心 南片区 08-1	宝达石场钻孔 JK-ST05
$Cl^-/(mg/L)$	14.08	26.63	43.27	303.87
$SO_4^{2-}/(mg/L)$	2.09	8.08	6.25	94.90
总硬度/(mg/L)	18.01	96.08	90.07	206.57
$B/(\mu g/L)$	50.95	53.76	21.61	70.90
$Al/(mg/L)$	<0.009	0.071	0.012	0.010
$Mn/(mg/L)$	0.25	0.36	0.31	0.07
$Ni/(\mu g/L)$	2.60	0.47	0.77	5.87
$Mo/(\mu g/L)$	0.79	0.54	0.22	1.26

注：　　　　Ⅰ类水；　　　　Ⅱ类水；　　　　Ⅲ类水；　　　　Ⅳ类水。

6.8.3　矿泉水资源特征

铁岗-石岩湿地自然保护区共有 13 处地下水样品被检测鉴定为天然矿泉水（表 6.8.7），主要分布于铁岗-石岩湿地自然保护区的石岩水库东侧、铁岗水库的南侧及西侧一带，矿泉水总体分布面积约为 13.8km²。

1. 矿泉水赋存的地质环境背景

从地质构造上看，饮用天然矿泉主要位于阳台山地穹的边缘地带。矿泉水水源地及外围出露的地层为第四系全新统冲洪积层（Q_h^{alp}）。出露的岩石为早白垩世第一阶段侵入岩，岩性为中粗粒黑云母二长花岗岩。铁岗-石岩湿地自然保护区发育有北北西向和北东向两组主要断裂构造，特别是北北西向断裂及其派生的次一级构造裂隙带，对矿泉水的形成与富集影响较大。铁岗-石岩湿地自然保护区的矿泉水主要形成于早白垩世第二次侵入岩（$\eta\gamma K_1^{1b}$）的接触带或岩体内部，矿泉水为块状岩类花岗岩裂隙水，含水层富水性以弱—中等为主，单井涌水量一般小于 105.0m³/d，局部大于 178.0m³/d。铁岗-石岩湿地自然保护区的早白垩世第二次侵入岩（$\eta\gamma K_1^{1b}$）岩石的 SiO_2 含量为 72.31%～75.73%，平均为 75.08%，较高的 SiO_2 含量为矿泉水的形成提供了物质来源。岩石矿物以富含硅酸盐矿物为主，如长石、角闪石、石英及云母等，硅酸盐矿物遇强烈的构造破碎和持续的风化破碎等动力作用，渐渐地溶解于地下水中，随着地下水沿较深的断层裂隙或断层破碎带进行深部循环、运移、储存等活动，地下水中的偏硅酸含量逐渐增加，地下水经受长期的水解作用，最终形成富含偏硅酸的矿泉水。从地形地貌看，矿泉水的水源大多位于地下水补给与径流区的接触部位。

表 6.8.7　深圳市铁岗-石岩湿地自然保护区矿泉水样品特征指标检测结果

位置	样品号	偏硅酸/ (mg/L)	游离 CO_2/ (mg/L)	矿化度/ (mg/L)	锶/ (mg/L)	氟/ (mg/L)	锂/ (mg/L)	钠/ (mg/L)	PH	溶解性总 固体/ (mg/L)
石岩水库东侧	SY-1	38.51	789.67	150.36	0.42	1.42	0.26	6.39	6.56	108.65
	SY-2	42.23	654.89	175.28	0.49	1.12	0.21	7.01	6.51	109.23
	SY-3	39.56	706.32	152.62	0.98	0.78	0.34	6.92	6.78	115.45
	SY-4	47.35	456.73	138.45	0.88	0.53	0.52	6.73	6.85	118.23
铁岗水库西侧	TG-5	31.28	809.36	188.35	1.58	0.56	0.32	6.54	6.92	312.56
	TG-6	28.46	802.23	235.26	1.23	1.23	0.29	7.22	6.87	113.98
	TG-7	39.27	765.35	190.54	0.89	1.39	0.27	6.53	6.82	214.57
	TG-8	37.35	1125.87	285.31	0.75	0.63	0.43	6.49	7.08	328.79
铁岗水库南侧	TG-9	31.46	756.76	195.37	0.76	1.28	0.28	7.15	6.67	112.38
	TG-10	32.59	673.25	205.67	0.56	0.95	0.63	6.88	6.63	117.54
	TG-11	48.63	908.56	218.36	0.62	0.83	0.71	7.37	6.58	216.78
	TG-12	27.55	683.57	243.69	1.35	0.72	0.37	6.92	6.91	320.35
	TG-13	34.92	723.51	178.82	1.09	0.58	0.46	6.56	6.73	317.82

2. 矿泉水补给、径流及排泄特征

铁岗-石岩湿地自然保护区属亚热带季风气候，雨量充沛，为地下水的补给提供了充足的来源。北北西向断裂构造的影响强烈，导致铁岗-石岩湿地自然保护区内不同规模的节理裂隙和构造破碎带发育，有利于大气降水的入渗补给，并为地下水的径流、运移、储存提供了良好的通道和空间环境。深部地下水的径流方向受断裂及构造裂隙的控制，浅部受风化裂隙网络及地形高程和地貌形态的控制。总体上看，铁岗-石岩湿地自然保护区的地下水径流受地形影响较大，由高处向低处径流，并排泄于低洼沟谷。矿泉水含水层岩性为花岗岩，其水量、水位和水温的动态较稳定，具有深循环运移的断层脉状承压水特征。钻探揭露铁岗-石岩湿地自然保护区的矿泉水相对静止地下水位埋深为 7.58～18.53m。

3. 矿泉水的水质特征

铁岗-石岩湿地自然保护区天然矿泉水的阴离子以重碳酸根为主，阳离子则以 Ca^{2+}、Na^+ 为主，矿泉水的水化学类型为 HCO_3-Na·Ca 型；矿泉水的偏硅酸含量为 27.55～48.63mg/L，钠为 6.39～7.37mg/L，矿泉水指标数据全部优于《食品安全国家标准　饮用天然矿泉水》（GB8537—2018）的界限指标量值，为低矿化度重碳酸钙钠型偏硅酸矿泉水。矿泉水的水温为 18.3～23.5℃，溶解性总固体的含量为 108.65～328.79mg/L，pH 为 6.51～7.08，矿化度为 150.36～285.31mg/L，按酸碱度可划分为中性水。矿泉水样品检测出含有锶、锂、钠及二氧化碳等多种有益于人体健康的微量元素和物质组分（表 6.8.7）。

第7章 结论及认识

基于深圳市自然保护区的生态地质资源调查成果，通过对深圳市自然保护区的地形地貌、地层与岩性、岩石、地质构造、地质遗迹、土壤质量、水资源环境和矿产资源特征等生态地质资源内容的详细分析与研究，系统地论述了深圳市自然保护区的生态地质资源发育特征，分析了控制与影响深圳市自然保护区生态地质资源的因素及其演变趋势。对深圳市自然保护区的生态地质资源有如下结论及认识。

1. 内伶仃岛自然保护区生态地质资源特征

（1）深圳市内伶仃岛自然保护区的地势东南高西北低，海拔为-3～341m，平均海拔45.6m，最高点尖峰山海拔340.9m。内伶仃岛是一个丘陵海岸基岩海岛，丘陵地貌占内伶仃岛总面积的53.48%，主要分布于尖峰山、内伶仃岛西部和北部地区；其次是台地和平原地貌，分别占内伶仃岛总面积的26.07%和20.42%，台地围绕丘陵地貌分布，平原地貌分布于内伶仃岛自然保护区的外缘沿海地带；人为地貌面积约占内伶仃岛总面积的0.03%，分布于内伶仃岛自然保护区的西北部一带。内伶仃岛共有海岸线11.81km，包含人工岸线0.7km，自然岸线11.11km。内伶仃岛的湿地资源包括红树林地和沿海滩涂，二者分布面积共约0.74km²，其中红树林地分布面积约0.0004km²。

（2）内伶仃岛自然保护区的第四系地层主要为全新统海相沉积层（Q_h^m），上更新统海相沉积（Q_p^m）仅局部发育。基岩为蓟县纪—青白口纪的云开岩群（$Pt_{2-3}y$），岩性为一套混合岩化花岗岩，以细-中粒斑状黑云母混合花岗岩为主。岩石结构不均匀，具有细粒结构、细粒斑状结构、多斑结构和近似残留粒级层的不等粒结构等，普遍见有残留体和残影体。岛内混合花岗岩经历过三次混合岩化（花岗岩化）作用过程。

（3）内伶仃岛海岸地貌地质遗迹主要为海岸沙滩和海蚀孤石两种类型。内伶仃岛海岸曲折，湾岬相间，交错多变，海积地貌和海蚀地貌相间出现，沙滩与海蚀崖、海蚀孤石交错发育，排列变幻莫测，具有极高的旅游观赏价值和科学研究意义。

（4）内伶仃岛自然保护区的成土母岩主要为混合花岗岩，还有少量海积而成的较为松散的沉积物。土壤类型以花岗岩赤红壤为主，另外还发育有少量的滨海砂土、潮滩盐土和石质土等。

a. 内伶仃岛的成土母质主要由混合花岗岩风化而成，结构松散，其风化层厚度与砂岩、火山岩地区相比较，风化层的厚度明显增大。与深圳市土壤背景值相比，内伶仃岛的成土母岩在风化成土过程中，Hg 和 As 易于富集；与中国东部元古代花岗质片麻岩元素丰度对比，内伶仃岛岩石的 Hg 和 As 含量呈相对贫化状态。

b. 内伶仃岛的土壤多呈酸性，赤红壤的 pH 平均值为 4.74，石质土的 pH 为 4.64，二者差异不大。对比深圳市赤红壤环境背景值，内伶仃岛自然保护区内总体呈相对富集的元素为 Cd，富集率为 100%，最大富集系数达 20.36；呈相对贫化的元素有 Pb 和 As，贫化率分别为 100%和 90%。内伶仃岛土壤的 Cd 污染或与过往施肥等农业活动有关。

c. 内伶仃岛土壤重金属 Ni、Cr、As 和 Cu 元素含量的高值区域分布于北湾一带，Zn 含量的高值区域分布于南湾的北部，Cd 元素含量的高值区域位于蕉坑湾的东南侧一带，Pb 元素含量的高值区域分布于水湾一带，Hg 含量的高值区域分布于蕉坑湾南侧。

d. 内伶仃岛土壤 N 和 Org 的含量分布不均匀；K 和 P 的含量以中等和较丰富为主，两者合计约占样品总数的 70%。内伶仃岛表层赤红壤的 N 平均含量为 1.61g/kg，高于珠江口海岛赤红壤表层土壤 1.22g/kg 的 N 平均含量，石质土的 N 仅为 0.5g/kg。赤红壤的 P 平均含量为 1.13g/kg，石质土的 P 平均含量仅为 0.74g/kg。内伶仃岛赤红壤和石质土的 K 含量大致相当，石质土略低一些。

e. 内伶仃岛自然保护区近 1/3 的土壤环境综合等级为污染风险较高，主要污染物为 Cd；土壤养分综合等级以丰富和较丰富为主，无养分缺乏等级。

f. 内伶仃岛自然保护区的土壤质量地球化学综合等级可分为中等（三等）、差等（四等）和劣等（五等）三个等级。其中，中等质量的土壤面积 1.18km^2，约占内伶仃岛总面积的 21.30%；差等质量的土壤面积 2.5km^2，约占内伶仃岛总面积的 45.13%；劣等质量的土壤面积 1.86km^2，约占内伶仃岛总面积的 33.57%。内伶仃岛中等质量的土壤主要分布于岛的南北两端，劣等土壤主要分布于蕉坑湾和黑沙湾一带。

（5）内伶仃岛自然保护区无明显的常年性地表河流，仅在岛内的水湾、南湾、东湾、黑沙湾、蕉坑湾和东角山发育有 6 条小型汇流沟谷，常年流水，是内伶仃岛重要的淡水资源。岛内 6 条小型汇流沟谷的枯水期地表径流量约 1501m^3/d，地表淡水资源约为 122×10^{4}m^3/a。海水的水质检测分析结果表明蕉坑湾的海水符合二类海水水质标准，导致二类海水水质的污染物为 COD（1.61mg/L）和 Pb（2.48μg/L）。

（6）内伶仃岛自然保护区地下水类型包括松散岩类孔隙水和基岩裂隙水两种类型。

a. 内伶仃岛地下水的水化学类型为 HCO$_3$-Na·Ca 型和 HCO$_3$·Cl-Na·Ca 型。地

下水 pH 大致为 7.68～7.81，变化较小；矿化度为 54.26～133.44mg/L，总硬度为 30.42～56.04mg/L。内伶仃岛的地下水属于低矿化度、低硬度的淡水。

b. 内伶仃岛基岩裂隙水的水质为Ⅲ类地下水，导致Ⅲ类地下水质的污染物主要为 NH_3-N，其次为 Al、Cr、Ni、As 等；Pb、Hg、Mn、Fe、Cu、Zn 等毒理学和重金属指标表现较好，符合Ⅰ类地下水的水质标准；硫化物、氟化物、总硬度、NO_3^-、SO_4^{2-}、Cl^- 也符合Ⅰ类地下水的水质标准。松散岩类孔隙水受到海水的影响，地下水的矿化度偏高，地下水的水质较差。

2. 福田红树林自然保护区生态地质资源特征

（1）深圳市福田红树林自然保护区地势北高南低，海拔为 –0.5～11m，平均海拔 1.3m。海拔最高点位于自然保护区北侧边缘区域，由北向南逐渐降低，最低海拔位于自然保护区西南侧边缘。虽然自然保护区坡度为 0°～70°，平均坡度 12.4°，但整体地势平坦，地势起伏小。福田红树林自然保护区共有海岸线 4.46km，岸线类型包含生物岸线和河口岸线。福田红树林自然保护区的湿地资源有红树林地和沿海滩涂，面积共约 2.78km²，其中，沿海滩涂面积为 1.79km²，红树林地面积为 0.99km²。

（2）福田红树林自然保护区的地层简单，主要发育有第四系地层，基岩为早白垩世侵入岩（$\eta\eta K_1^{1b}$）。第四系沉积物的物质组成复杂、纵向相变明显，沉积物厚度分布不均匀。福田红树林自然保护区及周边一带晚更新世处于相对的抬升期，水动力条件较强，沉积物以河漫滩相、浅海相沉积为主，其沉积物颗粒相对较粗；全新世以来总体处于海陆交互的沉积环境，沉积物颗粒相对较细，以粉细砂土、淤泥及淤泥质土、黏性土为主。福田红树林自然保护区地质构造不发育。

（3）福田红树林自然保护区的地带性土壤为赤红壤，主要成土母质为冲洪积物和海积物，结构松散。福田红树林自然保护区的土壤容重为 1.60～2.04g/cm³，平均值为 1.90g/cm³。据不完全统计，福田红树林自然保护区土层的厚度为 0.18～3.5m，南侧受半日潮周期淹浸。土壤类型有赤红壤、滨海砂土和滨海盐渍沼泽土三种主要类型。

a. 福田红树林自然保护区的赤红壤重金属含量平均值除 Cd、As 外，其余元素均低于深圳赤红壤的背景值；滨海砂土除 Pb、Hg 外，其余元素均高于背景值；滨海盐渍沼泽土除 Cd 外，其余元素均小于背景值。自然保护区总体呈相对富集状态的元素为 Cd 元素，样品富集率为 100%，最大富集系数可达 11.78；呈相对贫化状态的元素为 Pb 元素，样品贫化率为 87.5%。

b. 福田红树林自然保护区土壤重金属元素含量的变化趋势呈分化状态，Pb、Cr、Cd 和 As 呈现出上升趋势，Zn、Ni、Cu 和 Hg 则呈现出较明显的下降趋势。

　　c. 福田红树林自然保护区三种土壤的 N 和 Org 含量平均值从高至低分别为滨海渍沼泽盐土＞赤红壤＞滨海砂土；K 和 P 含量的平均值从高至低分别为赤红壤＞滨海渍沼泽盐土＞滨海砂土；滨海砂土的营养元素含量最低。福田红树林自然保护区土壤整体 N、P、Org 的含量均以丰富和较丰富为主；土壤 K 的含量分布不均。

　　d. 福田红树林自然保护区的土壤养分分布不均匀，土壤养分综合等级以丰富和较丰富为主，无养分缺乏等级。

　　e. 福田红树林自然保护区的土壤质量地球化学综合等级为中等（三等）级别。

　　（4）福田红树林自然保护区属于深圳湾水系分区，地表水网丰富，凤塘河自北往南穿过自然保护区，鱼塘分布广泛，自然保护区的东侧和东南侧分别毗邻新洲河和深圳河。福田红树林地表水多为咸淡混合水，pH 为 7.26～8.41，偏碱性，电导率为 812～15929μS/cm，溶解性总固体为 627～15299mg/L，总硬度为 258.2～3200.0mg/L。自然保护区鱼塘水质为Ⅲ类水，凤塘河和雨洪排水口等处为Ⅳ类水。导致Ⅳ类水质的污染物主要为 COD 和 TP 等；硫化物、氟化物、DO、TN、NO_3^-、Cl^-、SO_4^{2-} 等指标表现良好，符合Ⅰ类水质标准；As、Cd、Pb、Hg 等毒理学指标和 Mn、Fe、Cu、Zn 等金属元素含量较低，符合Ⅰ类水质标准。

　　（5）福田红树林自然保护区的地下水类型可分为松散岩类孔隙水和基岩裂隙水两种。松散岩类孔隙水含水层由第四系人工填土（Q^s）及桂洲组（Q_hg）的砾砂、淤泥质砂组成，局部为圆砾，含少量淤泥或黏土，富水性普遍较差。松散岩类孔隙水含水层渗透系数（K）约为 1.58m/d，钻孔单位涌水量 0.041L/(s·m)，含水量相对较贫乏；松散岩类孔隙水的地下水化学类型主要为 Cl-Na 型和 Cl-Na·Ca 型。地下水 pH 为 8.88～10.11，矿化度为 375.3～502.8mg/L，总硬度为 72.06～128.10mg/L，总碱度为 89.42～129.17mg/L，地下水总体属于中等矿化度和低硬度的淡水。基岩裂隙水的埋深较大，水质良好。

　　3. 大鹏半岛自然保护区生态地质资源特征

　　（1）深圳市大鹏半岛自然保护区地势南北高，中间低，海拔为–1～721.64m，平均海拔为 177.6m，海拔最高点位于大鹏半岛北部山脉之中，海拔最低点位于大鹏半岛自然保护区南侧的海岸边缘平原处。地貌类型包含低山、丘陵、台地、平原及人为地貌等，地貌类型以丘陵为主，约占自然保护区总面积的 88.63%。大鹏半岛自然保护区共有海岸线长度为 26.07km，其中包含人工岸线 1.26km，自然岸线 24.81km。大鹏半岛自然保护区的湿地资源有红树林地、沿海滩涂及内陆滩涂等，分布面积共约 1.08km²，其中红树林地面积约为 0.10km²，沿海滩涂面积约为 0.29km²，内陆滩涂面积约为 0.69km²。

（2）大鹏半岛自然保护区发育的地层由老到新为泥盆系、石炭系、侏罗系—白垩系和第四系等。火山岩区由中—晚侏罗世南澳火山洼地和早白垩世笔架山火山穹隆组成。中生代火山活动可分为早—中侏罗世、中—晚侏罗世和早白垩世等三个时期。侵入岩分布范围广泛，形成时代为晚侏罗世至晚白垩世。

A. 大鹏半岛自然保护区的泥盆系主要分布于深圳市大鹏新区大鹏街道排牙山—高岭山、大鹏半岛石坝咀—高山角、尖峰顶及深圳市天文台一带。自下而上划分为中泥盆统老虎头组（D_2l）和中—上泥盆统春湾组（$D_{2-3}c$）。该组岩性主要为老虎头组中厚层状长石石英砂岩（含砾）、石英砂岩（含砾）和春湾组长石石英砂岩、粉砂质泥岩等。

B. 大鹏半岛自然保护区的石炭系地层为下石炭统测水组（C_1c），主要分布于深圳市大鹏新区的葵涌和排牙山北部一带。岩性主要为灰白色、灰色、紫红色、黄褐色砂砾岩、细粒砂岩、粉砂岩、页岩、炭质页岩、泥质页岩、青灰色厚层状含炭质泥质粉砂岩、深灰色含炭质泥质粉砂岩夹煤线或煤层透镜体，底部见长石石英砂岩、含砾石英砂岩。受断裂构造的影响，岩石多已变质为变质泥质粉砂岩、粉砂质泥岩（板岩）、云母石英岩、含十字石石榴石云母石英片岩夹炭质页岩等。

C. 侏罗系—白垩系下统地层分布于大鹏半岛自然保护区的葵涌北部—坝岗、大鹏半岛东部大笔架山、南澳、王母下沙等地，为区内发育类型比较多样的地层，有海相、海陆交互相、湖泊相夹火山碎屑、火山喷发岩等。

D. 大鹏半岛自然保护区的第四系分布比较广泛，主要沿河流水系及沿海地区分布。内陆区域第四系地层大多分布于现代河流沉积两侧，地貌上为一级阶地，为以冲洪积为主的灰黄色砂质黏土、砂、砂砾、杂块石等，沿山间谷地及山前平原呈带状或扇状展布，厚度一般为 5～20m。按成因分为冲积（Q^{al}）、洪积（Q^{pl}）和冲洪积（Q^{alp}）等；沿海主要分布有海积沙堤、海滩，海岸带附近有波浪作用而成的粗砂、砂砾、海滩岩等，按成因分为海相沉积（Q_h^m）、潟湖相沉积（Q_h^{ml}）和冲洪积等（Q^{alp}）。人工填土分布广泛，主要有杂填土、素填土、冲填土等类型。受人类活动的影响，杂填土主要分布于建成区，为含有建筑垃圾、工业废料、生活垃圾等杂物的填土；素填土系由碎石土、砂土、粉土、黏性土等组成的填土；冲填土为由水力冲填泥沙形成的砂土层。

E. 大鹏半岛自然保护区及周边的火山岩地层主要为中—晚侏罗世—早白垩世火山岩地层。分布于深圳断裂带东南大鹏半岛的笔架山火山穹隆、南澳火山洼地，由南山村组（K_1n）地层组成；分布于下沙的火山喷发沉积盆地由官草湖组（K_1g）地层组成。

F. 大鹏半岛自然保护区的火山构造现象主要为南澳火山洼地、笔架山火山穹隆和下沙火山喷发沉积盆地三种类型。另外，火山穹窿构造中或边缘还发育有少量的火山口、火山通道、熔岩锥、熔岩柱及次火山岩体等。

G. 深圳市大鹏半岛自然保护区的侵入岩分布广泛，形成时代以晚侏罗世为主，早白垩世和晚白垩世侵入岩零星分布。晚侏罗世第一次侵入岩主要见于大鹏半岛自然保护区的屯洋、径心、王母和鹅公等多地，第二次侵入岩主要见于王母及南澳一带，第四次侵入岩主要见于葵涌等地；早白垩世主要为第三次侵入岩，见于大鹏半岛自然保护区的西涌一带；晚白垩世主要为第二次侵入岩，见于大鹏半岛自然保护区的屯洋和王母一带。

a. 晚侏罗世第一次侵入岩广泛分布于大鹏半岛自然保护区西部地区，呈不规则状，与泥盆纪、石炭纪和早侏罗世地层呈侵入接触，并使之角岩化。侵入最新地层为中—上侏罗统火山岩，常因晚期岩体破坏或没入海域而极不完整。以细中粒斑状黑云母花岗岩为主，中粒斑状花岗结构，基质具变余花岗结构。

b. 晚侏罗世第二次侵入岩主要见于大鹏半岛自然保护区的王母的插旗山和南澳的吉坳山等地，多为不规则状小岩枝、小岩株。岩体边部具较窄的细粒边缘相，局部宽仅 0.5m。接触变质作用较强。常因晚期岩体侵入而显得极不规则，部分因第四纪掩盖或没入海中而出露不完整。主要岩性为中粒斑状黑云母二长花岗岩，岩石呈灰、灰白色，局部基质粒度变粗或变细，岩石过渡为粗中粒或细中粒。

c. 晚侏罗世第四次侵入岩主要见于葵涌上径心等地，除小部分没入海洋外，大多数较为完整。上径心岩体整体侵入晚侏罗世第一次侵入岩的上径心岩体中，岩体岩性较单一，主要由细粒斑状花岗岩组成。新鲜岩石为浅灰白—浅肉红色，风化呈浅黄褐色。主要由钾长石、斜长石、石英及少量黑云母组成。岩石具似斑状结构，似斑晶含量 5%～15%，过渡相＜5%，含量较低，似斑晶颗粒（2～10）mm×（1～5）mm。基质显微花岗结构、细粒花岗结构。

d. 早白垩世第三次侵入岩主要分布于西涌一带，侵入于晚侏罗世花岗岩及下侏罗统金鸡组地层，因第四系掩盖而出露不完整。侵入体主要由细、中细粒斑状或含斑（角闪）黑云母二长花岗岩组成，钾长石明显大于斜长石，石英含量也较高，岩石向花岗岩过渡。岩石结构构造为似斑状结构，基质为花岗结构。

e. 晚白垩世第二次侵入岩分布于屯洋的犁壁山东南侧和王母的求水岭南侧。侵入体呈小岩枝、小岩株状分散出露。侵入到中泥盆统老虎头组、中—上泥盆统春湾组、下石炭统测水组地层和晚侏罗纪侵入岩中。岩性主要为中细、细（中）粒（斑状）黑云母二长花岗岩，花岗结构，部分具似斑状结构。

（3）大鹏半岛自然保护区的主要地质构造形迹包括褶皱构造和断裂构造两种类型。褶皱构造主要分布有北东向褶皱，多为两翼基本对称的轴面近直立褶皱，且转折端较圆滑，以钓神山向斜、排牙山背斜等为代表。断裂构造较发育，多具长期活动性质，常发育同生或伴生的褶皱构造。按空间展布可划分为北东、北西、近东西及北北东向等几组断裂构造。其中，以北西和北东向断裂发育较密集，其规模较大，构成区内主体构造格架；近东西及北北东向断裂的规模较小。

（4）地质遗迹主要包括花岗岩孤石地貌、海蚀地貌和古生物群化石地质遗迹三种类型。花岗岩孤石地质遗迹主要分布于大鹏半岛中部的观音山公园、南部的鹅公村和东部的东山寺—马草龙山塘一带。海蚀地貌地质遗迹主要分布于大鹏半岛西南部的柚柑湾海岸一带。古生物群化石地质遗迹位于深圳市大鹏新区南澳街道水头沙社区英管岭的山坡上，区内地层主要为下侏罗统金鸡组，地质遗迹点植物化石清晰可见，部分地段出露新鲜岩面，远观可见明显的背斜构造；英管岭发现的植物化石保存完整，该植物群以形态保存密集、羽叶和茎干连生、本内苏铁叶化石等同时保存为特征，代表了一个以本内苏铁植物耳羽叶为主导的早侏罗世植物群落。

（5）大鹏半岛自然保护区的土壤类型包括黄壤、红壤、赤红壤、石质土、滨海砂土、滨海盐渍沼泽土、沼泽土和水稻土等 8 种类型。土壤类型与地貌具有相关性，呈现出一定的垂直分布规律，海拔由低至高的土壤类型依次为赤红壤—红壤—黄壤。除坝光、东涌、西涌等沿海平原区外，土壤多为岩石风化发育而成，土层厚度一般小于 1m，土壤表层植被发育较好，植被枯落物的厚度为 6～10cm。土壤类型以赤红壤为主。同深圳市红壤环境背景值相比，大鹏半岛自然保护区红壤重金属元素总体呈相对富集的元素为 Ni，呈相对贫化的元素为 Cd、Pb、As、Cu 和 Hg；同深圳市赤红壤环境背景值相比，大鹏半岛自然保护区赤红壤重金属元素总体呈相对富集的元素为 Cd，富集率为 22%，最大富集系数为 5.35；呈相对贫化的元素为 Hg、Cu，贫化率分别为 81.3%、78.1%。大鹏半岛自然保护区的土壤大多呈酸性，赤红壤的 pH 高于红壤，土壤的 pH 变异较小。

a. 大鹏半岛自然保护区的成土母质主要由花岗岩、砂岩和火山岩风化而成，仅大鹏半岛自然保护区的东涌、西涌和坝光等地土壤母质类型为海相和冲积相松散沉积物。同深圳地区的土壤背景值相比，自然保护区的成土母岩在风化成土过程中，As 和 Hg 存在富集倾向。自然保护区内砂岩的岩石化学元素含量平均值与中国东部砂岩元素丰度对比，砂岩的 Pb 和 Cr 元素富集，As 则呈相对贫化状态；自然保护区南山村组凝灰岩和流纹岩的岩石化学元素含量平均值与中国流纹岩的平均值相比，Ni、Cr 和 Cu 元素富集，Cd、As 和 Hg 呈相对贫化状态；大鹏半岛自然保护区内花岗岩的岩石化学元素含量平均值与中国花岗岩相比，Ni、Zn、Cu 和 Hg 元素富集，As 呈相对贫化状态。

b. 大鹏半岛自然保护区土壤 Ni 元素含量的高值区集于西涌附近，Zn 元素含量的高值区集于水头沙一带，Pb 元素含量的高值区集于债头水库和香车水库附近，Cr 元素含量的高值区集于火烧天东南、廖哥角和半天云一带，As 元素含量的高值区集于鬼打坳水库和深圳市天文台一带，Cu 元素含量的高值区集中分布于犁壁山东南和岭澳水库周边，Hg 元素含量的高值区集中分布于径心水库和打马沥水库附近，Cd 元素为大鹏半岛自然保护区土壤的主要污染物，Cd 元素含量的高值区集中分布于笔架山西北部区域。

c. 大鹏半岛自然保护区红壤营养元素含量远低于赤红壤；各类土壤 N、P 和 Org 的含量以缺乏和较缺乏为主；K 的含量分布不均，没有明显的优势分布区域。土壤养分综合等级以贫乏—较贫乏为主，无养分丰富等级的土壤。

d. 大鹏半岛自然保护区的土壤质量地球化学综合等级以中等（三等）和差等（四等）为主，优质至劣等的土壤面积分别为优质（一等）面积 0.006km²，占比 0.004%；良好（二等）面积 5.61km²，占比 3.855%；中等（三等）面积 105.419km²，占比 72.032%；差等（四等）面积 34.950km²，占比 23.881%；劣等（五等）面积 0.334km²，占比 0.228%。劣等（五等）土壤仅分布于大鹏半岛自然保护区南部的深圳市天文台附近。

（6）大鹏半岛自然保护区的地表水（不包含东涌河入海口咸淡混合水）pH 为 6.36～7.75，电导率为 75～175μS/cm，溶解性总固体为 11.94～154.00mg/L，总硬度为 5.96～68.05mg/L。地表水的水质为 II～IV 类水，其中，东涌河的水质为 IV 类水，未达到地表 III 类水质的水功能区划水质目标，造成东涌河水质为 IV 类水的污染物为 F⁻，这可能与海水混入有关；大鹏半岛自然保护区各级水库的水质以 IV 类水为主，导致 IV 类水质的污染物为 TP，其未达到《地表水环境质量标准》（GB3838—2002）湖、库水的特殊要求。大鹏半岛自然保护区地表水的 As、Cd、Cr、Pb、Hg 等毒理学指标和 Mn、Fe、Cu、Zn 等金属元素指标表现较好，符合 I 类地表水的水质标准；硫化物及 NO_3^-、Cl^-、SO_4^{2-} 等也符合 I 类地表水的水质标准。

（7）大鹏半岛自然保护区的地下水类型可分为松散岩类孔隙水和基岩裂隙水两种，其中，基岩裂隙水可细分为块状基岩裂隙水和层状基岩裂隙水，基岩裂隙水是大鹏半岛自然保护区最主要的地下水类型，分布范围广泛。

a. 松散岩类孔隙水主要分布于大鹏半岛自然保护区的坝光、东涌和西涌等滨海平原和罗屋田一带的河谷两侧，含水层多为海积和冲洪积的细砂、粗砂及砾石层等。坝光滨海平原的含水层岩性主要为灰白色、褐黄色砂砾石层、中粗砂、细砂等，含水层厚度 0.8～11.3m；东涌滨海地带的含水层岩性主要为褐黄、褐灰色砂砾层，局部夹薄层粉质黏土，含水层厚 0.8～19.0m。砂砾层为松散岩类孔隙水的赋存提供了良好的储存空间和透水通道，但由于松散岩类孔隙含水层分布较零星，呈分散状，总体水量较贫乏；局部地段的砂砾层厚度大，富水性好。据钻孔抽水试验资料，松散岩类含水层的渗透系数（K）为 4.85～14.15m/d，钻孔单位涌水量 0.249～0.303L/(s·m)。

b. 层状基岩裂隙水分布于大鹏半岛自然保护区的北部和南部的中泥盆统老虎头组（D_2l）、中—上泥盆统春湾组（$D_{2-3}c$）、下石炭统测水组（C_1c^1）和下侏罗统金鸡组（J_1j）等地层中。该岩组以硬脆性砂岩为主，夹泥岩、页岩和千枚岩等，岩层在构造应力作用下形成的裂隙以开启为主，并具有一定的延伸性，为地下水赋存和径流提供了较好的空间，因此该含水岩组透水性大多较好，属水量中等—丰富的含水层组。

c. 块状基岩裂隙水分布广泛，主要分布于晚侏罗世（$\eta\gamma J_3$）和白垩纪侵入的花岗岩（$\eta\gamma K_1$、$\eta\gamma K_2$）风化裂隙中，另外在笔架山、东涌一带的下白垩统南山村组（K_1n）火山碎屑岩、流纹岩和凝灰岩及中部中—上侏罗统热水洞组（$J_{2-3}r$）流纹质火山碎屑岩的风化裂隙中也有分布。富水性强弱因岩石的风化程度和裂隙发育程度不同而异。

d. 大鹏半岛自然保护区的滨海平原等地势平坦区，地下水以松散岩类孔隙水为主。受海水影响，地下水的水化学类型复杂多样，常见的水化学类型为 HCO_3-Ca 型、$HCO_3·Cl$-Na 型、$HCO_3·Cl$-Na·Ca·Mg 型、$HCO_3·Cl$-Na·Ca 型、$HCO_3·Cl$-Ca·Mg 型及 Cl-Ca 型等；大鹏半岛自然保护区的排牙山等低山-丘陵地区地下水主要为块状或层状基岩裂隙水，地下水的水化学类型主要为 $HCO_3·Cl$-Na·Ca 型、$HCO_3·Cl$-Na 型和 HCO_3-Na·Ca 型等。

e. 大鹏半岛自然保护区滨海平原区的坝光银叶树湿地园和东涌红树林湿地公园一带地下水的 pH 为 6.05～11.73，矿化度为 65.70～898.55mg/L，总硬度为 19.00～302.11mg/L，总碱度为 17.50～256.10mg/L。低山丘陵区以基岩裂隙地下水为主，pH 为 5.91～7.30，矿化度为 28.66～569.08mg/L，总硬度为 7.01～285.79mg/L，总碱度为 11.84～130.13mg/L。大鹏半岛自然保护区的基岩裂隙水矿化度低、硬度和碱度低；第四系松散岩类孔隙水由于其来源多样，地下水的水化学特征具复杂多样性。

f. 大鹏半岛自然保护区地下水的水质为 II～IV 类水。II 类水质主要分布于大鹏半岛自然保护区中部的观音山公园一带。导致水质为 IV 类水的污染物主要为 Mn，其次为 NO_3^-、Cl^-、Ni 和 pH 等。地下水 Pb、Hg、Cr 等毒理学指标和 Al、Fe、Cu、Zn 等金属元素指标表现较好，符合 I 类水的水质标准，氟化物也符合 I 类水的水质标准。

（8）大鹏半岛自然保护区的矿产资源主要有稀土资源和矿泉水资源两类。

a. 大鹏半岛自然保护区的稀土资源主要为风化壳淋积型稀土矿，稀土资源主要分布于大鹏半岛南澳街道办的鹅公岩体和葵涌街道办的径心岩体。

b. 大鹏半岛自然保护区的矿泉水类型为偏硅酸型矿泉水，分布于观音山周边与西涌河中上游一带两个片区。矿泉水溶解性固体含量为 92.23～287.65mg/L，钠为 6.28～7.58mg/L，偏硅酸为 28.38～52.13mg/，属低钠、低矿化度偏硅酸矿泉水。阴离子以重碳酸根为主，阳离子以钠钙为主。矿泉水的水化学类型为 HCO_3-Na·Ca 型水，pH 为 6.13～7.62。观音山周边与西涌河中上游一带的矿泉水除含偏硅酸外，还含有钾、钠、钙、镁、氯、硫等人体必需的常量元素，氟化物和溴酸盐等有害元素未超标。

（9）东涌红树林生态地质资源特征。

东涌红树林位于深圳市大鹏半岛自然保护区南澳街道东涌红树林湿地公园一带的东涌河入海河口处，南面临海。东涌拥有丰富的红树林湿地资源，特别是东涌的海漆林，为国内保存较完整、面积较大、具有典型海漆景观外貌的红树林。

a. 根据现场地质调查及钻探揭露，大鹏半岛自然保护区东涌红树林湿地公园一带发育的地层与岩性主要为下白垩统南山村组（K_1n^1）下段的青灰色及灰色流纹岩、第四系残积层（Q_h^{el}）、第四系潟湖相沉积层（Q_h^{ml}）和人工填土层（Q^s）。

b. 断层发育于东涌红树林湿地公园西侧，从区域上看，该断层属东涌—大排头断裂的东段，沿东涌河负地形延展，延伸约 6km。断层两侧岩层破碎强烈，呈碎块状，劈理发育，地貌上为冲沟负地貌。

c. 东涌红树林湿地公园内的土壤类型以滨海盐渍沼泽土和滨海砂土为主，周边分布的土壤类型为赤红壤。同深圳市赤红壤环境背景值相比，东涌红树林湿地公园表层土壤无总体呈相对富集的元素，但个别样点的 Cd 呈富集状态；呈相对贫化的元素有 Cr 和 Hg。

d. 东涌红树林湿地公园土壤主要养分 N、P、$CaCO_3$ 和 Org 的含量均以缺乏和较缺乏为主；K 的含量以中等和较丰富为主。

e. 依照内梅罗综合污染指数法对东涌红树林湿地公园表层土壤进行土壤环境质量评价，东涌红树林湿地公园土壤污染等级为安全级的面积为 0.23km^2，约占总面积的 45.08%；土壤污染等级为警戒级的面积为 0.19km^2，约占总面积的 36.96%；土壤污染等级为轻污染的面积为 0.09km^2，约占总面积的 17.96%。东涌红树林湿地公园土壤的主要环境问题：一为 N、P、$CaCO_3$、Org 等营养元素缺乏；二为受到 As、Cd 等元素的污染。

f. 东涌红树林湿地公园及周边的地表水系发育，周边水域主要为东涌水库、东涌河和区内水塘等。地表水由淡水与海水混合而成，地表水酸碱度偏弱碱性，盐度总体从上游至下游逐步增加。东涌红树林湿地公园地表水中重金属含量极低，甚至部分低于检出限。

g. 据钻孔的水质检测结果，东涌红树林湿地公园一带地下水的 pH 为 6.05～6.43，矿化度为 65.7～73.8mg/L，总硬度为 19～20mg/L，总体上属于低矿化度、低硬度的淡水；地下水化学类型为 $HCO_3 \cdot Cl\text{-}Na$ 型；结合东涌红树林湿地公园的地下水补给、径流和地表水质特征，推测旱季因咸潮回溯，地下水的矿化度与盐度会增高。

h. 东涌红树林土壤中 As、Cd 和 Pb 强烈富集，与母岩之间的相关性小，或存在外来污染源；Mn、Ni、Cu 和 Zn 在成土过程中逐渐淋失，但其含量仍受母岩含量高低的制约，与母岩的相关性较大；Mo、Cr 在土壤中的含量明显高于岩石中的含量，表明土壤对上述元素具有一定的富集能力。东涌红树林生物富集系数均小于 1，其中红树对 Cu 的吸收能力相对较强，其次为 Mn、Mo 和 Zn；与之相反，对 As、Cd 和 Pb 的富集系数较小。

（10）坝光红树林生态地质资源特征。

坝光红树林位于大鹏半岛自然保护区东北部坝光盐灶村的坝光银叶树湿地园内，为一以古银叶树群落为主的红树林，银叶树的林龄已有数百年，为国内目前发现的最古老、现存面积最大、保存最完整的银叶树群落；银叶树群落面积约 0.03km²，植株 100 多棵以上，其中树龄 100 年以上的银叶树有 32 棵，500 年以上的银叶树有 1 棵，林相完整。

a. 坝光银叶树湿地园第四纪沉积物物质组成较复杂，南侧近丘陵区沉积物以残积层为主，其沉积物颗粒相对较粗，主要为碎石土；北侧近海岸线一带区域为海相沉积环境，沉积物颗粒相对较细，以砂类土、淤泥质土为主。大鹏半岛自然保护区坝光银叶树湿地园及周边地表出露的地层有下石炭统测水组（C_1c^1）和第四系（Q）。

b. 坝光银叶树湿地园园区内主要发育一条北东向断裂构造，断裂走向北东 52°，倾向北西，倾角 52°～71°。断裂分布于下石炭统测水组（C_1c^1）地层内，地表出露长度约 25m，延伸 1.2km，宽 2～5m，断层展布连续性较差。断层具张扭性力学性质，断面呈舒缓波状，以强烈破碎带为特色，地表可见硅化岩及碎裂岩；断裂面构造阶步擦痕发育，显示反时针方向滑移，具多期活动的特征。断层发育有走向北西 330°、北西 275°（扭性）及走向北东 35°（张性）三组节理，沿节理有网络状的泥质风化岩脉穿插发育。

c. 坝光银叶树湿地园一带的海滩具有丰富的海岸地貌地质遗迹，类型多样，如潟湖、泥滩、滩涂等海积地貌和海蚀穴、海蚀洞等海蚀地貌，另有科普价值和观赏价值较高的断层破碎带、断层面、泥质粉砂岩节理、龟裂、浸染及矿化地质现象等地质遗迹，具有较高的旅游开发和地球科学研究价值。

d. 坝光银叶树湿地园的土壤类型以滨海砂土为主，湿地园内分布广泛；坝光银叶树林周边分布最为广泛的土壤类型为赤红壤，由粉砂岩、泥质砂岩、变质砂岩等风化残积而成，局部仍可见少量未完全风化的碎屑残骸，赤红壤的粗颗粒以及细颗粒含量较多，中间颗粒含量较少，由粗粒构成土骨架，粗颗粒之间主要以游离氧化物的包裹和填充实现联结，孔隙比较大，且具有各向异性。同深圳市赤红壤的环境背景值相比，坝光银叶树湿地园表层土壤的 Cu、Zn、Ni、Pb 和 Hg 元素总体呈相对贫化的状态；无呈相对富集的元素。

e. 坝光银叶树湿地园表层土壤 N 和 Org 的含量以丰富和较丰富为主；P 和

CaCO₃ 以缺乏和较缺乏为主；K 的含量呈不均匀分布状态。

f. 按照内梅罗综合污染指数法对坝光银叶树湿地园表层土壤进行土壤环境质量评价，结果表明坝光银叶树湿地园土壤污染等级以安全为主，分布面积为0.38km²，占坝光银叶树湿地园总面积的 70.59%；土壤污染等级为警戒级的面积为 0.12km²，占坝光银叶树湿地园总面积的 22.47%；土壤污染等级为轻污染的面积为 0.04km²，占坝光银叶树湿地园总面积的 6.94%。坝光银叶树湿地园一带土壤的主要环境问题为 P、CaCO₃ 等营养元素的缺乏及受到 As、Pb 等元素的污染。

g. 坝光银叶树湿地园地表水体总体呈碱性，pH 为 7.27～7.41，溶解性总固体为 78～88mg/L，总硬度为 34～68mg/L，总碱度为 25.65～65.69mg/L。景观池塘水质为Ⅳ类水，造成Ⅳ类水质的污染物为 COD（27～28mg/L）。盐灶水下游河口的水质为Ⅱ类水，导致Ⅱ类水质的污染物为 TP（0.071mg/L）。总体上看，坝光银叶树湿地园地表水的 As、Cd、Cr、Pb、Hg 等毒理学指标表现较好，符合Ⅰ类水的水质标准。

h. 坝光银叶树湿地园及周边的地下水类型按含水岩组可分为第四系孔隙水和基岩裂隙水两种类型。第四系冲洪积孔隙含水层由卵（漂）石构成，结构中密—密实，孔隙发育，透水性好，但厚度较小，受限于含水层厚度富水性较弱，钻孔揭露水量一般，受大气降水影响明显；水位埋深 1.1～3.2m，高程–4.3～4.3m，水力性质以潜水为主，局部地段孔隙水具微弱承压性。基岩裂隙水主要赋存于各类砂岩的风化裂隙及构造裂隙中，以断裂破碎带为相对富水带，其余地段富水性差，总体水量贫乏。

i. 由于近岸受海水的影响，坝光银叶树湿地园地下水的水化学类型复杂多样，常见有 HCO₃·Cl-Na·Ca·Mg 型、HCO₃·Cl-Na 型、HCO₃·Cl-Na·Ca 型、HCO₃·Cl-Ca·Mg 型、HCO₃-Ca 型、Cl-Ca 型等水化学类型。地下水 pH 为 6.58～11.73，矿化度 73.73～898.55mg/L，总硬度为 34.03～302.11mg/L，总碱度为 25.65～256.10mg/L。

j. 坝光银叶树湿地园的地下水质均为Ⅳ类水，造成Ⅳ类水质的污染物主要为Mn 和 Cl⁻；同地表水相似，地下水的 Cd、Cr、Pb、Hg 等毒理学指标表现较好，符合Ⅰ类地下水的水质标准。

k. 坝光银叶树湿地园土壤中 As 强烈富集，与母岩之间的相关性较小，或存在外来污染源；Mn、Cr、Ni、Cu、Zn 和 Cd 在成土过程中逐渐淋失，但其含量仍受母岩含量高低的制约，与母岩物质成分的相关性较大；Mo、Pb 在土壤中的含量明显高于岩石中，表明土壤对上述元素具有一定的富集能力。

l. 坝光银叶树湿地园的银叶树生物富集系数 Cd 大于 1，Cu 接近 1，银叶树对 Cd 和 Cu 的吸收能力较强；其余元素的富集系数均小于 0.66，特别是 As、Pb、

Cr 的富集系数极小，结合研究区土壤地球化学特征，该结果是银叶树对上述元素的吸收能力较弱及土壤中的 As、Pb 在该处较为富集共同影响所致。

4. 田头山自然保护区生态地质资源特征

（1）深圳市田头山自然保护区整体海拔表现为东高西低，东部以东面边缘区域为最高点，向西逐渐降低，最低点位于自然保护区西部水域。海拔为 43～689.84m，平均海拔 234.5m。地貌类型包括低山、丘陵、台地和人为地貌。丘陵为田头山自然保护区的主要地貌，面积约占田头山自然保护区总面积的 93.9%。田头山自然保护区的湿地资源主要包括内陆滩涂，面积约 0.10km^2，主要分布于赤坳水库周边一带。

（2）田头山自然保护区发育的地层有下侏罗统金鸡组、中—上泥盆统春湾组和中泥盆统老虎头组等。

A. 田头山自然保护区泥盆系地层主要分布于石井—田头山、赤坳水库北侧一带。自下而上划分为中泥盆统老虎头组（D_2l）和中—上泥盆统春湾组（$D_{2-3}c$）。

a. 中泥盆统老虎头组（D_2l）分布于田头山自然保护区赤坳水库北侧和石井—田头山一带中—上泥盆统春湾组（$D_{2-3}c$）地层的南侧。岩性主要有紫灰、灰褐、灰白、黄白色中厚层状块状长石石英砂岩（含砾）、石英砂岩（含砾），夹砾岩、砂砾岩、粉砂岩、泥岩等，砾岩或砂砾岩的砾石成分主要为石英质砾和石英砂岩砾，偶见复成分砾石，呈圆状—次棱角状，分选较好，砾径大小 0.5～2cm。

b. 中—上泥盆统春湾组（$D_{2-3}c$）分布于田头山自然保护区赤坳水库北侧边缘和石井—田头山一带。春湾组由粉砂岩、泥质粉砂岩、粉砂质泥岩、泥岩与细砂岩组成，砂岩以长石石英砂岩为主，厚层状，碎屑主要为长石和石英，分选性好，变余砂状结构，粒级有粗、中、细粒，圆度中—差，接触式胶结，多呈颗粒支撑。具低角度斜层理、水平层理、水平纹理和透镜状层理；产有沟蕨、锉拟鳞木、奇异亚鳞木相似种等植物化石组合。

B. 侏罗系地层主要分布于田头山自然保护区的红花岭一带，犁壁山东侧呈零星分布。田头山自然保护区内的下侏罗统金鸡组（J_1j）岩性主要由细粒石英砂岩、粉砂岩、粉砂质泥岩组成不等厚互层状，夹砂砾岩、炭质泥岩、劣质煤及煤线，含菱铁矿结核，并富含菊石及双壳类，其底部以砾状砂岩或含砾砂岩为标志与小坪组整合接触。

C. 田头山自然保护区侵入岩的形成时代为晚侏罗世。主要为晚侏罗世第一次和第四次侵入岩，侵入体长轴大多呈近东西或北东向展布。

a. 晚侏罗世第一次侵入岩（$\eta\gamma J_3^{1a}$）主要见于田头山自然保护区西南侧一带，呈不规则状，与早侏罗世地层呈侵入接触。岩性主要为中细粒斑状角闪石黑云母二长花岗岩、中细粒斑状黑云母二长花岗岩。岩石呈中细粒斑状花岗结构，基质具变余花岗结构；斑晶主要由钾长石及少量石英、斜长石组成。

b. 晚侏罗世第四次侵入岩（$\eta\gamma J_3^{1b}$）主要见于田头山自然保护区赤坳水库南侧一带，呈不规则小岩株、小岩枝状侵入于早期侵入体和泥盆系地层。岩性为中（粗）粒斑状黑云母二长花岗岩。岩石呈似斑状结构，基质具花岗结构，少部分无斑或含斑，局部变余花岗结构。

（3）田头山自然保护区的地质构造发育程度中等，主要发育有北东向、北北东向和北西向断层等。

（4）田头山自然保护区红花岭水库东侧分布有一处花岗岩孤石地质遗迹。花岗岩孤石分布区树木繁茂，孤石聚集成群出露于树木之间，树木根系在孤石表面交织生长，两者相映成趣，具有较高的观赏价值。

（5）田头山自然保护区的土壤类型包括赤红壤、红壤、黄壤和水稻土四种类型，其中，赤红壤和红壤是自然保护区最主要的土壤类型。同大鹏半岛自然保护区的土壤类型和分布特征相似，田头山自然保护区土壤类型与地形地貌相关，具有一定的垂直分布规律，按海拔由低至高依次为赤红壤、红壤、黄壤。土壤多呈酸性，土层深厚，温湿疏松。土壤整体物理性质状态良好，有利于植物的生长和保水通气。

a. 田头山自然保护区的成土母质主要由花岗岩和砂岩风化物组成，其中，花岗岩风化层的结构松散程度明显强于砂岩风化层。地质钻探揭露田头山自然保护区东侧的第四系地层厚度较薄，局部地段的全风化和强风化砂岩直接裸露于地表。同深圳地区土壤背景值相比，在岩石风化成土的过程中，As 和 Hg 存在较明显的富集倾向。将田头山自然保护区的砂岩元素含量平均值与中国东部砂岩元素丰度进行对比，田头山自然保护区砂岩的 Pb 和 Cr 元素富集，As 则呈相对贫化状态；田头山自然保护区的花岗岩与中国花岗岩相比，Zn 元素富集，而 Cd、Cr、As 和 Hg 则呈相对贫化状态。

b. 田头山自然保护区的土壤重金属含量同深圳市土壤环境背景值相比，田头山自然保护区赤红壤、红壤的重金属指标总体呈相对富集的元素为 Cd；呈相对贫化的元素主要为 Pb、Zn 和 Hg 等。除 Cd 和 Hg 外，赤红壤的重金属含量均高于红壤。保护区部分土壤的 As 污染风险较高。

c. 田头山自然保护区表层土壤 N、P 和 Org 的含量以贫乏和较贫乏为主，K 含量呈不均匀分布。土壤养分综合等级以贫乏—较贫乏为主，无营养丰富和较丰富等级的土壤。

d. 田头山自然保护区的土壤质量以差等（四等）为主，土壤面积 17.89km²，分布最为广泛，约占田头山自然保护区总面积的 89.40%；中等（三等）土壤面积 0.76km²，约占田头山自然保护区总面积的 3.80%，主要分布于金龟村以南的部分区域；劣等（五等）土壤面积 1.36km²，约占田头山自然保护区总面积的 6.80%，主要分布于园墩一带。

（6）田头山自然保护区属于深圳市坪山河流域，地表水主要以溪流、水塘和水库等形式存在。田头山自然保护区内地表水的 pH 为 6.47～7.56，电导率为 96～132μS/cm，溶解性总固体为 11.7～106.0mg/L，总硬度为 14.31～38.03mg/L。河溪水的水质为 II 类水质；水库水为 IV 类水质，导致 IV 类水质的污染物为 TP，其未达到《地表水环境质量标准》（GB 3838—2002）中对湖、库水的特殊要求；田头山自然保护区地表水 As、Cd、Cr、Pb、Hg 等毒理学指标和 Mn、Fe、Cu、Zn 等金属元素表现较好，符合 I 类水质标准；硫化物、氟化物及 COD、DO、NO_3^-、Cl^-、SO_4^{2-} 等也符合 I 类水质标准。

（7）根据地下水赋存条件、含水层水理性质和水力特征，田头山自然保护区地下水可划分为层状基岩裂隙水和块状基岩裂隙水两种类型。基岩裂隙水广泛分布于泥盆系地层和花岗岩中，富水性主要受构造作用及风化作用的影响，分布不均匀。

a. 层状基岩裂隙水主要分布于田头山自然保护区东部的中泥盆统老虎头组（D_2l）、中—上泥盆统春湾组（$D_{2\text{-}3}c$）及下侏罗统金鸡组（J_1j）的岩层之中。不同岩性含水层的富水性差别较大，富水地块发育于田头山自然保护区东北部的田头山、石井和赤坳水库东北部等地，含水层岩性为老虎头组和春湾组粉砂岩、长石石英砂岩。根据钻探结果，地下水的静止水位埋深为 2～6.5m，地下水径流模数为 6.76～10.00L/(s·km²)；中等富水地块发育于田头山自然保护区东南部一带，含水层岩性为金鸡组的泥岩和石英砂岩，钻探揭露地下水的静止水位埋深为 1.2～4.3m。

b. 块状基岩裂隙水可分为花岗岩风化裂隙水和构造裂隙水两种类型。花岗岩岩石风化裂隙较发育，风化带厚度较大，且厚度的变化也较大；花岗岩风化裂隙水受风化带厚度、风化裂隙发育程度、补给环境等因素的影响，富水性变化也较大。块状基岩风化裂隙水大多为潜水，主要由大气降水渗入补给，断裂破碎带是块状基岩裂隙水的良好储水介质，补给来源充足的断裂破碎带富水性较好。块状基岩裂隙水主要分布于田头山自然保护区西南部的犁壁山一带，含水层岩性为黑云母二长花岗岩，水量丰富，径流模数为 6.35～9.73L/(s·km²)。

c. 田头山自然保护区的地下水 pH 为 6.53～7.40，矿化度为 18.58～72.27mg/L，总硬度为 8.94～48.7mg/L，总碱度为 7.01～54.17mg/L，总体属于低矿化度、低硬度的淡水。按照舒卡列夫分类法，田头山自然保护区地下水的水化学类型多为 $HCO_3\cdot Cl\text{-}Na\cdot Ca$ 型和 $HCO_3\cdot Cl\text{-}Na\cdot Ca\cdot Mg$ 型。

d. 田头山自然保护区各类地下水的水质均为 IV 类地下水，造成 IV 类水质的污染物主要为 Mn 和 $NH_3\text{-}N$；地下水 Pb、Hg、Cr、As、Cd 等毒理学指标和 Fe、Cu、Zn、Mo、Fe 等金属元素均表现较好，符合 I 类地下水的水质标准，氟化物、硫化物、溶解性总固体、总硬度、B、Cl^-、SO_4^{2-} 等也符合 I 类地下水的水质标准。

5. 铁岗-石岩湿地自然保护区生态地质资源特征

（1）深圳市铁岗-石岩湿地自然保护区的地势外侧高，中间低。海拔为 6.6～237.6m，平均海拔 43.0m。海拔最高点位于自然保护区西南，最低点位于自然保护区中部偏西南方向的水域中。铁岗-石岩湿地自然保护区的地势整体平坦，地形起伏小，坡度范围为 0°～69.6°，平均坡度为 8.6°。地貌类型包括丘陵、台地、平原和人为地貌等，以台地为主，约占湿地自然保护区总面积的 78.64%；其次为丘陵地貌，约占湿地自然保护区总面积的 21.03%。铁岗-石岩湿地自然保护区的湿地资源主要为内陆滩涂类型，面积约为 0.07km²，主要分布于铁岗水库周边，由阔叶林、针叶林、水库水面、坑塘水面及其他各生态系统转变而成。

（2）深圳市铁岗-石岩湿地自然保护区的地层主要为第四系和蓟县系—青白口系云开岩群两类。第四系分布比较广泛，主要为全新统冲洪积层（Q_h^{alp}）和第四系人工填土层（Q^s）。蓟县系—青白口系云开岩群分布面积较小，主要位于铁岗水库南侧，为区内出露的最老地层。铁岗-石岩湿地自然保护区的侵入岩主要为早白垩世（$\eta\gamma K_1^{1b}$ 和 $\eta\gamma K_1^{1c}$）花岗岩和早奥陶世（$\eta\gamma O_1$）花岗岩。

a. 整体上看，铁岗-石岩湿地自然保护区第四系地层以全新统冲洪积层（Q_h^{alp}）为主，属于低丘台地间谷地的冲洪积层，粒级下粗上细的二元结构较清晰。据地质钻探资料，由下而上岩性分别为灰白色—灰褐色砾石层、含砾黏土、中粗砂、砾石层、含卵石砂质黏土、细砂黏土，局部夹有泥炭、淤泥或淤泥质黏土等，钻探揭露厚度为 3.8～38.5m。

b. 保护区蓟县系—青白口系云开岩群主要为变质岩，岩石类型有片岩类、片麻岩类、变粒岩类、石英岩类等；是受到区域变质和构造作用经强烈变形变质改造的无序地层，岩层强烈变形、无顶无底，新生面理强烈置换了早期层理，难以恢复其原始层序。其原岩为一套陆源碎屑沉积的砂泥质岩石，属滨海-半深海相类复理石碎屑岩类夹钙、碳、磷、铁、硅质岩建造。

c. 早奥陶世侵入岩主要分布于铁岗-石岩湿地自然保护区西南侧的京港澳高速西侧和铁岗果场至洞尾山南侧一带。早奥陶世侵入岩（$\eta\gamma O_1$）的围岩为前古生代变质岩，二者呈侵入接触，大部分被第四系掩盖而出露极不完整。早奥陶世侵入岩主要岩性为片麻状细、中细粒含斑或斑状（角闪）黑云母二长花岗岩，新鲜面呈灰白色，局部深灰色，风化呈褐黄色，多具细粒花岗结构，部分具似斑状结构，他形—半自形粒状结构，变余花岗结构，常具片麻状或弱片麻状构造。

d. 铁岗-石岩湿地自然保护区的早白垩世侵入岩分布范围广泛，约占总面积的95%，可划分为早白垩世第一阶段第二次侵入（$\eta\gamma K_1^{1b}$）和早白垩世第一阶段第三次侵入（$\eta\gamma K_1^{1c}$）两次侵入活动。

（3）铁岗-石岩湿地自然保护区地质构造主要为北西向断裂构造及其次级小断裂。断裂走向以 300°～330°为主，由一系列断裂束平行斜列式展布，间距大致为 15～20km，多倾向北东。该组断裂多形成于燕山晚期—喜山期，稍晚于北东向断裂，常切割其他方向断裂，并对区内的微地貌、沟谷、溪流及泉群有较明显的控制作用。

（4）地质遗迹主要分布于自然保护区铁岗水库西北侧的丘陵地段，主要为花岗岩孤石地质遗迹。据不完全统计，共有 52 处孤石地质遗迹点。花岗岩孤石的形态为石蛋、石柱和石锥等。

（5）铁岗-石岩湿地自然保护区的成土母岩主要为花岗岩和冲洪积成因的松散沉积物及少量变质岩等。土壤类型包括赤红壤、红壤、水稻土和沼泽土四种类型。

a. 赤红壤为铁岗-石岩湿地自然保护区的主要土壤类型，其成土母质为花岗岩风化物，花岗岩风化层厚度差异极大，厚度为 0.6～7.5m，这主要是花岗岩的球状风化和差异风化所致。同深圳地区土壤背景值相比，成土过程中 As、Cr 存在富集倾向，同中国花岗岩元素丰度对比，铁岗-石岩湿地自然保护区岩石样品的 Hg 元素富集。

b. 铁岗-石岩湿地自然保护区土壤的 pH 为 4.36～6.52。同深圳市赤红壤环境背景值相比，自然保护区赤红壤重金属元素含量总体呈相对富集的元素为 Cd，Pb、Cr、As、Cu、Hg 元素含量呈相对贫化的状态。

c. 铁岗-石岩湿地自然保护区表层土壤 N 和 Org 的含量以缺乏和较缺乏为主，土壤 K 和 P 的含量分布呈不均匀状态。土壤养分综合等级以中等—贫乏级别为主。

d. 铁岗-石岩湿地自然保护区内土壤开发利用强度较大，包含多个果园、基本农田保护基地和农业示范基地等。铁岗-石岩湿地自然保护区的土壤质量地球化学综合等级以中等质量土壤为主，分布面积 49.12km²，约占铁岗-石岩湿地自然保护区总面积的 96.45%；差等质量土壤分布面积为 1.73km²，占铁岗-石岩湿地自然保护区总面积的 3.40%，主要分布于铁岗-石岩湿地自然保护区东南部的碧海通果园、大兴果场及西部的铁岗水库副坝附近。

（6）铁岗-石岩湿地自然保护区主要地表水资源类型为水库、沼泽湿地、水塘和河流等。水库有铁岗水库和石岩水库两座，其中，铁岗水库是深圳最大的饮用水水库。铁岗水库集水范围为深圳市宝安区西乡河流域，石岩水库集水范围属石岩河流域。

a. 铁岗-石岩湿地自然保护区内地表水 pH 为 7.02～7.91，地表水为偏碱性水，电导率为 321～357μS/cm，溶解性总固体为 46.61～173.00mg/L，总硬度为 43.73～218.17mg/L。

b. 铁岗-石岩湿地自然保护区西乡河上游为Ⅲ类水质，达到了水功能区划的水质目标；铁岗水库、石岩水库和平峦山旧采石坑水塘为Ⅳ类水，导致Ⅳ类水的污染物为 TN，其未达到《地表水环境质量标准》（GB 3838—2002）中对湖水、库水的特殊要求；铁岗-石岩湿地自然保护区地表水的 As、Cd、Pb、Hg 等毒理学指标和 Mn、Fe、Cu、Zn 等金属元素表现较好，符合地表水Ⅰ类水的水质标准，氟化物、硫化物及 COD、DO、NO_3^-、Cl^-、SO_4^{2-} 等也符合地表水Ⅰ类水的水质标准。

（7）铁岗-石岩湿地自然保护区内地下水类型可分为松散岩类孔隙水和基岩裂隙水两种。其中，基岩裂隙水可细分为块状基岩裂隙水和层状基岩裂隙水，保护区内地下水以基岩裂隙水为主。

a. 铁岗-石岩湿地自然保护区地下水 pH 为 5.92～7.81，矿化度为 21.71～754.62mg/L，总硬度为 13.91～206.57mg/L，总碱度为 9.72～111.34mg/L，地下水总体属于低—中等矿化度、低硬度的淡水。地下水化学类型以 $HCO_3 \cdot Cl$-$Na \cdot Ca$ 型为主，其次为 $HCO_3 \cdot Cl$-Ca 型、HCO_3-$Na \cdot Ca$ 型和 Cl-$Na \cdot Ca$ 型等。

b. 铁岗-石岩湿地自然保护区地下水的水质为Ⅳ类水。造成Ⅳ类水质的污染物主要为 Mn 和 NH_3-N，其次为 pH 和 Cl^- 等；As、Pb、Hg、Cr 等毒理学指标和 Fe、Cu、Zn 等金属元素表现较好，符合Ⅰ类水的水质标准；氟化物也符合Ⅰ类水的水质标准。

（8）天然矿泉水资源主要分布于铁岗-石岩湿地自然保护区的石岩水库东侧、铁岗水库的南侧及西侧一带，矿泉水总体分布面积约为 13.8km^2。天然矿泉水的阴离子以重碳酸根为主，阳离子则以 Ca^{2+}、Na^+ 为主，矿泉水的水化学类型为 HCO_3-$Na \cdot Ca$ 型；矿泉水的偏硅酸含量为 27.55～48.63mg/L，钠为 6.39～7.37mg/L，矿泉水指标数据全部优于《食品安全国家标准　饮用天然矿泉水》（GB 8537—2018）的界限指标量值，为低矿化度重碳酸钙钠型偏硅酸矿泉水。矿泉水的水温为 18.3～23.5℃，溶解性总固体的含量为 108.65～328.79mg/L，pH 为 6.51～7.08，矿化度为 150.36～285.31mg/L。矿泉水样品检测出含有锶、锂、钠及二氧化碳等多种有益于人体健康的微量元素和物质组分。

参 考 文 献

陈里娥，杨琼，大可. 2014. 内伶仃岛[M]. 广州：中山大学出版社.

陈文德，彭培好，李贤伟，等. 2009. 岩-土-植系统中重金属元素的迁聚规律研究[J]. 土壤通报，40（2）：369-373.

陈晓霞，李瑜，茹正忠，等. 2015. 深圳坝光银叶树群落结构与多样性[J]. 生态学杂志，34（6）：1487-1498.

迟清华，鄢明才. 2007. 应用地球化学元素丰度数据手册[M]. 北京：地质出版社.

邓素炎，叶晖，罗松英，等. 2022. 入海排污口处红树林土壤重金属污染评价及来源解析[J]. 湖北农业科学，61（7）：41-47.

凡强，刘海军，刘蔚秋，等. 2017. 深圳市田头山自然保护区动植物资源考察及保护规划[M]. 北京：中国林业出版社.

广东省地质调查院. 2017. 广东省及香港、澳门特别行政区区域地质志[M]. 北京：地质出版社.

广东省地质矿产局. 1996. 广东省岩石地层[M]. 武汉：中国地质大学出版社.

黄振国，李平日，张仲英，等. 1983. 深圳地貌[M]. 广州：广东科技出版社.

简曙光，唐恬，张志红，等. 2004. 中国银叶树种群及其受威胁原因[J]. 中山大学学报（自然科学版），43（增刊）：91-96.

蓝崇钰，王勇军. 2001. 广东内伶仃岛自然资源与生态研究[M]. 北京：中国林业出版社.

李一凡，刘梦芸，甘先华，等. 2020. 深圳市坝光湿地园银叶树群落优势种生态位特征[J]. 生态环境学报，29（11）：2171-2178.

林大仪. 2002. 土壤学[M]. 北京：中国林业出版社.

刘海军，凡强，孙红斌，等. 2016. 深圳市大鹏半岛自然保护区生物多样性综合科学考察[M]. 广州：中山大学出版社.

乔雪婷，张娟娟，李文斌，等. 2022. 基于无人机遥感技术的广东内伶仃岛植被类型划分与植被图[J]. 中山大学学报（自然科学版），61（4）：2230.

全国土壤普查办公室. 1998. 中国土壤[M]. 北京：中国农业出版社.

深圳市林业局，中山大学. 2019. 铁岗-石岩湿地市级自然保护综合科学考察报告[R].

深圳市人居环境委员会. 2011—2019. 深圳市环境质量报告书[R].

深圳市生态环境局. 2016—2020. 深圳市生态环境质量报告书[R].

史正军，吴冲，卢瑛. 2007. 深圳市主要公园及道路绿地土壤重金属含量状况比较研究[J]. 土壤通报，38（1）：134-136.

孙红斌，肖石红，蔡坚，等. 2019. 深圳坝光银叶树种群生命表及生存力分析[J]. 热带作物学报，40（11）：2160-2165.

孙现领，贾黎黎. 2020. 深圳杨梅坑地区岩石-土壤-植物系统中重金属元素的迁移特征[J]. 华南地质，36（3）：270-279.

唐俊逸，刘晋涛，蒋婧媛，等. 2022. 深圳近岸海域表层沉积物重金属分布特征及风险评价[J]. 海洋湖沼通报，44（1）：68-74.

王伯荪，张炜银，昝启杰，等. 2003. 红树植物之诠释[J]. 中山大学学报（自然科学版），42（3）：42-46.

王佐霖，马鹏飞，张卫强，等. 2019. 深圳坝光湿地地表水水环境质量评价[J]. 林业与环境科学，35（4）：9-17.

韦萍萍，昝欣，李瑜，等. 2015. 深圳东涌红树林海漆群落特征分析[J]. 沈阳农业大学报，46（4）：424-432.

肖石红，张卫强，黄钰辉，等. 2020. 深圳铁岗-石岩市级湿地自然保护区典型次生林物种多样性与土壤化学性质[J]. 林业与环境科学，36（4）：35-40.

谢婧，吴健生，郑茂坤，等. 2020. 基于不同土地利用方式的深圳市农用地土壤重金属污染评价[J]. 生态毒理学报，5（2）：202-207.

徐颖菲，张耿苗，张丽君，等. 2019. 亚热带不同母岩成壤过程中金属元素的迁移和积累特点[J]. 浙江农业学报，31（12）：2064-2072.

杨洪. 2013. 深圳凤塘河口湿地的生态系统修复[M]. 武汉：华中科技大学出版社.

张宏达，陈桂珠，刘治平，等. 1998. 深圳福田红树林湿地生态系统研究[M]. 广州：广东科技出版社.

赵晴，刘莉娜，陈丹，等. 2016. 深圳田头山市级自然保护区的植物资源调查[J]. 绿色科技，21（14）：4-7.

赵述华，罗飞，郝秀平，等. 2020. 深圳市土壤砷背景含量及其影响因素研究[J]. 中国环境科学，40（7）：3061-3069.

中国煤炭地质总局广东煤炭地质局勘查院. 2022. 《深圳市区域地质调查报告》[R].

朱世清，梁永，黄应丰，等. 1995. 广东省海岛土壤[M]. 广州：广东科技出版社.

Xu W，Yuan W，Cui L，et al. 2019. Responses of soil organic carbon decomposition to warming depend on the natural warming gradient[J]. Geoderma（343）：10-18.

Ye Y，Yu B，Guo W，et al. 2013. A case study on the diversity of the mangrove ecosystem in Shenzhen Dongchong, southern China[J]. Ecology and Environmental Sciences，22（2）：199-206.